21世纪马克思主义文库 丛书主编 王伟光

防患科学概论

戴凤秀◎著

中国发展出版社
CHINA DEVELOPMENT PRESS

图书在版编目（CIP）数据

防患科学概论 / 戴凤秀著. — 北京 : 中国发展出版社，2025. 1. — ISBN 978-7-5177-1462-0

Ⅰ. B80-49

中国国家版本馆 CIP 数据核字第 2024HM2378 号

书　　名： 防患科学概论
著作责任者： 戴凤秀
责 任 编 辑： 王　沛　雒仁生
出 版 发 行： 中国发展出版社
联 系 地 址： 北京经济技术开发区荣华中路 22 号亦城财富中心 1 号楼 8 层（100176）
标 准 书 号： ISBN 978-7-5177-1462-0
经　销　者： 各地新华书店
印　刷　者： 北京博海升彩色印刷有限公司
开　　本： 710mm × 1000mm　1/16
印　　张： 17.5　插页 2
字　　数： 253 千字
版　　次： 2025 年 1 月第 1 版
印　　次： 2025 年 1 月第 1 次印刷
定　　价： 98.00 元

联 系 电 话：（010）68990630　68360970
购 书 热 线：（010）68990682　68990686
网 络 订 购： http://zgfzcbs. tmall. com
网 购 电 话：（010）88333349　68990639
本 社 网 址： http://www.develpress. com
电 子 邮 件： 330165361@qq.com

编委会

序　　言

王伟光①

防患于未然，乃是中华优秀传统文化中的千年古训，具有超越时空的普遍意义，而发源于西方的马克思主义也是在忧患中诞生的，在致力于解决忧患的实践中发展的。马克思主义哲学是时代精神的精华，是人类文明“活的灵魂”，是与时俱进、不断发展的科学。当今的忧患、防患意识是运用马克思主义的立场观点方法揭示治国理政内在规律的科学思维，是对社会发展的深层次矛盾和问题的科学判断。新时代防患科学的发展是马克思主义中国化的客观要求和现实需要。习近平总书记在中国共产党第二十次全国代表大会上的报告中指出，我们必须增强忧患意识，坚持底线思维，做到居安思危、未雨绸缪，准备经受风高浪急甚至惊涛骇浪的重大考验②。习近平总书记还谈到，我们共产党人的忧患意识，就是忧党、忧国、忧民意识，这是一种责任，更是一种担当。③越是取得成绩的时候，越是要有如履薄冰的谨慎，越是要有居安思危的忧患，绝不能犯战略性、颠覆性错误。④增强忧患意识、防范风险挑战要一以贯之⑤。习近平总书记关于忧患、防患的一系列重要指示，是治国理政的重大战略思想，为防患科学的理论实践指明了方向。中国共产党就是在忧患中诞生，在忧患、防患、治患、排患中成长壮大的，这是我们党成长发

---

① 21世纪马克思主义研究院院长、中国社会科学院原院长。

② 习近平：《高举中国特色社会主义伟大旗帜 为全面建设社会主义现代化国家而团结奋斗》，《人民日报》2022年10月26日第1版。

③ 习近平：《坚持从严治党落实管党治党责任 把作风建设要求融入党的制度建设》，《人民日报》2014年7月1日第1版。

④⑤ 习近平：《以时不我待只争朝夕的精神投入工作 开创新时代中国特色社会主义事业新局面》，《人民日报》2018年1月6日第1版。

展的铁律。

忧患必须防患，忧患、防患、治患、排患，这是人类社会综合性的科学发展理念，是防患科学的系统性理念。人类社会要发展进步，必须把忧患、防患、治患、排患有机结合起来，稳妥有效地处置好几者之间的关系，确保人类社会平稳健康发展。由此可见，忧患、防患是一种理念、一种文化，古已有之，它具有广泛性、规律性特点，也具有深厚的潜力，属于哲学社会科学范畴，是人类社会不可缺少的科学理论，是能改变世界、影响现实和未来的工具和武器，是可以发展、完善为一门新学科的。

当前，世界正处于百年未有之大变局中，这个大变局，极有可能诱发人类世界的大动荡、大变革，会对人类社会的生存与发展带来一系列重大挑战。中国特色社会主义进入了新时代，对马克思主义哲学研究也提出了新要求。特别是在当今，时代在变，历史在变，世界在变的大变局、大挑战的背景下，深入学习马克思主义关于防患的重要理论，学习习近平总书记关于忧患、防患的一系列重要指示，科学运用防患理论回应当代问题，提炼时代精神，总结新中国成立以来，特别是党的十八大以来的防患科学创新理论成果，使之系统化、学理化；梳理当代人类社会发展中面临的重大前沿问题，以及广大干部群众困惑的重大防患理论和现实问题，有着十分重要的历史意义和现实意义。

当前，世界正处于关键的十字路口，人类面临前行的光明与倒退的黑暗，两种不同命运的交织与博弈。百年变革与世纪疫情交织叠加，使局势更为复杂。“冷战思维”再次浮现，单边主义、霸权主义和强权政治大行其道，给经济全球化带来逆流。同时，气候变化、恐怖主义、网络攻击、生物安全、重大传染性疾病以及气候变暖等多重传统与非传统安全问题交织在一起，给地区及全球安全带来了严重威胁。我们共同居住的这颗美丽星球，正面临来自地球自身的客观变化和挑战，也面临来自人类自身的危机和挑战，需要我们共同面对和解决。

人类社会发展的现实告诉我们，科学防患可以帮助改变现实，拯救未来，可推动社会发展，可促进人类共荣和谐，并使大家真正做到善于识患、善于析患、善于防患、善于治患，帮助干部们努力成为有智慧、有魄力、有担当、善作为的领导者，成为有大智、大勇、大谋的战略决策者。让我们的社会多一些防患“孔明”，少一些患后“诸葛”，改变以往“重建设、轻防患、重救灾、轻防灾”的观念倒置，树立以防为先、以防为重的新理念。

当今世界多患、多灾、多难。患是万般灾难之源，可谓处处具患，时时存患，逢事有患。于人生，何时何事没有患？有得之患、失之患、生活之患、工作之患、事业之患、爱情之患、家庭之患……“患”字伴随人之一生。于世界万物，有明之患、隐之患、小之患、大之患、无形之患、发展之患、闭塞之患……凡有事有物，必有患。稍有不慎，患致失、失生败，患致灾、灾生难，成为扼腕之叹。

患之害大矣，防患之意义（甚为）重。每个家庭、每个社会成员的生存与发展都不能忘乎所以。值得我们警醒的是，各类阻碍社会稳定发展的隐患、明患、小患、大患，包括客观存在的患、主观导致的患……时常影响着人类的稳定发展。

欲防患，须先明患与防患之内涵、患与防患之外延、患与防患之定义。在《搜神记》中，“患”被描写成一种身长数丈，类牛，青眼光耀明亮的野兽，它四脚于土中，虽在动却不移开。因为其为忧伤之气所聚，故唯灌酒能消解。“患”又作为“串”字的形声字出现，指的是穿在绳上的一组东西，把穿在绳上的一组东西放在心上面悬挂起来就是担心，引申为可能发生的灾难。简言之，我们可以把人类社会活动中一切可能引起威胁、危害的隐情称为“患”，已经发生的“患”称为“灾”。正确把握“患”的概念，至少应认识以下几点。

首先是“患”的存在和发生有其客观基础，指客观事物发生发展过程中的一种逆转、偏离或突变，是一种不确定性的因素，对人类的生存发展产生危害。其次是“患”之所以为“患”，不单是客观事物的发展过程中本身隐藏的有害因素，只有当这种不确定性的有害因素构成现实的威胁和危害时，才称其为患。最后是“患”的存在和发生必将给人类带来威胁、损失甚至是灾难。必须充分发挥人的主观能动性，及时预测“患”，争取规避“患”，成功化解“患”，从而掌握人生与社会发展的主动权，凯歌行进。

防患是对人类生存构成威胁的各种隐患实施科学的预测、防备和应对，采取相应的对策举措加以减轻和排除。防患在人类社会生活中极为重要，它关系到国家的安危、社会的兴衰。防患的目的是防患变灾成难。防患是为了造福人类，服务人类，安定社会，发展社会。防患的最佳效果是除患，只有从根本上除掉各种隐情之患，才能真正达到防患于未然的目的。

防患而得，不防而失，要防患更要除患。一是要科学地认识“患”。正确地把握“患”的规律，认识其特点，才能及时、准确、有效地防“患”、避“患”、除“患”，切实做到防患于未然，变被动为主动。二是要客观地分析患之源。加强对“患”的研究，科学地认识“患”产生的原因。三是要采取防“患”的科学方法。四是对患要群防群治。做到人人防、层层防、处处防、事事防、时时防，万事皆防，只有全方位、全时空防患，才能减少或避免患灾对人类的伤害。

万般灾难源于“患”。患存万事，防有万吉。患与防患，在不同的社会条件下有着不同的特点，患与自然和人类生存同行，防患与人类的生存和发展相伴。人类社会经历了漫长的演变过程，从原始的狩猎采集时代，逐步过渡到奴隶社会，再经过封建社会，现在我们正处在社会主义社会，每个时代的发展都与患同伴，与防患相随。辩证唯物主义认为：社会发展的现代化程度越高，各种“患”的隐情就越大、各种患变灾成难的速度就越快，对人类生存发展的损害就可能越大。

万般灾难始于“患”。当今社会多患、多灾、多难。各种灾难天天聚发、时时有之，各种灾难由患而来。自然性的患、灾、难随自然变化时时有，人为的患、灾、难随社会变化常常有，仅交通事故全球每年就有一百多万人丧生，其他的恐怖事件、连绵不断的战争给人类造成的损失更大。因此，注重对“患”与“防患”的研究，刨其根源，谋防患之策，是人类健康生存、社会发展和人类和谐、世界和平的根本大计，是全人类生存和社会发展的重大战略课题。

人类一切问题、矛盾、危机、灾难都由患而诱发。各种患是各种问题、矛盾、危机、战争的根源。在推动党和国家各项工作的进程中，我们必须始终秉持问题导向和问题意识。问题意识是以解决问题为中心的意识，党的十八大以来的一系列重大举措，都是为了解决问题。问题是产生各种患灾之源，各种患灾是诱发各种危机之源。必须把忧患、防患、治患、排患放在首位，把防患放在推进社会发展的突出位置，才能在以习近平同志为核心的党中央领导下把新时代中国特色社会主义事业建设好、发展好。

本书全面论述了患与防患的客观性、规律性、系统性，为创立防患科学奠定了很好的基础。防患科学是以“识患”为前提、以“防患”为理念、以“治患”为目的的应用科学体系，属社会科学范畴，也是促进人类及其社会健康发展不可缺少的学科。该书的出版将对建立、促进和完善中国特色社会主义防患科学理论体系发挥良好的作用。百年未遇的新冠疫情是中华民族在新时代经历的一次磨难，疫情防控是对伟大民族精神的一次锤炼，也是增强民族忧患、防患意识的一次契机。希望大家对防患学科的内涵、特点进行深入研究和探讨，博采众长，精心实践，加快对学科体系建设的系统化及标准化研究，以及学科建设的后备人才培养，逐步形成有中国特色的防患科学理论体系，使防患科学为人类社会的发展发挥更好的作用，为人类社会作出新贡献。

出席第一届中国防患科学与社会发展高峰论坛的嘉宾合影

揭牌仪式嘉宾：闪淳昌、张凡、戴凤秀、吴桂贤、李铁堆、郭乐新

前　言

防患是人类演化的生命线，更是社会向前发展的促进力。防患科学是一门科学，更是一种文化。当前，世界步入了全球化、多元化、信息化的新时代。习近平总书记强调，世界之变、时代之变、历史之变正以前所未有的方式展开①。

当前正面临百年未有之大变局，大有“山雨欲来风满楼”之势，这个大变局，会诱发人类的大动荡、大变革，会给人类社会的生存与发展带来一系列重大挑战，给人类的思想观念、生存观念、社会发展都带来一系列冲击，人类社会的大变革正在开始。在百年变革与全球疫情的双重影响下，单边主义、霸权主义和强权政治的声音甚嚣尘上，经济全球化的进程受到阻碍。同时，气候变化、恐怖主义、网络攻击、生物安全威胁、重大传染病、全球变暖等新老安全问题错综复杂，对全球和地区安全构成了严重威胁。我们共同居住的这颗美丽星球，正受到由人类自身所引发的深重危机的挑战。

防患于未然，千年古训。习近平总书记对忧患、防患问题曾作过多次重要指示，党的十八大以来，在党的建设、经济建设、社会安全、国防建设、外交工作等一系列重大问题上，都曾及时告诫全党：我们共产党人的忧患意识，就是忧党、忧国、忧民意识，这是一种责任，更是一种担当②。在取得显著成绩的时刻，我们要时刻保持如履薄冰的谨慎、见叶知秋的敏锐③。时刻怀

---

① 《习近平在第三届“一带一路”国际合作高峰论坛开幕式上的主旨演讲》，新华社，2023 年 10 月 18 日。

② 《习近平：坚持从严治党落实管党治党责任 把作风建设要求融入党的制度建设》，《人民日报》2014 年 7 月 1 日第 1 版。

③ 《习近平在统筹推进新冠肺炎疫情防控和经济社会发展工作部署会议上的讲话》，《人民日报》2020 年 2 月 24 日第 2 版。

揣居安思危的忧患意识，坚决避免犯下战略性、颠覆性的错误。忧患始于心。习近平总书记关于忧患、防患的一系列重要指示，是治国理政的重大战略决策，为防患科学的理论实践指明了方向。

由此可知，忧患、防患是何等的重要。一方面，这是人类社会发展的一个重要的理念，是人类社会无法回避的客观现实问题。每个人、每个家庭、每个企业、每个团体、各级政府的生存与发展都是如此。另一方面，我们需要警醒的是，各类隐患、明患、小患、大患、巨患，包括客观存在的患、主观导致的患乃至各类变形之患、无端之患……正影响人类稳定发展的进程。

当前是文化复兴时代、全球化时代、AI 智能时代、虚拟现实时代、社会主义时代，百年未有之大变局，防患科学的现实意义就在于对新生事物发展规律的战略预见。

回首历史，可以发现居安思危、防患于未然，是中华民族的一项优良传统，可以上溯远古，代有所传。《尚书·五子之歌》中指出："民惟邦本，本固邦宁"，担心统治者如果忘了百姓，政策失误，就会天下大乱。战国时代思想家孟子有一篇议论文叫《生于忧患，死于安乐》，该文通过舜、傅说等古代圣贤在困境中振作精神、奋发努力而终于大有作为的事实，说明一个人想要完成自己的天赋使命，必须经历种种挫折和考验，进而分析一个国家的生死存亡亦是如此，最后得出结论"生于忧患而死于安乐"。"生于忧患，死于安乐"就是忧患 / 防患意识较早的表述。爱国诗人屈原忧伤地写道："路漫漫其修远兮，吾将上下而求索"，满怀忧思，踽踽而行；汉高祖刘邦建立汉朝后，回故乡与乡亲共舞，高唱《大风歌》："大风起兮云飞扬，威加海内兮归故乡，安得猛士兮守四方！"表达了他志得意满又心忧天下的复杂心情，实际上包含了忧患 / 防患意识。一代英主唐太宗曾经感叹："天子者，有道则人推而为主，无道则人弃而不用，诚可畏也。"表达了他的忧患认知。清代河南内乡县衙保留了多副楹联，其中有一副这样写道："吃百姓之饭，穿百姓之衣，莫道百姓可欺，自己也是百姓；得一官不荣，失一官不辱，勿说一官无用，地方全靠一官。”忧患之情，跃然纸上。

中国共产党人是中华民族优良传统的继承者，无疑继承了忧患传统。为了中华民族的独立自主，为了中国人民的翻身解放，中国共产党人抛头颅，洒热血，赴汤蹈火，在所不辞。《义勇军进行曲》高唱：“起来！不愿做奴隶的人们！把我们的血肉，筑成我们新的长城！中华民族到了最危险的时候，每个人被迫着发出最后的吼声。起来！起来！起来！我们万众一心，冒着敌人的炮火，前进！冒着敌人的炮火，前进！前进！前进！进！”这不仅仅是忧患的沉思，而是忧患火焰的喷发！建立新中国后，中国共产党人万难不辞，开拓社会主义道路，带领全国人民在“站起来、富起来、强起来”的道路上砥砺前行。今天，我们在习近平新时代中国特色社会主义思想的指引下，仍然负重前行，不敢懈怠。

为了实现中国共产党人的伟大使命，我们应该遵循习近平总书记关于忧患、防患的一系列重要指示，对优秀传统文化包括忧患意识，进行创新性继承、创造性转化，建立起完整的防患学科，帮助提高国民的忧患、防患意识，提高国民素质，增强“四个意识”，坚定“四个自信”，科学决策，万众一心，行稳致远，实现中华民族伟大复兴！

目　　录

序　　言

前　　言

第一章　防患科学的概念 …… 1

第一节　要科学认识“患”与防“患” …… 1

第二节　防患科学的含义 …… 2

第三节　我国古代思想家关于忧患、防患的思想 …… 2

一、道德情操的表述 …… 5

二、忧患、防患——人生价值观的核心 …… 5

三、唐代以前文学中的忧国爱民精神 …… 6

四、唐代文人的盛世忧思 …… 9

五、宋代文学中的“神州陆沉”之患 …… 12

六、元明清文学中“伤今悼古”的特质 …… 15

七、孔子对忧患观念的豁显 …… 18

第四节　马克思主义的忧患意识 …… 24

一、马克思、恩格斯和列宁的忧患意识 …… 24

二、党的先锋队性质的必然要求 …… 30

三、马克思主义中国化的必然要求 …… 31

四、实现各个阶段历史使命的必然要求 …… 33

第五节　习近平总书记关于忧患、防患的重要论述，是防患科学理论与实践的基石 …… 34

一、习近平总书记关于忧患、防患的重要论述，
为防患科学理论与实践指明了方向 …… 34
二、习近平总书记关于忧患、防患的重要论述，是习近平新时代
中国特色社会主义思想的重要组成部分 …… 35
三、面对新时代新使命，我们要继续进行伟大斗争，
增强忧患、防患意识，做到居安思危 …… 38
四、牢固树立忧患、防患意识，更加主动有效防范和化解各种
患险，朝着我们党确立的伟大目标奋勇前进 …… 40

第二章　防患科学概念内涵、外延 …… 43

第一节　防患科学概念内涵 …… 43
一、理性信念 …… 43
二、实证方法 …… 44
三、批判态度 …… 44
四、试错模式 …… 45
第二节　防患科学概念外延 …… 46
一、以人为本的“防患”理念 …… 46
二、趋利避害的“治患”理念 …… 47
三、应急处置的“排患”理念 …… 48
四、综合防治的“除患”理念 …… 49

第三章　“患”的危害 …… 52

第一节　自然灾害对人类生命和财产的伤害 …… 52
第二节　社会性之患害对人类生命和财产的伤害 …… 53
一、战争之患 …… 53
二、恐怖主义之患 …… 55
三、各种社会性之患害 …… 58
第三节　患灾害直接影响经济的发展速度 …… 58

一、患灾害对股市的影响极大 …………………………………… 58
二、患灾害对经济产生不可估量的消极影响 ……………………… 59
第四节　患灾害会引起政治动荡 ………………………………… 62
一、患灾害金融危机和政治动荡 ………………………………… 62
二、患灾害引起政治动荡的深层次分析 ………………………… 63
第五节　患灾害会影响社会稳定 ………………………………… 64
一、患灾害对心理影响的表现 …………………………………… 64
二、患灾害对心理影响导致的异常反应 ………………………… 66
三、患灾害对社会心理的影响 …………………………………… 68
第四章　“患”的特征 ……………………………………………… 70
第一节　自然性 …………………………………………………… 70
一、患的自然性 …………………………………………………… 70
二、患的自然性具有社会性 ……………………………………… 71
三、患的自然性具有历史性 ……………………………………… 72
第二节　社会性 …………………………………………………… 72
一、患已呈现高频次、大规模特征 ……………………………… 73
二、患的国际化程度加大 ………………………………………… 73
第三节　客观性 …………………………………………………… 74
第四节　主体性 …………………………………………………… 77
一、人类忧患意识 ………………………………………………… 77
二、群体忧患意识 ………………………………………………… 78
三、个体忧患意识 ………………………………………………… 80
第五节　普遍性 …………………………………………………… 81
第六节　潜质性 …………………………………………………… 82
一、患的等级区分 ………………………………………………… 83
二、患的可预测性 ………………………………………………… 86

三、患的不可预测性 …… 87
四、患灾的不可防不可控性 …… 88
第七节 动态性 …… 89
一、患灾的潜伏期 …… 89
二、患灾的暴发期 …… 91
三、患灾的高潮期 …… 91
四、患灾的缓解期 …… 92
五、患灾的消退期 …… 92
第八节 区域性 …… 92
一、患灾的地方性 …… 92
二、患灾的区域性或国家性 …… 93
三、患灾的世界性 …… 93
第九节 层次性 …… 94
一、忧患意识的理性特征分析 …… 96
二、忧患意识的情感特征分析 …… 97
三、忧患意识的能动作用 …… 98
四、忧患意识是一种社会意识 …… 99
五、世界观对忧患意识起着指导与调节作用 …… 100
六、忧患意识是精神建设的一个重要组成部分 …… 101
第十节 规律性 …… 102
一、患的发生是偶然性和必然性的辩证统一 …… 102
二、患与机会、利益“相伴生” …… 103
三、患情与损失、代价紧相随 …… 103
四、患灾、防患与社会机制 …… 104
五、患发生的不确定性与防患决策 …… 106

第五章　防患科学的研究对象、研究领域和方法 …… 109
第一节　防患科学的研究对象 …… 109
第二节　防患科学的研究领域 …… 111
一、理论防患科学、应用防患科学、经验防患科学 …… 111
二、普通防患科学、分科防患科学 …… 112
第三节　防患科学的研究方法 …… 113
一、从具体到抽象和从抽象到具体的方法 …… 115
二、逻辑－历史相统一的分析法 …… 116
三、定量分析方法 …… 116
第四节　防患科学的现实意义 …… 117

第六章　防患科学的地位和特点 …… 119
第一节　防患科学的地位 …… 119
第二节　防患科学的学科特点 …… 119
一、整体性 …… 120
二、自然性 …… 120
三、潜质性 …… 121
四、长期性 …… 121
五、精准性 …… 122
第三节　防患科学与其他社会科学的关系 …… 124
一、防患科学与历史唯物主义的关系 …… 124
二、防患科学与单一性防患科学的关系 …… 125
三、防患科学与综合性防患科学的关系 …… 126

第七章　防患科学体系 …… 127
第一节　防患科学理论体系 …… 128
一、防患科学基础理论研究 …… 128
二、防患科学应用理论研究 …… 129

第二节 防患科学实践应用体系 …………………………………… 130
一、防患科学的教育体系 …………………………………… 130
二、防患科学的应对体系 …………………………………… 145
三、防患科学的应对机制 …………………………………… 148
四、防患的应对手段 …………………………………… 157
第八章 防患科学对社会发展战略的影响 ……………… 167
第一节 促进经济建设 …………………………………… 167
一、防患减灾可有效减少人、财、物的损失 ……………… 169
二、防患减灾可有效降低社会组织的隐性成本 …………… 170
三、防患减灾可有效降低信息失真成本 ………………… 170
四、防患减灾可有效降低权威失灵成本 ………………… 171
五、防患减灾可有效减少对各种患灾害的监测成本 ……… 172
第二节 推进政治建设 …………………………………… 172
一、锤炼民族精神 …………………………………… 173
二、有效推进政治建设 …………………………………… 174
三、有效增强公共意识 …………………………………… 175
四、有效提高政府公信力 …………………………………… 176
第三节 推进社会进步 …………………………………… 177
第四节 防患科学对信息化发展的要求 ………………… 182
第九章 防患科学策略 …………………………………… 185
第一节 国家安全领域的防患策略 ………………………… 185
一、政治安全是国家安全体系的核心 …………………… 186
二、我国国家安全面临的国际国内环境 ………………… 187
三、新形势下维护国家安全存在的患险和挑战 …………… 188
四、国家安全领域的科学防患策略 ………………………… 189
第二节 经济建设领域的防患策略 ………………………… 198

一、增强经济发展防患科学意识，提高经济可持续发展 ……… 198
二、增强自然资源防患科学意识，推动生态环境可持续发展 … 199
三、增强安定团结防患科学意识，促进社会可持续发展 ……… 199
第三节　社会发展领域的防患策略 ………………………… 201
一、忧患于影响社会稳定的因素是复杂的，经济患险向社会领域传导，社会利益矛盾成为社会矛盾重点 ……………… 202
二、现代社会越来越成为一个患险社会，诱发和助长社会矛盾 ………………………………………… 202
三、随着经济的发展，原来处于潜在状态的社会矛盾之患显性化 ……………………………………… 203
四、维护社会稳定的科学防患必须综合施策 ……………… 203
第十章　防患科学的实际运用 ………………………… 210
第一节　防突发性危机事件之患的处置方法 ……………… 210
一、各种突发性患灾害事件发生前，要广泛组织应急防患全社会力量全力“防” ………………………………… 210
二、突发性患灾事件即将发生时，要组织“守” ……………… 212
三、突发性患灾害危机事件已经发生时，要组织“抢” ……… 213
四、突发性患灾害危机事件恶化升级时，要组织“抗” ……… 213
第二节　防恐怖性突发事件之患及处置方法 ……………… 215
一、恐怖性突发事件之患发生前，要组织力量“防” ………… 215
二、恐怖性突发事件之患即将发生时，要组织力量“守” …… 215
三、恐怖性突发事件之患已经发生时，要组织一切力量“抢” ………………………………………… 216
四、恐怖性突发事件恶化升级时，要组织力量“抗” ………… 216
第三节　自然性患灾的处置方法 ………………………… 217
一、自然性患灾发生以前，要组织全社会力量全力“防” …… 217

二、自然性患灾即将发生时，要组织各种力量“守” …………… 217
三、自然性患灾已经发生时，要组织一切力量“抢” …………… 218
四、自然性患灾恶化升级时，要组织全部力量“抗” …………… 218
第四节 防金融领域危机事件之患 …………………………………… 218
一、强化金融监管是防患未然的关键 ………………………………… 221
二、推动金融市场健康发展是防范金融风险的重要一环 ………… 222
三、加强国际合作也是防范金融风险的重要途径 ………………… 223
四、提升金融机构的防患风险管理能力也是关键 ………………… 224
五、提高公众金融素养也是防范金融风险的重要方面 …………… 225
第五节 防人生之患 ………………………………………………………… 227
一、防“虚”之患 ………………………………………………………… 229
二、防“懒”之患 ………………………………………………………… 235
三、防“松散”之患 ……………………………………………………… 237
四、防“浮躁”之患 ……………………………………………………… 238
五、防“奢”之患 ………………………………………………………… 239
六、防“贪欲”之患 ……………………………………………………… 239

第十一章 把握规律，推动发展 ………………………………………… 243
第一节 人类最可怕的是对患情的漠视 ……………………………… 243
第二节 防患科学是古今忧患思想的延续和发展 …………………… 244
第三节 科学构建防患科学的三大灵魂 ……………………………… 245
一、常怀忧患事业兴，粉饰太平患害生——有防患之念是
高质量健康发展的基石 ……………………………………………… 245
二、常识患业成吉安，总享平安患无边——有忧患、识患之智
是谋求发展的关键 …………………………………………………… 246
三、患灾前决策“防”为大之策，患灾后决策“防”为
小之策——有避患防患之策 ……………………………………… 246

第四节　防患科学中确保防患发展的四大关键点 …………………… 247
一、得在观念，失在观念——没有科学的防患理念，
就没有防患科学的正确思路 ………………………………… 247
二、兵无常势，水无常形——没有对内在规律的准确把握，
就没有化解患险的前瞻之策 ………………………………… 248
三、生于忧患，死于安乐——没有如履薄冰的忧患意识，
就没有治患、除患的积极作为 ……………………………… 248
四、空谈空转，实干实效——没有求真务实的防患作风，
就没有又好又快的高质量发展局面 ………………………… 249
第五节　大力培育和弘扬防患科学精神 ……………………………… 251

参考文献 ………………………………………………………………… 253

后　　记 ………………………………………………………………… 254

第一章　防患科学的概念

“患”的存在和发生有其客观基础，是客观事物发展过程中的一种不确定性的有害因素，对人类的生存和发展产生危害。患之所以为患，不单是客观事物本身在发展过程中存在一种不确定性的有害因素，当这种不确定性的有害因素构成对现实的威胁和危害时，称其为患，其存在和发生将给人类的生存带来威胁、损失甚至是灾难。因此，必须充分发挥人的主观能动性，及时地预测潜在的“患”，力争规避“患”的发生，把风险降到最低，成功地化解“患”造成的灾难。

第一节　要科学认识“患”与防“患”

我们必须防患于行动，防患于发展，防患于未然，做到逢事以“防患”在前，行事时“排患”在中，事后以“治患”而终。以“患”为鉴知兴衰，以“患”为引开新念，防“患”为基开盛世、通天下、立新潮、创伟业。从而有效地确保人类的生存与发展，人类社会平安无忧，实现健康发展。

防患是对给人类生存构成威胁的各种隐患实施科学的预测、防备和应对，采取相应的对策和举措予以减轻或排除。防患在人类社会生活中极为重要，它关系人类的安危，乃至国家与社会的兴衰。防患的目的是防止患变灾成难，防患的最佳效果是除患，防患于未然，进而造福人类、服务人类、安定社会、发展社会。

第二节　防患科学的含义

由“患”而形成的防患理念，是防患科学形成的关键因素。这种理念科学，是人类在长期的历史及社会发展的实践活动中，面对来自自然及社会的各种患情所引发的各种患灾，以及对人类社会生存与发展造成影响的各种危害隐源发展而来的科学理论，能影响和促进社会发展，并能使人类社会逐渐认识并形成以“识患”为前提、以“防患”为理念、以“治患”为目的的理论体系和应用科学体系。它是一种理念、一种文化，更是一种科学，具有广泛性、规律性的特点，是形成人类社会科学的重要内容，属于哲学社会科学范畴。防患科学是人类社会不可缺少的科学成果，是人类社会发展中各种问题、灾难、危机的源头，是促进人类及其社会健康发展不可缺少的学科，具有普适性。

第三节　我国古代思想家关于忧患、防患的思想

自古以来，中华民族便深植强烈的忧患意识与防患之心，这已然成为我们民族独特而重要的精神特质。五千年的文明历史长河中，我们孕育并形成了防范患险的崇高民族精神，这种精神如大树般根深蒂固、枝繁叶茂，历经岁月洗礼而越发坚韧，不断被时代赋予新的内涵与特质。这一精神始终体现在我国发展的历程中，从井冈山精神、遵义会议精神、抗战精神、抗美援朝精神，到改革开放以来，中华民族所展现出的抗洪精神、抗击非典（SARS）的坚韧、勇攀航天高峰的毅力、抗震救灾的无私奉献以及新冠疫情防控中显露的坚韧与智慧，均是对伟大民族精神在抗击各种灾害中的具体体现和生动诠释。在这些伟大的精神中，忧患与防患意识作为民族精神的深厚底蕴和核心成分，得以有机地融入其中，成为支撑我们战胜困难、勇往直前的强大力量。

中华上下五千年的历史，是人类文明中的一颗璀璨明珠。在悠久的历史长河中，我国古代人民用勤劳、智慧的眼光建立起了深刻而长远的忧患意识，正如《礼记·中庸》记载的“凡事预则立，不预则废”，任何事都要做好周全的准备，否则可能会造成毁灭性的后果。明朝文书《钱公良测语》提到“天下之祸不生于逆，生于顺”，将世道祸乱归结于安逸享乐，缺乏忧患意识；在《淮南子·说山训》中也有记载：“良医者，常治无病之病，故无病；圣人者，常治无患之患，故无患也。”这种“生于忧患，死于安乐”，居安思危的意识使得中华民族不断壮大。

中国共产党在历史中总结出了居安思危的经验。这种始终对忧患进行防范的意识正是中国共产党奋斗史中的重要精神。中国共产党于民族危难之时诞生，将这一理念贯彻始终。毛泽东同志持续强调的忧患意识，为中国共产党奠定了防患于未然的坚定基石。忧患意识也要在科学理性的前提下进行，要做到实事求是，并且这种意识应该是自发进行的，正所谓“备豫不虞，为国常道”。我们在面对重大的困难和挑战时，必须务实主动，要符合客观科学精神。忧患意识并非主观的臆测，必须符合事物发展的规律，结合历史经验进行综合判断。

一个民族经历的磨难会促使他们进行文化反思。不同的国家和民族，其忧患、防患意识都是一种社会共同体意识，每一个公民以及其所处的社会对于安全的需求都是最基本的需求之一，而忧患、防患意识正是对安全需求的一种深层次思考。纵观我国的历史，可谓充满了磨难与艰辛，比如长城，其作用正是抵挡外来侵略者的入侵与掠夺，可以说长城正是忧患、防患意识的产物；《诗经》中也有相关的诗句：“战战兢兢，如临深渊，如履薄冰”，这也是中华民族忧患、防患意识的表现；在《岳阳楼记》中，范仲淹也表达了自己深刻的忧患、防患意识。我们的民族精神无不在体现着忧患、防患意识。

在我国古代的思想文化当中，忧患、防患意识的影响久远、内涵深刻，将古人以天下为己任，无时无刻不关注家国命运的情怀表现得淋漓尽致。这种忧患、防患意识让他们充满了使命感与责任感，愿意为国家挺身而出。我国古代思想受儒家文化影响极大，而忧患、防患意识正是儒家思想的重要表现之一。

我国古代人民的忧患、防患意识形成与其所处的地理条件和生存环境密切相关。中国的古代文明诞生于黄河流域，与其他古代文明诞生地（如两河平原和印度河平原）相比，环境更加恶劣。我国古代人民常常遭受自然灾害的困扰，因此，当人们具有认识自然的意识并对自我能力有所认识时，便感受到了水旱猛兽、地裂山崩等自然灾害随时可能降临的威胁，生存条件随时可能被剥夺，忧患意识便随之产生并成为代代相续的民族心理。例如，中国古代神话中的氏族首领，几乎都夙兴夜寐，忧劳勤苦，这便是忧患心理的体现。中国古代重要典籍《周易》便是一部根据象数、系辞以预测吉凶的书。《易·系辞传上》云："圣人设卦观象，系辞焉而明吉凶，刚柔相推而生变化。是故吉凶者，失得之象也；悔吝者，忧虞之象也；变化者，进退之象也；刚柔者，昼夜之象也。六爻之动，三极之道也。"体现了充分的忧患意识。《易·系辞传下》云："《易》之兴也，其于中古乎？作《易》者，其有忧患乎？"忧患的内容，由生存环境延及家邦国事，由个人的祸福到国运的否泰，对于中华民族的文明进步起到了积极作用。除《周易》之外，诸子百家有一个共通之处："蒿目而忧世之患"（《庄子·骈拇》）。孔子亦云："人无远虑，必有近忧"（《论语·卫灵公》，这种"终日朝乾夕惕"的忧患感，形成了中华民族源远流长的民族气质。

文学是社会生活的反映，是人类认识自然、改造自然活动的体现，因此，忧患意识自然成了古代文人创作时的一种重要心态。中国古代文人是以"立德、立功、立言"作为人格标准的。儒家要求文人们以"修身、齐家、治国、平天下"为人生目的。因此，作为文学家的主体意识与作为政治家的主体意识在中国古代知识分子身上是统一的。对于国家的命运、百姓民众的疾苦，他们不是祈求上帝、神祇的保佑，而是受强烈的责任感、使命感驱使，体现了深沉的忧患情怀。从桓宽的"夫圣人君子，以天下为己任者也"（《盐铁论》）到陈子昂的“圣人不利己，忧济在元元”（《感遇诗三十八首·其十九》；范仲淹把个人命运与家国命运紧密联系，写出“先天下之忧而忧，后天下之乐而乐”；顾炎武视国家存亡为己任，表达出“天下兴亡，匹夫有责”的强烈责任感。因此，一部中国古代文学史便是充盈着忧患情绪的历史，也是记载、展示中华民族忧患意识的历史。晚清时期，刘鹗在其所著的《老残游记·自序》中写道，“《离骚》为屈大夫之哭泣，《庄子》为蒙叟之哭泣，《史记》为太史公之哭泣，《草堂诗集》为杜工部之哭泣……”这里的哭泣皆表示在这些作品中抒发着忧患情绪。

一、道德情操的表述

战国时期，诸子百家各抒己见。孔子在《论语》中深刻指出，品德不修炼，学问不探讨，听闻道义而不遵循，有过错而不改正，此皆我之所忧。这深刻地反映了他对春秋末期社会道德沦丧、学问荒废、无视道义、缺乏原则、拒不改正错误的现状的深深忧虑。同时孔子也提出，“学而时习之，不亦说乎？有朋自远方来，不亦乐乎？人不知而不愠，不亦君子乎？”表达了“忧”的对立面“乐”。孔子对于“忧”“乐”的理解在于君子的情操，而这种情操的具体表现主要在他们的学术、行为和道德层面上。

孔子对其学生颜回颇有赞赏。他表示，颜回虽然生活条件简陋，但仍可“不改其乐”（《论语·雍也》），将颜回视为品行高尚的君子。而对于自己，孔子则表示，“乐以忘忧”“不知老之将至”（《论语·述而》）。孔子对我国古代社会中的道德品质优劣提出了标准——一个人可以将丰富的情感与高尚的品行相结合，就可以认为这个人的情操十分优秀。孔子的这些言论成为我国古代人民的人文基础。将品行情操作为评价一个人的标准，在我国古代十分普遍，也是我国历史文化的一大特色。

二、忧患、防患——人生价值观的核心

“忧”与“乐”在儒家思想发展到孟子时初具雏形，存在理论抽象性和普

遍性。此时的“忧”与“乐”已不局限于个人品行。在古人的人生价值观中，忧患、防患意识已经成为一种简洁的表达。

孟子通过举例的方式，将历史上的杰出人才一一举出，并强调他们的成功离不开忧患、防患意识。舜出生于农家，后来却当上了君王；胶鬲遭到战争的压迫，以卖鱼、盐为生，而周文王将其提拔，胶鬲也为周朝作出巨大贡献；隐士孙叔敖在楚庄王的推举下取得了十分优秀的政治成绩……一个人没有忧患、防患意识，不经历苦难，就无法形成强大的斗志和信念。孟子把对人生哲学的深刻理解提炼为“生于忧患，死于安乐”。

同时孟子也认为，人不能局限于理论。虽然他明白“生于忧患，死于安乐”的道理，然而如果不将其进行实践，同样无法取得成功。孟子论述道，一个人如果想承受巨大的责任，那么他的身体水平和意志力应该较为强韧，要经过长时间的磨炼，要让他饱受饥饿、困倦的打击，让其在思想上常常产生矛盾，同时他所行之事也要充满艰辛，不能让其顺利地完成每一件事情。通过这样的方式，可以让他更加坚强、更有斗志，也更加成熟、更加理智……

孟子强调，人需要不断在忧患、防患中成长和历练，并形成远大的志向和理想。孟子视这种志向为“浩然之气”。这种“浩然之气”并不是先天形成的，而是在后天磨炼中建立起来的。让这种“浩然之气”保持积累，才可以让人完成自己的使命，并为其赋予价值，最终做到“富贵不能淫，贫贱不能移，威武不能屈”。孟子的人生观基于忧患、防患意识，他将“大丈夫”视为人应该追求的目标。在这种基本观念下形成的人生哲学观，对我国古代人民的思想形成了久远的影响。

三、唐代以前文学中的忧国爱民精神

古代文人通过作品体现出的忧患情绪，除有与其人生际遇相关的人生忧患及对民生的忧患之外，主要体现为对国家前途、民族命运的忧患。这一内容在我国最早的诗歌总集《诗经》中就已经鲜明地体现出来。《诗经》中

的诗歌，其创作年代从西周初年到春秋中叶五百余年。这五百余年间，由文王、武王开创基业，经过艰危战乱，方定大局，继有周公摄政，遂奠定了成王、康王两代承平安定的基础。可是昭王、穆王以后，国势日渐衰落，厉王暴虐无道，国人反叛，结果被放逐，幸有周、召二公共理国政，缔造了共和之治。其后宣王北伐猃狁，南征荆蛮，并平定淮夷徐戎，重振周室声威，完成中兴大业。但幽王继而在位，沉湎酒色，不理朝政，终被犬戎所杀。犬戎入侵造成了民不聊生、生灵涂炭的动乱。平王东迁以后，周室威望日减，周天子大权旁落，诸侯相互吞并，夷狄交侵中原，社会紊乱不安。这种多变复杂的历史背景，在《诗经》中化成了人们深沉的忧患意识。从《王风·黍离》那缓慢的节奏、悲怆的境界，似乎可以窥见这位诗人在凭吊故国遗迹时踟蹰的脚步，恍惚的神情，不胜唏嘘的伤感，体察到他那对故国深沉的忧伤情怀。如果说《黍离》是对故都的残破荒凉而发出的事后伤怀，《豳风·鸱鸮》则是预感王室危殆的忧患——首章写了诗人的祈求，是诗人的至诚祷告，且看如下三句："鸱鸮鸱鸮，既取我子，无毁我室。"朱熹《诗集传》释其曰："以比武庚既取管蔡，不可更毁我王室也。"可知此时诗人忧患王朝倾覆的心情是何等深沉！继而第二章叙述了从忧患中振作起来，积极防御，以抵抗外患，曰："迨天之未阴雨，彻彼桑土，绸缪牖户。今女下民，或敢侮予？"从忧患到超越忧患，最终化解了忧患。全诗通篇用喻，表达的是诗人心忧国难以及纾难卫国的决心。

《国风》如此，《雅》《颂》中同样有诗人的忧患之作，尤其是西周初年，周室开国伊始，缅怀缔造之艰难；西周末叶，遭遇犬戎之乱，王室东迁，惊于时代的乱离；东周初年，乱后痛定思痛，深切反省。这些时期的作品，忧患意识尤为浓烈。如《大雅·文王》一诗，据朱熹《诗集传》的解释，是周公追述文王的功德、以告诫成王的诗。诗中语句殷殷垂诫，以提示不忘前王艰难缔造之意。如第六章、第七章中有这样的诗句："宜鉴于殷，骏命不易！命之不易，无遏尔躬。"以殷商覆亡之鉴，表达了从忧患意识中觉醒自勉的深意，因此，君主能戒慎惕厉，国家必将安泰，人民才能安宁。这种忧患，甚至到了“战战兢兢，如临深渊，如履薄冰”（《小雅·小旻》），唯恐坠失的境地。屈原的《离骚》自始至终贯穿着对楚国朝政腐败、楚国命运岌岌可危的忧患感。汉代文人虽然不乏夸赞帝业的成分，但不少作家仍有心忧社稷的情感。贾谊的忧患意识尤其浓烈，在被后人称道的“文景之治”的太平盛世，他对时势作出这样的判断：“臣窃惟事势，可痛哭者一，可为流涕者二，可为长太息者六。”（《治安策》）汉代言辞恳切的政论散文如贾谊的《过秦论》《治安策》《论积贮疏》，晁错的《论贵粟疏》，桓宽的《盐铁论》等，都以忧患的情绪，指陈时弊，表现了对国家前途命运的深切关注。

魏晋南北朝时期天下大乱，该时期的作家如曹操、蔡琰、庾信等人的作品中充满着对国家命运的郁郁忧情。曹操是一位雄心勃勃的政治家、军事家，“外兴武功”而“内兴文学”。他的诗作悲凉慷慨，如《蒿里行》便是写军阀混战造成的哀鸿遍野的残破景象，诗中曰：“铠甲生虮虱，万姓以死亡。白骨露于野，千里无鸡鸣。生民百遗一，念之断人肠。”流露出诗人伤时悯乱的感情，苍凉凄楚，形象鲜明。当感念于时光流逝，统一未成时便发出了这样的喟叹：“慨当以慷，忧思难忘，何以解忧，唯有杜康”（《短歌行》）；但他没有在忧患中沉默，而是以“周公吐哺，天下归心”（《短歌行》）来表达自己激昂、宏阔的胸襟。其他作家，如王粲在《七哀诗》中以“西京乱无象，豺虎方遘患”抒写了对社稷民生的忧患。被称为“建安之杰”（钟嵘《诗品》）的曹植，前期豪气英发，颖脱不群，后期则愤激不平而又心忧国事，如《杂诗（其五）》：

> 仆夫早严驾，吾行将远游。远游欲何之？吴国为我仇。
> 将骋万里途，东路安足由。江介多悲风，淮泗驰急流。
> 愿欲一轻济，惜哉无方舟。闲居非吾志，甘心赴国忧。

诗人一生追求理想，心忧社稷，遭挫折后，壮志不衰，转而多愤激之情，仍渴求山河统一。钟嵘谓其“骨气奇高”(《诗品》)，便是指他诗作中体现出的亦如其人的风格。

正始文学的代表阮籍、嵇康等人的作品，虽然体现了诗人们“独坐空堂上”的人生忧思，但诗人们孤寂索寞的心境同样包含着对国事的忧患。在统治者的政治高压之下，文人内心充满不忿，却不能直接抒发，只能通过文学方式对内心的愁绪进行宣泄，正所谓“使气以命诗”(《文心雕龙·才略》)。文人们多以物寓意，用比兴或借典故、神话等进行委婉表达。钟嵘对此评价道：“言在耳目之内，情寄八荒之表。……厥旨渊放，归趣难求。”(《诗品》)其后太康诗人刘琨，一生经历了由早期浮华放荡的贵公子到闻鸡起舞，成为一名爱国志士的转变。他在《答卢谌书》中自述了这种变化：“昔在少壮，未尝检括。远慕老庄之齐物，近嘉阮生之放旷。……自顷辀张，困于逆乱，国破家亡，亲友凋残。负杖行吟，则百忧俱至；块然独坐，则哀愤两集。”西晋末年，在外族入侵的情况下，诗人在北方辗转抗战，此时的诗作充满着“国破家亡”的“百忧”。钟嵘谓其“善为凄戾之词”(《诗品》)，便是对其后期心忧国难诗作的准确评价。尤其是著名的《扶风歌》，充分体现了这种风格。

《扶风歌》作于永嘉元年（公元307年），作者刘琨时年37岁，刚被朝廷任命为“并州刺史，加振威将军，领匈奴中郎将”(《晋书·刘琨传》)。刘琨要从洛阳北上并州晋阳（今山西太原），而黄河以北，许多地区已被匈奴、羯、氐等游牧民族所统治，当地百姓陷于水深火热之中，他招募千余人，随时随地消灭敌人。而朝廷正忙于内乱，热衷倾轧争权，根本无心抗敌，对刘琨的抗敌义举并无实质性的支持。这位“振威将军”面对内忧外患、残破江山，忧思如泉，写下了这首中国文学史上著名的史诗式的诗歌。

四、唐代文人的盛世忧思

唐代是国家空前统一、经济文化事业繁荣的时期，其中尤以贞观至开元的一百多年间最为兴盛，但封建社会不可调和的矛盾仍继续存在。唐代曾推行均田制并设有占田限制，然而到了高宗时期，洛阳地区的权贵们逾越土地限制的现象已屡见不鲜。唐玄宗在早年曾展现出“励精图治”的治国风采，但晚年沉溺于酒色，且过于信赖奸臣李林甫、杨国忠等，导致内政逐渐衰败，对外则穷兵黩武。为了加强边防，朝廷设立了节度使一职，然而这一举措埋下了边镇节帅拥兵作乱的隐患。最终，在公元755年，“安史之乱”爆发，这场动荡持续了八年之久。虽然最后被平定，但国家元气大伤。唐宪宗时经济虽有所恢复，但至穆宗时，人民的赋税更趋严苛，各地藩镇官僚更残酷搜刮，终于在僖宗乾符元年（公元874年）山东爆发了王仙芝、黄巢大起义。尽管起义军最终遭到了唐王朝与藩镇的联合镇压，但唐朝也在这场纷争中遭受了致命打击。随着藩镇割据势力的日益猖獗，他们之间的纷争愈演愈烈，最终导致唐朝的覆灭。因此，忧患时局，抒写对国家安危的关心和忧虑，是唐代诗文的重要主题之一。

陈子昂作为唐朝初期的诗人，崇尚神仙，酷爱游侠生活，但是他的意识始终以儒家的兼济天下为主。其上奏的政论当中都体现出他居安思危的思想。比如《上蜀川安危事》中，陈子昂对川蜀地区人民流离失所表达了深刻的同情和担忧，而对一些残虐百姓的官员做法也表达了强烈的谴责。陈子昂在其所著诗篇《感遇诗三十八首·其三十五》之中将自己忧国忧民的情怀进行了表达：

本为贵公子，平生实爱才。
感时思报国，拔剑起蒿莱。
西驰丁零塞，北上单于台。
登山见千里，怀古心悠哉。
谁言未忘祸，磨灭成尘埃。

这首五言古诗设想一个爱国的贵公子拔剑从军，西驰边塞丁零，北到单于祭天之台，在那里怀念古战场，感到前朝居安忘祸，导致功名磨灭，前功毁于一旦的悲哀。这首诗大约是垂拱二年（公元686年）陈子昂随乔知之监护将军刘敬同军北征，到达同城、居延、张掖之后所作。前六句写从军的壮烈胸怀和深入匈奴腹地的壮举，后四句怀古，悼念前人忘记祸患所来，致使伟烈武功，终归磨灭。“谁言未忘祸，磨灭成尘埃”，就是说古代如卫青、窦宪等人虽军功彪炳，但由于当政者未采取治国安民、屯田蓄粮、选将强兵等措施，造成了军功尽弃的结局。唐代边功甚大，但突厥、回纥始终为患，陈子昂便借古以发国忧，从忧患之中体现出强烈的爱国情感。通过其诗文我们可以看到诗人独立幽州台，“念天地之悠悠，独怆然而涕下”的满腔愁绪。

大诗人杜甫，具有浓烈的爱国忧世情感，他的一生跨玄宗、肃宗、代宗三位皇帝的统治时期，见证了唐朝从鼎盛到逐渐衰落的整个历史过程。他科场蹭蹬，沉于下僚，过着“残杯与冷炙，到处潜悲辛”（《奉赠韦左丞丈二十二韵》）的生活。这使得他能以独特的视角看清唐王朝隐藏在繁华景象下深刻的社会危机，对国家、人民怀有强烈的责任感和使命感，深沉的忧患意识构成了杜甫诗作的基调。杜甫一生，除了那段裘马轻狂、充满朝气的青年岁月，几乎无时无刻不处在深深的忧患之中。黄庭坚在杜甫的画像上题词道：“中原未得平安报，醉里眉攒万国愁”（《老杜浣花溪图引》）。俞文豹认为这是“状尽子美平生”（《吹剑二录》）的精当评价。杜甫的诗歌充满了深沉的忧患意识：“登兹翻百忧”（《同诸公登慈恩寺塔》）、“独立万端忧”（《独立》）、“乾坤含疮痍，忧虞何时毕”（《北征》）。这种强烈的忧患意识、强烈的责任感驱使他在仕途不达、生活窘困的情形下，没有颓唐消沉，而是升华成一种积极而坚毅的精神力量。直至晚年，诗人在漂泊西南的岁月里，仍旧怀揣着壮志未酬的豪情：“济时敢爱死，寂寞壮心惊”（《岁暮》）。杜甫的《岁暮》以其深沉忧郁的风格，对后世读者产生了深远的影响，成为仁人志士汲取精神力量的宝贵源泉。中国文学发展史上出现了“千家注杜”的奇观。杜诗被后人视为难以企及的圭臬，其原因就在于“少陵自有连城璧”(《论诗三十首·其十》)。“连城璧”的价值不单是臻于完美的艺术形式，还在于杜甫诗作对国事民生的深切关注。

晚唐时期的诗作当中，忧患诗歌的占比很大。如李商隐有感于宦官干预政事、帝王荒淫的社会现实，写了许多咏史诗，以历史史实作为现实的殷鉴，表达了对国家安危的忧患。如他的《登乐游原》：“向晚意不适，驱车登古原。夕阳无限好，只是近黄昏。”转瞬即逝的夕阳既象征他的人生迟暮，也代表了唐朝的末路。

五、宋代文学中的“神州陆沉”之患

宋代是一个边患深重的朝代，宋代的文人也普遍关注国事。他们或忧国家山河破碎，或忧统治者投降误国。北宋文坛领袖欧阳修自谓“吾生少贱足忧患”，当他涉于仕途，阅尽社会现实之后，更感受到国事人生，重压在身，以至“百忧感其心，万事劳其形”，即使“以为燕安”之时，亦“追思曩时山川所历，舟楫之危，蛟鼋之出没，波涛之汹欻，宜其寝惊而梦愕”。这便是一种强烈的忧患意识，其中对社稷前途、社会现实的忧患比重尤大。欧阳修生活在宋真宗至神宗时期，处于宋王朝的极盛时期。“外平僭乱，无抗敌之国；内削方镇，无强叛之臣，天下为一，海内晏然”(欧阳修《本论》)。彼时国家统一，经济亦相对繁荣，可是，他能够透过现实生活中表面的稳定，看到潜在的社会动荡因素。在他看来，即使燕安之时，也应该居安思危；即使面对锦绣江山，也应该不忘过去的破碎和沦落。这种忧患的情绪充溢于他的作品之中，他的文章含蓄蕴藉，曲折跌宕，在一唱三叹、回环往复中“藏锋敛锷，韬光沉馨”(谢枋《文章轨范》)，“莫信诗人竟平淡，二分梁甫一分骚”(龚自珍《己亥杂诗》)，灌注其中的是沉郁顿挫的忧患意识。他文章的风格不是韩愈那般“如长江大河，浑浩流转”，而是“六一风神”、阴柔的情韵之美。如《丰乐亭记》，该文盛赞了宋代天下太平，滁州“风俗之美”“丰年之乐”，初读给人以歌功颂德的印象，但是联想到他对五代及宋代社会的深沉忧患，才会窥见其字里行间充盈着的愁情：“盖天下之平久矣。”“滁于五代干戈之际，用武之地也。”宋代此时也是干戈之际、用武之地，而“民生不见外事”，不修武备，真可谓危机四伏。确实，这是欧阳修以平淡的文字写其不尽的愁绪，即所谓“不著一字，尽得风流。语不涉难，已不堪忧”。这种“欲语还休”、沉着徐纡的风格与作者所要表达的内容十分熨帖吻合。正如高步瀛所评：“一字百转，淋漓感慨，悲凉呜咽，最为欧公长技”（高步瀛《唐宋文举要》）。南宋半壁山河，神州统一、光复中原的时代强音在朝廷苟安忍辱的统治政策压抑之下，在文人的笔端化成了凝重悲凉的惆怅。伤时忧国是其时共同的诗文题旨。如吕本中的词《南歌子·驿路侵斜月》：

驿路侵斜月，溪桥度晓霜。
短篱残菊一枝黄，正是乱山深处、过重阳。
旅枕元无梦，寒更每自长。
只言江左好风光，不道中原归思、转凄凉。

这首词见于《花庵词选》，题为“旅思”，但这种“旅”，不是一般的劳人行役，而是避乱逃亡；这“思”不是一般的恋旧怀乡，而是感伤故国。这首词作于金兵攻陷汴京，掳徽、钦二帝北去之后，康王赵构即位便逃奔东南，作者也随之流亡南下。南方青山秀水，景物固然优美，一如“乱山深处”的黄菊聊可赏心悦目，所以说“只言江左好风光”。词人在一首词中曾说：“儿女不知来避地，强言风物胜江南。”（《连州阳山归路三绝·其一》）然而，这里的“风光”再好，作者也难以稳睡于“旅枕”，使“每自长”的寒更变成苦短的春宵，因为“虽信美而非吾土”。煞尾的“不道中原归思、转凄凉”便是作者怀恋故国的深沉忧思。

在写下“生当作人杰，死亦为鬼雄”（《夏日绝句》）的著名女词人李清照的作品中，家国之愁弥漫充溢。中原沦陷，她失去了故乡、丈夫、美好的和平生活，流落江南，绍兴年间（公元1131—1162年）曾流寓婺州，当时词人已约60岁，一位花甲老妪，仍眷眷不忘故土，写下了气韵生动的《题八咏楼》：

千古风流八咏楼，江山留与后人愁。
水通南国三千里，气压江城十四州。

这首七绝是登临题咏之作。八咏楼（原名元畅楼）在唐宋时是婺州的一大名胜。文人墨客漫游古越时多有题咏，尤以南朝齐诗人沈约出守东阳（今金华）时作的《八咏诗》著名，后人因之改称八咏楼。此诗以“千古风流”开篇，便是追怀先贤。但自沈约以后，文人每登兹楼、览目山水，凭吊前贤，吟诵沈诗，莫不有动于衷，惆怅不已。正如唐代崔颢《题沈隐侯八咏楼》中所说：“登临白云晚，流恨此遗风。”楼外的婺州山水景色，自古易勾人生愁，这是八咏楼人文景观深层的一种文化心态。不过李清照所抒写的“后人愁”远比一般文人空泛的怀古之愁、失意之愁要深刻、具体，是一种时代之愁、家国之愁，充满强烈的民族忧患意识和深沉的爱国之心。其后，诗人止住愁绪，而以八咏楼的雄峻伟拔收结全篇，但貌似豪放，实则悲愤，诗人寄寓的是一种极目大好河山，无限感慨，欲言又止的深沉悲愤之情。

南宋的爱国作家数量很多，陈与义、岳飞、陆游、范成大、杨万里、张孝祥、辛弃疾、陈亮、刘过等人的诗词有很多以抒写家国之忧为主题。如词人刘克庄对爱国作家辛弃疾深怀敬佩之情。他成年后为《辛稼轩集》作序时，称辛氏所作“大声鞺鞳，小声铿鍧，横绝天合，扫空万古，自有苍生以来所无”。可见他与辛弃疾是心灵相通的。但是，由于两人所处的时代不尽相同，所以同是表现忧国之情，刘克庄的词作却比辛弃疾的词作呈现出更多的危机感。因为辛弃疾生活的年代，宋金对峙还处于相对稳定的时期。辛弃疾的晚年，韩侂胄还能发动“开禧北伐”，因此他所痛心疾首的是“匆匆春又归去”

(《摸鱼儿》)，痛惜的是北伐失败，收复中原的良机易逝，而非真正的国势将亡。而刘克庄生活的时代，是在宋金对峙之后，蒙古直接威胁南宋的生存，因此，刘克庄的词中反映着更为尖锐的民族矛盾和更为焦灼的忧世之情。如《沁园春·答九华叶贤良》：

一卷阴符，二石硬弓，百斤宝刀。更玉花骢喷，鸣鞭电抹，乌丝阑展，醉墨龙跳。牛角书生，虬髯豪客，谈笑皆堪折简招。依稀记，曾请缨系粤，草檄征辽。

当年目视云霄，谁信道凄凉今折腰。怅燕然未勒，南归草草，长安不见，北望迢迢。老去胸中，有些磊块，歌罢犹须著酒浇。休休也，但帽边鬓改，镜里颜凋。

清代冯煦对刘克庄词作评价道："后村词与放翁、稼轩犹鼎三足，其生丁南渡，拳拳君国，似放翁；志在有为，不欲以词人自域，似稼轩"(《六十一家词选·例言》)。此词上篇写壮岁意气，下篇写晚年悲慨。作者长期郁结于胸中的忧思，即使抚剑悲歌也难以消解，只得借酒浇愁。这些忧思，便是因国仇未报，中原沉沦郁悒而成。作者深沉的忧国情怀，化成了一曲声情俱烈的悲歌，催人泣下，感人肺腑。

从宋初文人的边患之忧，到南宋中原板荡之悲、神州陆沉之忧，直到宋末元初的亡国遗民之恨，宋代的爱国文学由于积贫积弱的国势，决定了其带有浓厚的沉郁悲壮色彩。

六、元明清文学中"伤今悼古"的特质

元明清时期，文学样式更加成熟多样，反映社会生活的内容也更趋丰富，尤其受个性解放思潮的影响，抒写男女爱情及一己性灵蔚成文坛风气，但是忧患国事的主题从未中断和消歇。即以元代的杂剧而言，既有再现下层百姓生活、抨击封建伦理、讴歌纯真自然爱情的作品，又有借史抒怀之作，它们

往往以历史题材寄寓其民族意识与爱国情怀，或通过揭露社会黑暗，表达对国家民族的深沉忧患。如关汉卿除创作《窦娥冤》《救风尘》等传世名作之外，还有以历史英雄为题材的杂剧，如《单刀会》《西蜀梦》《哭存孝》等。《单刀会》便描写了英雄关羽的形象，关羽单刀赴会时曾有这样的抒怀：

> 水涌山叠，年少周郎何处也？不觉的灰飞烟灭，可怜黄盖转伤嗟。破曹的樯橹一时绝，鏖兵的江水犹然热，好教我情惨切！这也不是江水，二十年流不尽的英雄血！
>
> ——第四折 [驻马听]

《昊天塔》对我国古代在民间广为流传的杨家将故事进行演绎，该戏对卖国求荣的官员进行了无情抨击，并颂扬了杨家众将士以身殉国的崇高品质。该剧通过杨六郎盗取杨令公尸骨的事迹将孟良、杨五郎等人塑造成了民族英雄。孟良神勇无比，在戏剧中，他只需要双眼一瞅、大喝一声便引得山崩地裂，当这群英雄好汉遭遇追击时，孟良勇敢地独自断后。杨五郎作为佛家子弟，不惧任何邪恶。在杨六郎被韩延寿追至兴国寺时，由于二人并未相识，也曾发生过误会，后来二人了解真相，齐心协力诱杀韩延寿，并在随后一同抵抗外来侵略。

在明朝建立之初，朱元璋为了笼络文人并利用他们巩固自己的政权，使用了残酷的高压手段。例如，在洪武年间（公元 1368—1398 年），朱元璋规定，士大夫如果不能报效朝廷为君王所用，则一律赶尽杀绝。同时，大兴文字狱。这导致明朝初期的一些歌颂君王功德的诗词在诗坛中保持绝对话语权，其中最具代表的即“三杨”[①] 等人。并且明代文人因模拟成风，文坛处于黯淡时期，即便有忧国之心也悄无声息。李梦阳写下“忧国秪凭书卷里，放朝长忆漏声中”（《立秋雨不止再和师召韵四首·其三》）。但元末明初的宋濂、刘

① 杨士奇、杨荣、杨溥，三人为明代“台阁体”诗文的代表人物。

基等人创作于元末的作品则充满忧世精神，如刘基前期的诗作，便多为“伤今悼古”的忧时感世之作，诗人屡以屈原自况，在《巫山高》诗篇中通过对“当时忠臣放泽畔，乃与靳尚相徘徊”的吟诵，表达对国事的深沉忧虑。虽然由于时代的局限，刘基还无法认识农民起义的历史作用，但是，在他的诗文中已有对起义原因的探求。如《感时述事》诗云：

古人有战伐，诛暴以安民。今人尚杀戮，无问豺与麟。
滥官舞国法，致乱有其因。何为昧自反，一体含怒嗔。
斩艾若草芥，虏掠无涯津。况乃多横敛，殃祸动辄臻。
人情各畏死，谁能坐捐身。所以生念虑，啸聚依荆榛。

刘基在分析起义的根源时，得出了这样振聋发聩的结论——“厥咎由官府”（《感时述事十首之六》）。刘基等人对国事的忧患往往主要集中在对腐败的政治、昏聩的君主、贪纵的官吏上。

《水浒传》写于元明时期，对当权者的丑恶嘴脸进行了无情披露。在该小说中，以高俅的发迹和皇帝对其的宠信作为开头，以表达“乱自上作”。这样的开头无疑在宣示当朝民众水深火热的艰难生活。作者既歌颂了“禅杖打开危险路，戒刀杀尽不平人”的鲁智深、武松等起义英雄，又弘扬“忠”“义”大伦。这一矛盾，一方面正如李贽在《忠义水浒传序》中所说：“施、罗二公，身在元，心在宋；虽生元日，实愤宋事”。这里的“宋事”一方面指宋朝当权者在侵略者面前的无作为而致使宋朝灭亡；另一方面则是以史况今，寄寓作者对现实的忧患，借歌颂农民起义来揭露政治黑暗。但由于忠君与爱国在古代人心目中是两个范畴，起义者最终以受招安而尽忠。因此，作者设计了“九天玄女授天书”这一情节。该情节中，九天玄女要求宋江“为主全忠仗义，为臣辅国安民”。“国”与“民”也是作者所忧思的，“忠君”与“起义”的统一，在作者看来便是“国”与“民”的统一。

明末清初，随着阶级矛盾、民族矛盾的尖锐，爱国文社成员在文学方面大多改变了复古模拟、推崇七子的倾向，转而面向社会现实，写下了慷慨激昂的爱国篇章。这些作品一般具有饱含壮志、淋漓痛快的独特风格，其中尤以陈子龙、夏完淳、瞿式耜、张煌言等人最为著名。夏完淳在其所著的《大哀赋》中描述当朝者只顾享乐，并深深痛斥了他们的无能，同时夏完淳也悲壮地表达了他坚定的报国信念："既有志于免胄，岂无心于丧元。"

清朝初期，许多进步作家开始流露出强烈的民族意识。在明朝遗民当中如顾炎武、魏禧等人，都通过诗词抒发其深沉的民族情怀。其后的著作《桃花扇》和《长生殿》表现的主要是对民族失败和家国毁灭的忧虑。传世名作《红楼梦》中"满纸荒唐言，一把辛酸泪"，形象地反映了封建社会行将灭亡的历史趋势。

综上所述，深沉的忧患意识是古代文人关注国事、心系黎民的一种入世心态，它虽然与直接抒发的爱国的炽热情感有所不同，但这种差异仅是形式方面的。热烈的讴歌主要是基于民族自豪感，诚挚的忧患之情则更多地基于使命感和责任感，尤其是在国难将临、王道不施之时，这种忧患意识更加弥足珍贵。体现于文学中的忧患情绪，虽然不像奏表直接晋进于君上，直接影响于政治，但文学更易于风化民俗，使之成为民族的共同心理积淀，影响凝重而久远。

七、孔子对忧患观念的豁显

早在先秦时期，儒家、道家等对周朝政治衰落、礼乐文化的瓦解，以及社会道德风气的败坏产生了担忧和忧虑。这其中，儒家思想在忧患意识上表现得更为明显，还形成了一种十分独特的学术体系。在诸子百家中，仅儒家的忧患思维从正面切入，在儒家的人文关怀中，忧患意识被阐释为一种根本精神，这种精神贯穿儒家的人生观、现实观和历史观。当这种充满对历史与人文深思的忧患精神融入孔子的言论与思维时，它便超越了个人荣辱得失的层面，升华为对"道"的深沉忧虑——担忧道义无法在世间得到践行。孔子的这种忧"道"情怀，彰显了他对人文精神和历史责任的深刻承担与坚守。

正如孔子所说，人能弘道。孔子的“忧”有对百姓的忧，他对人民的生活现状以及未来发展充满了思考；孔子的“忧”还包括己道之忧，对自己所行之道不能在社会之中显现而担忧。但令人遗憾的是，孔子将仁义和礼节融合为一体的政治抱负，以及他重建旧时文化理想的努力，并没有得到充分的认可和实现。尽管他的思想在理论上被赞赏为对当时社会问题的深刻认识，但他的政治理想和文化追求未能得到充分的实践和支持。因此，这种遗憾只能留给后人加以认识和理解。“忧患”二字在《论语》里存在，并非一个完整的词，但孔子的思想中充满了对宗周文化的深刻理解、对历史的深刻感知、对自我反省的意识、对责任担当的自觉、对群体合作的重视以及对和谐共处的追求。这些特质共同揭示了孔子对忧患意识的深刻理解。孔子的思想是其人生态度的体现，表达了他的文化诉求和哲学期待。在孔子的思想体系中，他强调了仁义的重要性，并将仁与礼相结合，同时也强调了智慧的重要性。这种思想是在对人生困境和社会问题的深刻反思中形成的，体现了孔子对于人性、道德和社会秩序的理解。孔子及其学派的后继者，包括曾子、子思、孟子等人，在忧患意识上都有或多或少的重合之处。孔子的忧患意识既受到春秋末期“一多互摄”的复杂社会环境的影响，也源于他个人的内省。他强调内心的忧虑胜过外部的困难，提出了“患在内不在外，在己不在人”的理念，开启了一种以反省自身为主的新思想。孔子在授业时，通过具体的教学方法向学生展示自己的思想。他用生动化、艺术化、时机化和情境化的方式，使学生能够更加深刻地理解他的思想，并将其内化为仁德，外化为行为。孔子不仅关心个人的忧患，还崇尚将个人命运和国家存亡相联系，引导学生从内心产生对道德和社会秩序的敬畏之情。这种教学方式促使学生在思想上和行为上都能够体现出仁义和礼数相融合的忧患意识，并最终形成了一种完整的思想体系。

（一）孔子忧患意识的外部因素——一多互摄的生存格局

孔子产生忧患意识的外部因素是外在的断裂性生存格局，即各种文化共存、多个国家相互交织的情况，表现为不同文化之间的异质性或断裂，但又存在华夏文化的连续性。在这种环境下，各式各样的人才不断地涌现、各种全新的思想也在孕育，并且这些思想为彼此之间的互相激发和交流也提供了一种有利的结构条件[①]。牟宗三先生用“周文疲弊”来形容当时的社会状况。虽然周朝的文化已经日渐衰弱，但并未完全断绝；尽管礼仪崩坏，礼乐也已经失去了原有的意义，但并未完全消亡，仍有一些机会隐藏在危险之中。在这种情况下，春秋时期的“五霸”仍通过尊重王权和对外征服来掩盖其政治目的。整个社会异质性严重、内部紧张，但处于一种平衡的状态。而这种平衡的状态也是周朝可以维持长达八百年的原因所在。各种文化共存、相互交织的局面促使了各种思想家和学派的涌现，呈现蓬勃发展、活跃而多姿多彩的状态，展现出丰富多样的风貌。

（二）孔子忧患意识的主体内省因素——患在内不在外、在己不在人，开启反求诸己、反省内求的思维方式

孔子的祖先本是世袭的贵族，但他们逐渐沦落，到孔子这一代时已为平民。而孔子最终晋升士族阶层，成为一个成功的知识分子，即“达者”。孔子在进行授业时，也将自己的人生历程进行了融合，采用内省和反思的方法，注重道德的引导。这种内省反思的方法必须保证其极度自信，因为只有充满自信心的人才能审视他人的内心世界，成为圣人贤者。通过内心的自信，可以启发个人去修身养性，平治自身，同时也能影响外在的行为举止，开辟一条提升道德修养的道路。这条道路是通过不断地施行善行、摒弃恶行来拓展的，它们相互联系、相互促进，最终可以开拓一个全新的境界，即一个更加美好、纯净的人生境界。

“鄙夫……其未得之也，患（不）得之。既得之，患失之。苟患失之，无所不至矣。”鄙夫的患得患失与君子的忧虑天差地别。鄙夫见识浅薄，他们因为未得到某些东西而焦虑，一旦得到了，又担心失去，因此陷入了无休止的焦虑之中。他们缺乏坚定的信念和稳定的内心，只是随波逐流，缺乏自主

---

① 张祥龙：《孔子的现象学阐释九讲——礼乐人生与哲理》，华东师范大学出版社，2009。

性和定力，所以常常感到迷茫和不安。在孔子看来，忧患并不可怕，因为真正的忧患在于自身，而不在于外部环境或他人。重要的是要对自己进行反省，如果可以做到内心无愧，则不会有忧虑和恐惧。孔子提出“内省不疚，夫何忧何惧”①的观点，“忧之在天者”是那些不可改变的外部因素，人们只能顺应天意，接受并领悟命运的安排。而“忧之在我者”则是那些可以通过个人努力改变的内在因素。孔子认为“德之不修，学之不讲，闻义不能徙，不善不能改，是吾忧也”②，他的忧患源于自身德行不修、学识不精、恶习无法改变。孔子非常重视德行、学问、正义和善行，他认为这四者是人们日常生活中应该不断追求和提升的品质。子曰：“知者不惑，仁者不忧，勇者不惧。”③孔子认为人们通过修养品德、努力学习、遵循正义、行善积德等方式，让内心的境界得以提升，成为真正具有仁爱之心的人。仁者的忧愁并未被完全消除，而是被其仁爱之心所化解或转化。忧患意识是一种智慧的认识，它从正面开悟，并催生出一种正向的责任感和积极力量，并且这种正能量的产生不会停止，会以一种无畏前行、纵横全局的精神散发强烈的乐观主义。

（三）孔子忧患意识的“时”化——生活化、艺术化、时机化、情境化

从表面上看，孔子的忧患意识繁多且杂乱，还存在许多不合理的地方。孔子认为君子不存在忧患，他认为“君子不忧不惧”“仁者不忧”；但他在一些情况下也认为“忧道不忧贫”。孔子的观点有强烈的非普遍主义，他不会将忧患局限在一成不变的模式中。由于人的处境常常变化，无法用统一的标准来评判。因此，不能将忧患意识固化为特定的对象，也就是说，不能针对某一具体情境提供固定的解决方案，而只能用一般的方法进行讨论。具体的应对措施则必须从个人的自我反省中得到。因此，孔子对于忧患意识的理解需要结合相应的时机，并展现出强大的激励性。

---

①② 杨伯峻：《论语译注》，中华书局，2006。

③ 杨伯峻：《论语译注》，中华书局，2006。

孔子的哲学思维和忧患意识充满了情景性，这个性质使得基于它的思考和行动具有了时间上的连续性和方向性。忧患意识，从某种角度而言，可视为对人生价值的探索和追求。时间是意义诞生的关键所在，对于忧患意识的体悟并不仅停留在理论层面上的沉思，而是通过深刻地感受时间——过去、现在与未来的流转，来洞察和应对人生的挑战与困境。在时间的内在逻辑中，这种应对方式揭示了人生意义的存续机制。忧患意识与时间的交织作用，将人生的意义与个人命运紧密相连，通过时间的流转展现出人生的真谛。这种深层次的联系构建了一个多维的结构，深远地影响人类的生活方式和意义的塑造。忧患意识基于对环境的敏锐感知，及时采取行动以应对可能出现的问题，由于环境和情境的不断变化，忧患意识也需要不断调整和适应。个体在面对已发生或可能发生的问题时，应采取灵活应对的态度。同时，要在过去与未来、永恒与变化之间找到平衡点，确保在处理各类事件时把握适当的度。孔子的忧患意识体现了他对时间和机遇的敏锐洞察与高度重视。将忧患意识渗透到生活的每个角落，同时关注内在生命的意义与外在的机遇，从而实现一种和谐而完美的融合。

（四）孔子忧患意识的人文化、政治化与传承性——天命

孔子的忧患意识不仅是一种对环境和社会的关切，更是儒家思想中人格塑造、生活态度以及人生境界的重要表现之一。孔子强调的忧患意识不仅仅是个体的行为准则，更是一种对于人生意义的深刻追求。孔子在进行一些忧患的历史性解答时，充满了政治化、人文化和传承化特色。孔子的智慧在于以多维度的方式来思考和守护民族文化，他认为保护民族文化精神的家园需要从人文、政治等多个方面进行考量和实践，通过打动人心的道德实践来展现对于民族大道的关怀和追求，将文化、政治和人生理想有机地统一起来，从而达到一种高深的境界。

孔子认为，即使周文王已经逝去，但儒家文化的精髓和价值依然存在于世间，且天意未失去对其的支持和认可，即“文王既没，斯文在兹，天之未丧”，他能够坚定地向外界展现这种自信。他的自信所传达出的信息

具有深远的历史意义，能够触动人心，激发人们对于儒家文化的认同和尊重。

孔子有着“朝闻道，夕死可矣”的决心，这也是他在中华文明中始终闪耀的原因之一。孔子对社会的道德风气表示担忧，担心人们会在道德层面迷失方向，希望社会公民都能够遵循正确的行为准则；他在各地对诸侯进行游说，但是他向诸侯提供的观点和建议并未得到采纳和运用；孔子也担忧文化传统不能被后人继承并发扬光大，可能导致社会价值观念混乱；同时孔子也认为国家在治理上存在一些潜在的风险问题。孔子晚年时其子孔鲤去世，其最为看重的弟子颜回也英年早逝。然而令人困惑的是，孔子对于儿子逝去的悲伤竟然不及对颜回离世的悲痛。颜回对于我国儒家文化的初期发展来说十分重要，孔子将颜回视作唯一可以完全继承他思想观念的人，但是这样一个被孔子寄予厚望的弟子也离他而去了，孔子的思想又将如何被后世所铭记？正是认识到文化传承的问题所在，孔子在接近绝望的晚年生涯中悟出了解决问题的方法。这之中有两个关键点，第一点是让年仅二十余岁的曾参学习孝道，第二点是对礼、乐、射、御、书、数进行梳理、传承，并对其进行创新，让这些儒家学术的内涵变得更加深刻明朗，而“六艺”也最终成为后世儒家的重要学习资源。孔子内心对道的忧虑和退隐于世的想法进行了激烈的碰撞，而这种思想碰撞也让孔子能够勇敢面对晚年所遭受的沉痛打击，并能够在面对人生风暴时表现得游刃有余，向曾参传道，与他分享自己的思想和智慧，在晚年仍然以传道教化为己任，并对儒家的大忧患思想和人文文化、政治时局、救世之道进行了统一与融合。一句“泰山其颓乎！梁木其坏乎！哲人其萎乎！”（《礼记·檀弓上》）[①] 以抒怀，是孔子忧患思维的绝唱。孔子虽然已离去，但他的人文精神必将被后人铭记，其“道之不行也，我知之矣”，心存天下、大慈大悲的忧思情愫也为后世所赞赏。

---

① 王文锦：《礼记译解（上）》，中华书局，2001。

第四节　马克思主义的忧患意识

马克思主义哲学是时代精神的精华，是人类文明“活的灵魂”，是与时俱进、不断发展的科学。马克思主义是在忧患中诞生，在实践中发展的。防患科学是马克思主义中国化的客观要求和现实需要，忧患、防患、治患、排患是人类社会综合性科学的发展理念，是防患科学的系统性理念。中国共产党深深植根于中国社会剧烈变革的土壤之中，是中国人民在反抗封建统治和外来侵略的斗争中孕育而生的。它是马克思列宁主义与中国工人运动相结合的璀璨结晶。面对客观的历史现实和崇高的历史使命，以及作为马克思主义政党的内在属性，中国共产党相较于其他任何政党，都展现出更为强烈的忧患意识。

一、马克思、恩格斯和列宁的忧患意识

马克思主义是中国共产党建立和发展的根本指导原则，是中国共产党的精神核心和旗帜。马克思、恩格斯和列宁各自所秉持的忧患意识，正是他们创立理论的内在驱动力之一。这种意识深深烙印在他们的革命实践中。他们的忧患意识为中国共产党的忧患意识提供了重要的思想源泉。

（一）马克思、恩格斯的忧患意识

在《共产党宣言》里马克思、恩格斯就写道，资产阶级在它不到一百年的阶级统治中所创造的生产力，比过去一切世代创造的全部生产力还要多。但与此同时，在生产力急速增加的过程里，也产生了新的矛盾和危机。到了马克思和恩格斯身处的时代，资本主义的发展表现出了巨大的局限性。首先，资本主义社会依然是一个“人剥削人”的社会，虽然它将封建式的小生产与自然经济转变为社会化的大生产，但是生产资料私人占有与生产社会化的要求自始至终存在无法调和的矛盾。而这一问题在资本主义制度下是不可能解决的。在资本主义制度下，由于生产资料被资本家私人占有，生产的产品被

资本家窃取，生产的目的也变成了资本家想方设法打败竞争对手，最大限度地攫取利润，从而破坏了社会生产的正常比例，导致资本主义周期性的经济危机。周而复始的资本主义经济危机，一方面极大破坏了社会生产力，阻碍了社会发展；另一方面不断加深了资本家对工人的剥削，资产阶级同无产阶级的矛盾越发尖锐。这些资本主义发展所带来的矛盾，只能依靠无产阶级革命推翻资本主义制度，建立起社会主义制度才能彻底解决。只有用社会主义公有制取代一切形式的私有制，才能真正实现社会化的生产，最大限度地解放和发展社会生产力，实现人的全面、自由发展。

马克思和恩格斯以敏锐的洞察力，挖掘出资本主义社会存在的深刻矛盾和潜在危机。这种洞察促使他们自发地形成了对工人阶级和无产者的深切关怀，以及对人类社会未来命运的强烈忧患意识。马克思早在 1843 年 1 月的《摩塞尔记者的辩护》一文里，就表现出了对无产者深深的关切，他批判了那种将摩塞尔农民贫困的原因归于天灾和官员失职的观点，认为根本原因在于专制制度，劳动人民不能指望专制制度来改善自身的处境。在 1844 年 2 月发表的《论犹太人问题》和《〈黑格尔法哲学批判〉导言》中，马克思以全人类的命运为出发点，深刻指出了政治解放的局限性，并强调必须追求和实现人类解放。他认为只有当人认识到自身的“固有力量”是社会力量，并把这种力量组织起来而不再把社会力量以政治力量的形式同自身分离的时候，才能真正达到全面而深刻的解放。他进一步强调了无产阶级在人类解放运动中的核心地位，明确指出，若一个阶级渴望成为引领全社会解放的力量，那么它必须与当前社会结构形成全面的对立，不仅能够解放自身所处的领域，还需具备解放其他所有社会领域的能力。这样的阶级正是无产阶级。正如《共产党宣言》中所说的：“无产阶级的运动是绝大多数人的、为绝大多数人谋利益的独立的运动。”① 作为一名工厂主后代，恩格斯早年一直处在自身理想和现实处境之间的矛盾当中。在 1845 年致马克思的信中，恩格斯表达了自己对于

① 《马克思恩格斯选集》第二卷，人民出版社，1995。

同时肩负共产主义宣传工作的重任以及作为资产者涉足工业和商业领域的双重身份的厌恶与疲惫。他写道：我在致力于广泛的共产主义宣传工作的同时，也不得不扮演资产者的角色，投身于工业和商业的烦琐事务中。这种双重身份让我感到极度的厌恶和不适，因为我深知我的真正使命是推动无产阶级的解放事业，而非在资本主义的体系中追求个人的经济利益。而在 1845 年 5 月出版的《英国工人阶级状况》一文中，恩格斯更是表达出对资产阶级剥削行为的极大厌恶和对无产者的深切同情，他感叹道："无产者是无助的。他们要是只靠自己，那连一天也不能生存下去。资产阶级垄断了一切生活资料"，恩格斯质问道："好一个'等价物'！它的大小是完全由资产阶级任意规定的。"[①]正是由于对无产阶级命运的深刻关切和对人类未来的强烈忧患意识，马克思和恩格斯通过对资本主义社会的深入剖析和对理想社会的构想，开创性地提出了马克思主义。这一理论为无产阶级提供了认识世界和改造世界的强大思想武器，也为他们争取全人类解放的革命斗争提供了科学指导。在崇高理想和科学思想的引领下，马克思和恩格斯不仅积极投身无产阶级革命运动，还亲自参与建立了共产主义者同盟、第一国际和第二国际，并在其中发挥了重要的组织领导作用。

当 1848 年革命风暴席卷欧洲时，马克思和恩格斯立即号召共产主义者同盟的成员投身革命的洪流，并亲自组织和参与了革命的具体行动。为了更好地指导共产主义者同盟在德国的活动，1848 年 4 月初，他们返回了德国科伦，并将同盟中央委员会迁移至此。同年 6 月初，他们创办了《新莱茵报》，作为革命斗争的舆论阵地。

恩格斯更是以实际行动投身于革命斗争。在巴登 – 普法尔茨起义中，他担任了由共产主义者同盟领导的起义者队伍的副官，时而出现在司令部策划战略，时而亲临前线参与战斗。他直接参与了四次战斗，其中包括对整个战役起到决定性意义的拉什塔特会战。这些经历不仅彰显了恩格斯坚定的革

① 《马克思恩格斯选集》第二卷，人民出版社，1995。

命信念和英勇的战斗精神，也为马克思主义理论的实践应用提供了宝贵的经验。

1871 年的巴黎公社革命，作为无产阶级用暴力革命推翻资产阶级专政、建立无产阶级专政的第一次伟大尝试，在无产阶级革命运动史上具有里程碑式意义。为系统地总结巴黎公社革命的经验和教训，马克思专门撰写了《法兰西内战》一书，书中系统论述了关于国家与革命的学说。恩格斯在为该书写的 1891 年版导言中明确提出了应当如何防止国家机器从“社会的公仆”变成“社会的主人”的问题，指出这一现象无论是在世袭君主国，还是在民主共和国都能看到。而巴黎公社在此方面进行了有益的探索，比如实行普遍的选举制和只付给公职人员同其他工人一样的报酬，并取消高级管理人员的一切特权。这些从另一个侧面反映出马克思和恩格斯对无产阶级国家政权建设问题的警醒，和对腐朽官僚专政制度的深恶痛绝，为后来的无产阶级国家政权建设提供了重要指导。晚年的马克思和恩格斯时刻保持着对无产阶级革命形势和运动中出现的新情况、新问题的警觉，在思想上和行动上同一切敌对势力和机会主义做坚决的斗争。

马克思、恩格斯的忧患意识对中国共产党的启示有以下几点。首先，坚决抵制无产阶级革命运动中的机会主义倾向，明确其危害性。其次，需严格区分无产阶级思想与资产阶级、小资产阶级思想的界限，坚守无产阶级的立场和原则。再次，高度重视无产阶级政党的建设，注重培养新一代力量与党的干部，积极调动全党的积极性，深化党内民主，强化党内监督，并致力于更广泛地联系群众、深入群众之中。最后，坚决反对任何形式的个人崇拜和迷信，坚守党的集体领导原则。这些举措在最大限度上为马克思主义理论正本清源，为无产阶级革命运动指明了清晰且正确的方向。

（二）列宁的忧患意识

在 19 世纪末 20 世纪初的历史节点上，资本主义经历了显著的演变，从自由竞争的阶段逐步过渡到垄断阶段，金融资本的霸权逐渐取代了工业资本的统治地位，标志着资本主义社会正式迈入了帝国主义时期。与此同时，马克思主义的发展在这一新的历史时期产生了分化，出现了修正主义和对无产阶级革命理论的放弃。列宁以坚定的信念和行动自觉，致力于打倒帝国主义、解放被压迫的人民，同时他对如何正确理解和应用马克思主义理论充满了深深的忧虑。他紧密结合俄国革命的实际，创造性地提出了“帝国主义和无产阶级革命时代的马克思主义”——列宁主义。在帝国主义盛行的资本主义社会，各种矛盾越发尖锐，经济危机频繁且越发严重。更为严重的是，“帝国主义……不仅意图兼并农业国家，更是企图吞并所有国家”，这导致了帝国主义国家之间的战争连绵不断。这一时期的俄国，自彼得一世建立起工业制度，到亚历山大二世进行各项改革，将农奴制废除，一直都紧随着西欧的工业化步伐，但俄国的工业化水平相对落后，由于没有类似于西欧社会那样的长期市民社会的发展过程，中产阶级未能形成规模，使得这种落后的工业化导致俄国社会结构向着资产阶级和劳动阶级两个极端演变，俄国工人阶级受着双重压迫，他们受资本家和地主的抢劫和掠夺，贫富的差距更加悬殊，劳动者的处境更加艰难，俄国的无产阶级同资产阶级之间的矛盾更加不可调和。

此外，在过去几个世纪里，沙皇俄国穷兵黩武，不断进行领土扩张，形成了横跨欧亚的庞大国家，境内民族众多，文化差异极大，使得俄国不仅存在阶级压迫，还存在民族压迫，造成俄国国内阶级矛盾与民族矛盾的双重叠加。与此同时，沙皇政府仍然带着俄国不断卷入无休止的帝国主义战争之中，这更加激化了整个俄国社会的矛盾。列宁敏锐地认识到上述问题，得出了这一时期落后的俄国是帝国主义链条上最薄弱的一环的结论，认为社会主义可能在少数国家甚至单独一国内获得胜利。列宁对受压迫劳动人民的深刻关切，对无产阶级运动和人类社会前途命运的强烈忧患，贯穿他的一生。早在 1892 年，列宁取得萨马拉地区法院颁发的律师执照后，他就先后 15 次出庭为贫苦农民和手工业者辩护。这些人多是因为生活所迫，或是发牢骚辱骂了沙皇，或是偷了地主的粮食和衣物，抑或是工作上的过失，他们把列宁视为敢于为贫苦劳动者伸张正义的好律师。在后来从事革命工作的时间里，列宁在高度思想自觉和强烈忧患意识的驱动下，结合领导俄国革命的实践，笔耕不辍，撰写大量理论著作，批判了无产阶级革命运动中的各种错误思想和行为，澄清了什么是正确的马克思主义，阐明了帝国主义阶段无产阶级革命的理论和策略，创造性提出了无产阶级专政的理论和策略，为俄国和全世界无产阶级革命运动提供了科学指引。在具体的理论实践和革命实践当中，列宁反复强调，没有革命的理论，就不会有革命的运动。在1902年3月发表的《怎么办？》一书中，列宁深刻剖析并摒弃了崇拜自发性的经济主义思想，为新型无产阶级政党的思想建设奠定了坚实基础。紧接着，在1904年5月的《进一步，退两步》中，他揭露并批判了孟什维克的错误组织观点，为无产阶级政党的组织原则提供了明确指导。而在1905年的《社会民主党在民主革命中的两种策略》中，列宁再次批判了孟什维克在策略问题上的机会主义倾向，为无产阶级革命的策略选择指明了方向。这三部著作共同为新型无产阶级政党的建立奠定了思想基础、明确了组织原则，极大地推动了无产阶级革命运动的发展。1908年，面对召回派和取消派的挑战，列宁撰写了《唯物主义和经验批判主义》，不仅捍卫了无产阶级革命运动的哲学基础，也进一步巩固了新型无产阶级政党的思想阵地。这部著作的发表，对于维护无产阶级革命运动的正确性和纯洁性，具有极其重要的意义。在十月革命取得胜利，建立起第一个苏维埃社会主义国家之后，列宁面对全新的无产阶级专政道路，有着高度的自省，他指出建设苏维埃制度是一项前所未有的全新事业，在这之中失利和错误必定是难免发生的，“我们一定要百折不挠地努力纠正这些失利和错误，改变我们对苏维埃原则的实际运用远未达到尽善尽美的状况”①。在面对跃跃欲试的各种敌对势力时，列宁清醒地认识到首要的任务是提高劳动生产率，大力恢复和发展生产力。他认为，如果我们不能恢复我国的经济，我们就会被打败②。与此同时，在执政以后，列宁十分重视党的建设，主张要有好的作风，为了根治官僚主义、骄傲自大和贪污腐败的现

① 中共中央马恩列斯著作编译局:《列宁选集》第四卷，人民出版社，1995。
② 中共中央马恩列斯著作编译局:《列宁选集》第三卷，人民出版社，1995。

象，必须坚定不移地加强党内监督，确保党的纪律严明和党的团结统一。他还着重强调要提高党员质量和纯洁党的队伍，说道："徒有其名的党员，就是白给，我们也不要"[①]，指出需要不断地把不合格分子从党内清除出去。他亲自领导了1919年和1921年的两次清党工作。这些举措对纯洁党员队伍、提升党员质量以及增强群众信任发挥了至关重要的作用。面对俄国文盲人口较多的严峻现实，列宁深刻认识到文化建设对于国家发展的重要性。他明确指出："在一个文盲盛行的国家里，共产主义社会的建设是难以为继的。"同时，列宁将文盲、骄傲自大和贪污腐败并列为党的"三大敌人"，并警示说："正是文化上的落后，限制了苏维埃政权的作用，并使官僚制度得以复苏。"列宁这些深刻的忧患意识和执政党建设思想，不仅对新生的苏维埃政权的巩固起到了关键作用，也为后来的社会主义国家执政党建设提供了宝贵的经验和启示。

二、党的先锋队性质的必然要求

关于共产党的先锋队性质，在《共产党宣言》中就有相关论述："共产党人强调和坚持整个无产阶级共同的不分民族的利益""始终代表整个运动的利益""是各国工人政党中最坚决的、始终起推动作用的部分""了解无产阶级运动的条件、进程和一般结果"[②]。这表明了共产党作为一种新型无产阶级政党，一方面没有任何区别于无产阶级利益的特殊利益，另一方面始终是无产阶级运动中最进步、最具革命性的力量，始终致力于捍卫无产阶级的共同利益。共产党的角色是维护并代表整个无产阶级运动的利益。同时，从实践和理论两个角度揭示了共产党作为无产阶级先锋队的本质属性。在马克思和恩格斯政党思想的基础上，列宁进一步丰富并构建了完整的先锋队理论，他主张"唯有工人阶级的政党——共产党，方能凝聚、教导并

① 范晶：《共产党不能"徒有其名"》，《解放军报》2018年8月9日第6版。

② 陈章乐：《牢记党的嘱咐 永葆中国青年运动和共青团的"先锋"特质》，《中国共青团》，2022年第13期。

组织无产阶级以及所有劳动群众的先锋队”。此外，意大利政治学者萨托利在剖析国家的政党体系时，也强调共产党“往往是一个有严格入党标准的精英党，是引领整个社会的先锋党”。列宁曾明确指出，共产党是工人阶级的政治组织的最高形式。这表示共产党是工人阶级的先锋队，代表着整个无产阶级的根本利益，不仅引领阶级意识的觉醒，更是动员的先锋。他相信，共产党作为一个由少数深具共产主义觉悟的先进分子所组成的先锋队伍，是一个执行严格纪律的秘密组织（共产党执掌国家政权后就不再是秘密组织），只有这样才能确保党的生命力和战斗力，才能为无产阶级革命提供坚强有力的领导；另一方面又是由经受长期考验的领袖领导的、高度集权的、具有统一思想的严密组织。关于共产党的先锋队职能，列宁认为在于动员、教育、组织和领导无产阶级，造就一支革命大军，继而夺取国家政权，建立起无产阶级专政。马克思、恩格斯及列宁的先锋队理念，作为无产阶级政党理论的核心组成，为无产阶级运动，尤其是无产阶级政党的建立，提供了深远的理论指导。中国共产党，作为马克思列宁主义与中国工人运动相结合的产物，自诞生之初就展现出与众不同的特质，它不仅是中国工人阶级的引领者，更是中国人民和整个中华民族的先锋队。这种先锋队性质，使得中国共产党从根本上区别于中国的其他政党。总的来说，先锋队性质深刻概括了中国共产党的核心属性。这一性质不仅凸显了党的阶级基础——工人阶级，强调了党对工人阶级的深厚依赖与全心全意的服务，同时也彰显了党的先进性，即党必须始终代表并维护中国最广大人民群众的根本利益。

这一先锋队性质，决定了中国共产党的领导直接关系国家的前途命运。中国共产党必须始终走在时代前列，勇于肩负起实现中华民族伟大复兴的历史使命，成为中国人民谋求独立解放和国家繁荣富强的主心骨。

三、马克思主义中国化的必然要求

马克思主义是一种具有普遍意义和开放性的全球理论，它为人类提供了广泛的指导。其持久的生命力源于与实践的紧密结合以及不断地与时俱进。为了实现中国无产阶级革命的目标和共产主义的远大理想，中国共产党必须立足于中国革命的实际和具体国情，在准确把握马克思主义普遍原理的基础上，勇于进行持续的理论创新和实践探索。只有这样，才能充分发挥马克思主义的作用。值得注意的是，马克思主义中国化一直是中国共产党所面临的重要理论课题。因为马克思主义并非一成不变，也并非完全适用于所有时代和国家。它的许多观点和原理都根植于特定的历史背景和实践经验，并体现了西方文化的深刻内涵。列宁根据俄国革命的实际情况，在灵活运用马克思主义基本原理的基础上创立了列宁主义。此外，马克思主义绝非一种僵化、封闭的理论体系，我们绝不能仅限于从书本上理解马克思主义，而忽视对中国革命特殊环境的深入考察。在建党初期，由于缺乏经验，早期的中国共产党人未能充分重视马克思主义的中国化，教条主义和经验主义盛行，使得革命事业经历了不少曲折。再者，在与各种思想学说的交锋中，只有展现出科学性、先进性和强大的生命力与战斗力，马克思主义才能赢得中国人民的广泛信仰，在中国社会意识形态领域中占据主导地位，从而吸引和凝聚更多人自觉投身于中国的革命与建设事业。忧患意识在党内的培养和深化，是中国共产党能够持续推进马克思主义中国化的关键主观因素。倘若缺乏对指导思想的深刻理论忧虑，马克思主义的中国化进程将难以实现，而中国共产党在现实的革命与建设中也会变得无所适从。正是基于对如何运用正确的理论指导中国实际革命与建设的深刻思考，一代又一代的中国共产党人在实践中不断深化对中国革命与建设的理论认识，一次又一次地实现了理论上的重大突破。这使得中国共产党的领导力和战斗力得以持续保持并不断增强，从而推动中国革命与建设事业不断取得新的胜利。

正是怀着怎样用正确的思想理论指导中国现实革命和建设的忧患意识，一代又一代中国共产党人对中国革命和建设实践活动的理论认识不断升华。从中国共产党取得了新民主主义革命和社会主义革命的胜利，实现了国家独立和民族解放，并且开创了社会主义建设事业；到中国特色社会主义理论体系的创立和发展，中国共产党实行了改革开放的全新政策，开创了中国特色社会主义道路；再到习近平新时代中国特色社会主义思想这一最新理论成果的确立，中国共产党把中国特色社会主义推进到新时代。马克思主义中国化不断结出丰硕成果，并以此极大地推动了中国革命和建设的实践进程，取得了无愧于时代和中国人民的伟大实践成就。

四、实现各个阶段历史使命的必然要求

马克思主义哲学深刻揭示了意识的能动性，它对人的实践活动具有至关重要的指导作用。这种指导作用不仅体现在意识能够反映事物的规律性和本质，更在于它能够形成指导实践活动的计划、纲领、政策和方法，并通过具体实践将主观蓝图转化为客观现实。中国共产党的最高理想和最终目标是实现共产主义，而在这个过程中，党在不同阶段肩负着不同的历史使命。为了完成这些历史使命，中国共产党必须在思想上保持高度自觉。其中，强烈的忧患意识是不可或缺的。没有这种改变国家民族命运和改善人民生活的深刻忧患，中国共产党就无法积极主动地投身于中国革命和建设的实践中，更难以提出关于革命和建设的正确主张，从而无法完成历史赋予的使命。反过来看，正是对改造客观世界、实现自身历史使命的强烈渴望和主观愿望，催生了中国共产党强烈的忧患意识。这种忧患意识随着实践的不断深入而得到发展和强化，成为推动党和人民事业不断前进的强大动力。实现中华民族伟大复兴是近代以来中华民族最伟大的梦想①，就是中国共产党成立后一定时期内的历史使命。中国共产党是在中华民族内忧外患的危急时刻诞生的，昔日的中国，饱受帝国主义列强的瓜分与掠夺，国内军阀纷争，民不聊生，一片积贫积弱的景象。此刻，中国人民迫切呼唤一支以先进理论为指导

① 曲青山：《实现中华民族伟大复兴是近代以来中华民族最伟大的梦想》，《人民日报》2017 年 11 月 29 日第 7 版。

的先进力量，引领他们进行英勇的斗争，彻底摆脱半殖民地半封建社会的枷锁，实现民族独立、国家富强和人民幸福的伟大复兴梦想。正是在这个历史的转折点上，中国共产党应运而生，勇敢地接过了这一历史重任。在中国共产党的带领下，怀揣着实现伟大历史使命的强烈忧患意识，中国人民历经数代人的浴血奋战和无私奉献，成功推翻了压在中国劳苦大众身上的帝国主义、封建主义和官僚资本主义这“三座大山”，赢得了国家的独立和人民的解放，建立了新中国。随后，中国共产党又带领人民实行改革开放，从根本上改变了中国的落后面貌和人民的贫困生活，开启了中国特色社会主义的新时代。

第五节　习近平总书记关于忧患、防患的重要论述，是防患科学理论与实践的基石

忧患、防患意识深植于对未来潜在灾难与祸害的忧虑之中，它是对可能发生的不利、有害情况的警觉与预先准备。在社会发展与国家进步的多元化道路上，我们不仅要看到充满希望的前景，更要敏锐地察觉并预测那些潜在的风险与挑战。这种对不利事件的预感、预测和预先的防范措施，正是构成忧患意识与防患意识的核心所在。

一、习近平总书记关于忧患、防患的重要论述，为防患科学理论与实践指明了方向

习近平总书记在经济建设、社会安全、国防建设等方面就忧患、防患问题作出重要指示。在经济方面，既要坚定必胜信心，又要增强忧患意识[①]；在边海防建设方面，强化忧患意识、使命意识、大局意识[②]；在文化建设方面，

① 《习近平：坚定必胜信心 增强忧患意识 坚持稳中求进 推动经济持续健康发展》，新华网，2012年12月10日。

② 《习近平接见第五次全国边海防工作会议代表 李克强张高丽参加》，新华网，2014年6月27日。

忧患着人民的忧患[①]；在外事方面，习近平在中央外事工作会议上强调，要充分估计国际格局发展演变的复杂性，要充分估计世界经济调整的曲折性，要充分估计国际矛盾和斗争的尖锐性，要充分估计国际秩序之争的长期性，充分估计我国周边环境中的不确定性[②]。

2017年12月25—26日，习近平在中共中央政治局民主生活会上指出，我们党是生于忧患、成长于忧患、壮大于忧患的政党[③]。2018年1月5日，习近平在学习贯彻党的十九大精神研讨班开班式上发表的重要讲话提出，坚持和发展中国特色社会主义要一以贯之，推进党的建设新的伟大工程要一以贯之，增强忧患意识、防范风险挑战要一以贯之[④]。2020年12月24日至25日，习近平在中共中央政治局民主生活会上指出，要把坚持底线思维、坚持问题导向贯穿工作始终，做到见微知著，防患于未然[⑤]。

习近平总书记在党的二十大报告中指出，我们必须增强忧患意识，坚持底线思维，做到居安思危、未雨绸缪，准备经受风高浪急甚至惊涛骇浪的重大考验[⑥]。

二、习近平总书记关于忧患、防患的重要论述，是习近平新时代中国特色社会主义思想的重要组成部分

习近平总书记关于忧患、防患的一系列重要指示，深刻揭示了治国理政的重大战略决策。由此可知，忧患、防患是何等重要，是人类社会发展的一个重要的理念，是人类社会无法回避的客观现实真理。中国共产党

---

① 习近平：《在文艺工作座谈会上讲话》，人民网，2014年10月15日。

② 《习近平出席中央外事工作会议并发表重要讲话》，新华网，2014年11月29日。

③ 《中共中央政治局召开民主生活会 习近平主持并发表重要讲话》，《人民日报》2017年12月27日第1版。

④ 习近平：《以时不我待只争朝夕的精神投入工作 开创新时代中国特色社会主义事业新局面》，新华网，2018年1月5日。

⑤ 《加强政治建设提高政治能力坚守人民情怀 不断提高政治判断力政治领悟力政治执行力》，《人民日报》2020年12月26日第1版。

⑥ 习近平：《高举中国特色社会主义伟大旗帜 为全面建设社会主义现代化国家而团结奋斗——在中国共产党第二十次全国代表大会上的报告》，新华社，2022年10月25日。

是在忧患中诞生，在忧患、防患、治患中成长，在防患、治患、排患中壮大的。

在国家内忧外患、民族危难的紧要关头，中国共产党应运而生。尽管面对的是强大的敌人和可能的失败，我们党始终保持深刻的忧患与防患意识，以及无畏的革命精神。在历经磨难与挫折中，我们党逐渐壮大，以弱胜强，化败为胜，始终保持着谦虚谨慎的态度，坚持艰苦奋斗，从未忘记初心。在长期执政的过程中，我们党所面临的"四大考验"既持久又复杂，而"四种危险"则显得尤为尖锐和严峻。因此，忧患与防患意识在这个时代具有特别重要的意义。

党的十八大以来，习近平总书记反复强调增强忧患、防患意识，要求坚持底线思维，增强忧患意识，提高防控能力，着力防范化解重大风险①，都是基于对前进路上的困难和挑战、矛盾和阻力的深刻洞察。2018 年 1 月，习近平在学习贯彻党的十九大精神专题研讨班开班式上列举了 8 个方面 16 个具体风险②。2020 年 2 月 23 日，习近平强调，要时刻保持如履薄冰的谨慎、见叶知秋的敏锐，既要高度警惕和防范自己所负责领域内的重大风险，也要密切关注全局性重大风险，第一时间提出意见和建议。③这种忧患、防患意识，既是民族精神的传承，也是培育和塑造民族精神的因素。

在新冠疫情防控斗争中，忧患、防患意识也鲜明体现在及时、果断阻止疫情蔓延的重大决策上。疫情发生后，党中央高度重视、审时度势、综合研判，迅速作出部署，及时提出坚定信心、同舟共济、科学防治、精准施策的总要求，明确了坚决遏制疫情蔓延势头、坚决打赢疫情防控阻击战的总目标。忧患、防患意识还鲜明体现在采取最全面、最严格、最彻底的防控举措上，从武汉到湖北，从华中到全国，打响一场全覆盖、全方位、全民参与的抗疫

---

① 《习近平：提高防控能力着力防范化解重大风险 保持经济持续健康发展社会大局稳定》，新华网，2019 年 1 月 21 日。

②③ 《习近平在统筹推进新冠肺炎疫情防控和经济社会发展工作部署会议上的讲话》，《人民日报》2020 年 2 月 24 日第 2 版。

斗争，这是很多国家做不到的。

忧患、防患意识亦鲜明体现在统筹疫情防控和经济社会发展的大局掌控上。经济社会是一个动态循环系统，不能长时间停摆，中央在确保疫情防控到位的前提下，适时推动非疫情防控重点地区、企事业单位复工复产，恢复生产生活秩序，减小疫情对经济发展的冲击。

这次对新冠疫情的防控斗争之所以取得伟大成果，根本上是对疫情危害进行正确判断，并采用科学防患、治患的结果。忧患、防患意识不是盲目应对，而是讲究科学、尊重规律、对症下药、综合施策。世界卫生组织总干事谭德塞评价道，面对疫情，中国行动速度之快、规模之大，世所罕见，展现出了中国速度、中国规模、中国效率。

在新时代背景下，强化忧患意识与防患意识是坚持和发展中国特色社会主义的不可或缺的精神，也是确保我们顺利实现“两个一百年”奋斗目标的重要前提和基础。改革开放以来，特别是党的十八大以来中国共产党在带领人民应变局、平风波、化危机的过程中始终坚持并强化忧患意识与防患意识，成功地面对并克服了一系列重大风险挑战。特别是此次疫情的严峻考验，成为锤炼全党和全民族忧患、防患意识的试金石。为了进一步增强这种意识，我们必须坚持底线思维，从最坏的情况出发进行战略规划，避免因低估风险而在危机来临时措手不及。同时，我们要坚守不发生系统性风险的底线，并努力向好的方向迈进，争取实现最佳的结果。

这次百年未遇的新冠疫情是中华民族在新时代经历的一次磨难，疫情防控是对伟大民族精神的一次锤炼，也是增强民族忧患、防患意识的一次契机。这次应对疫情的成功告诉我们，忧患必须防患，要持续强化，绝不能放松。忧患、防患意识是一种理念、一种文化，更是一种科学，它具有广泛性、规律性等特点，属于哲学社会科学范畴，是人类社会不可缺少的科学成果。

忧患意识和防范风险的警觉性，不仅为我国实现“站起来”的伟大目标注入了强大的精神动力，更为我们走向“富起来”的历史阶段筑牢了思想基石，并在我们迈向“强起来”的新征程上提供了坚实的思想保障。改革开放以来，特别是自党的十八大以来，我们党不断重申，奋斗必然伴随着挑战与困难，因此全党同志必须增强忧患意识，居安思危，以清醒的头脑和坚定的信念面对前进道路上的各种风险和挑战。前进道路不可能一帆风顺，越是取得成绩的时候，越是要有如履薄冰的谨慎，越是要有居安思危的忧患，重点要防控那些可能迟滞或中断中华民族伟大复兴进程的风险，绝不能犯战略性、颠覆性错误。强调下好先手棋、打好主动仗。党的十八大以来，党中央把忧患意识转化为实际行动，提出一系列新理念新思想新战略，推出一系列重大举措，解决了许多长期想解决而没有解决的难题，办成了许多过去想办而没有办成的大事，推动我国发展站到了新的历史起点，中国特色社会主义进入了新时代。

三、面对新时代新使命，我们要继续进行伟大斗争，增强忧患、防患意识，做到居安思危

中国共产党自诞生之日起，就毫不犹豫地肩负起实现中华民族伟大复兴的崇高历史使命。历经一百多年的风雨兼程，我们党始终不忘初心、牢记使命，紧密团结和带领全国各族人民，共同创造了无数载入史册的辉煌成就，推动中华民族实现了从站起来、富起来到强起来的伟大历史性跨越。如今，我们站在新的历史起点上，比历史上任何时期都更加接近、更有信心和能力实现中华民族伟大复兴的宏伟目标。然而，我们必须清醒地认识到，行百里者半九十，实现民族复兴的征程绝不会一帆风顺。越是接近胜利的彼岸，我们面临的阻力和压力也将愈大。因此，我们必须保持高度的警惕和坚定的信念，继续砥砺前行，直至最终实现中华民族的伟大复兴。

中国特色社会主义进入新时代，站在新的历史起点上，我国发展既面临重大历史机遇，也面临不少挑战，有外部的，也有内部的；有一般的，也有

重大的。从国际来看，世界正处于大发展、大变革、大调整时期，尽管和平与发展仍然是当今时代的主题，然而，全球环境的不稳定性和不确定性也日益凸显。世界经济增长动力不足，国际间保守主义倾向有所抬头，贫富分化问题日益加剧，地区热点问题此起彼伏。同时，非传统安全威胁如恐怖主义、网络安全挑战、重大传染性疾病的暴发以及气候变化等持续蔓延，给人类带来了诸多共同挑战。面对这些挑战和威胁，我们必须保持清醒的头脑，坚定信念、共同应对，确保国家的长治久安和人民的幸福生活。从国内来看，当前需要防患的事情主要是：我国经济大而不强的问题依然存在，发展不平衡、不充分的问题尚未解决，发展质量和效益还不高，创新能力不够强，实体经济水平有待提高；生态环境保护任重道远，民生领域还有不少短板，共同富裕任务艰巨；意识形态领域斗争依然复杂，党的建设方面还存在不少薄弱环节等。如何防范和化解这些挑战，是关系党和国家事业兴衰成败的重大问题。

社会是在矛盾运动中前进的，有矛盾就会有斗争。在新时代，我们党要团结带领人民有效应对重大挑战、抵御重大风险、克服重大阻力、解决重大矛盾，必须进行具有许多新的历史特点的伟大斗争，任何贪图享受、消极懈怠、回避矛盾的思想和行为都是错误的。我们要充分认识这场伟大斗争的长期性、复杂性、艰巨性，始终保持清醒头脑，充分做好防范和化解各种风险的各项准备，发扬斗争精神，提高斗争本领，更加自觉地坚持党的领导和我国社会主义制度，坚决反对一切削弱、歪曲、否定党的领导和我国社会主义制度的言行；更加自觉地维护人民利益，坚决反对一切损害人民利益、脱离群众的行为；更加自觉地投身改革创新时代潮流，坚决破除一切顽瘴痼疾；更加自觉地维护我国主权、安全、发展利益，坚决反对一切分裂祖国、破坏民族团结和社会和谐稳定的行为；更加自觉地防范各种患险，坚决战胜一切在政治、经济、文化、社会等领域出现的困难和挑战，不断夺取伟大斗争新胜利。

四、牢固树立忧患、防患意识，更加主动有效防范和化解各种患险，朝着我们党确立的伟大目标奋勇前进

习近平总书记在学习贯彻党的十九大精神研讨班开班式上发表的重要讲话中，不仅深刻阐述了增强忧患意识、防范风险挑战的重要性，科学分析了我们党和国家在新时代面临的一系列严峻挑战，而且指明了主动有效防范和化解的基本思路。他强调，面对云谲波诡的国际形势、复杂敏感的周边环境、艰巨繁重的改革发展稳定任务，我们既要有防范风险的先手，也要有应对和化解风险挑战的高招；既要打好防范和抵御风险的有准备之战，也要打好化险为夷、转危为机的战略主动战。我们要继续进行具有许多新的历史特点的伟大斗争，准备战胜一切艰难险阻，朝着我们党确立的伟大目标奋勇前进。

为了积极主动地防范和化解各种潜在风险，我们必须坚定不移地树立并强化忧患意识。习近平总书记指出，功成名就时做到居安思危、保持创业初期那种励精图治的精神状态不容易，执掌政权后做到节俭内敛、敬终如始不容易，承平时期严以治吏、防腐戒奢不容易，重大变革关头顺乎潮流、顺应民心不容易[①]。越是不容易，中国共产党就越要做到。中国共产党的忧患意识，就是忧党、忧国、忧民意识，就是使命和担当，这是马克思主义政党区别于其他形形色色政党的显著特征。全党同志要深刻认识面临的执政考验、改革开放考验、市场经济考验、外部环境考验的长期性和复杂性，深刻认识面临的精神懈怠的危险、能力不足的危险、脱离群众的危险、消极腐败的危险的尖锐性和严峻性，始终做到居安思危、知危图安，把防患摆在突出位置，以永不懈怠的精神状态和一往无前的奋斗姿态把中国特色社会主义伟大事业不断推向前进。

为了主动有效地防范和化解各种潜在风险，我们必须坚定不移地遵循稳

①② 习近平:《以时不我待只争朝夕的精神投入工作 开创新时代中国特色社会主义事业新局面》，新华社，2018 年 1 月 5 日。

中求进工作总基调。这一总基调不仅是我们治国理政的重要原则，更是确保国家长治久安、社会和谐稳定的关键所在。“稳中求进”“行稳致远”就是运用底线思维的生动实践。我们既要正视和肯定所取得的成就与面临的机遇，也要清醒地看到存在的困难和面临的挑战，从而制定出更加全面、科学、有效的策略与措施，我们应当从最坏的可能性出发，做好最周全的准备，同时积极朝着最好的方向努力，以追求最优的结果。在这一过程中，我们必须坚守底线思维，深刻铭记“稳”是我们的底线，“稳”是首要任务。我们要切实运用底线思维来界定和防范风险，对可能遇到的困难和挑战进行充分的预估。通过精心制定应对各种复杂局面和意外情况的预案，并积极探索化解矛盾、推动创新发展的路径和方法，我们才能在遭遇挑战时保持冷静，临危不乱，确保在可控的范围内实现发展目标，推动党和国家事业稳健而长远地向前发展。

防患于行动——在贯彻忧患、防患意识的实际行动中，必须增强“四个意识”、坚定“四个自信”、做到“两个维护”，统揽伟大斗争、伟大工程、伟大事业、伟大梦想，统筹推进“五位一体”总体布局，协调推进“四个全面”战略布局，奋力开创新时代中国特色社会主义事业新局面。要一以贯之地坚持和发展中国特色社会主义，这是实现中华民族伟大复兴的必然要求。在推进中国特色社会主义伟大事业中，要紧扣我国社会主要矛盾变化，深入贯彻新发展理念，深化供给侧结构性改革，坚决打好防范化解重大疫情风险、共同富裕、污染防治的攻坚战，着力解决好发展不平衡、不充分问题，更好满足人民日益增长的美好生活需要，努力使中国特色社会主义展现更加强大、更有说服力的真理力量。

我们必须坚持不懈地推进党的建设这一新的伟大工程，通过党的自我革命，推动新时代中国特色社会主义的伟大社会革命不断前进。无论面对何种挑战和复杂局面，我们都应坚信，在习近平新时代中国特色社会主义思想的指引下，有党中央的坚定领导，依托社会主义制度的政治优势，以及中华民族强大的凝聚力，任何困难都能被克服。只要全党同志紧密团结在以习近平同志为核心的党中央周围，深入学习贯彻习近平新时代中国特色社会主义思想，保持勇于自我革命的精神，深入推进全面从严治党，协同推进自我革命和社会革命，我们就一定能在具有众多新历史特点的伟大斗争中，不断实现党的建设的新发展，更好地团结带领全国人民，为实现中华民族伟大复兴的中国梦砥砺前行。

第二章　防患科学概念内涵、外延

第一节　防患科学概念内涵

防患科学的精髓在于其科学精神，这种精神以务实求真和创新进取为核心，是现实可能性与主观能动性的完美融合。现实可能性源于对客观事实的深入探索与追求，而主观能动性则彰显在对新思想、新方法的不断追求与创新中。防患科学精神蕴含着深厚的内涵，概括来说，主要体现在以下 4 个关键方面。

一、理性信念

防患科学精神的首要体现是一种深刻的理性信念。这种信念将自然界视为人类认知与改造的目标，即哲学意义上的客体。它坚信，客观世界是可以通过人类的智慧和知识来全面理解和掌握的，甚至能够引导和控制自然过程。这种理性的追求，不仅代表了人类对美好生活的向往和追求，更是一种展现人类力量与智慧的动力源泉。正如培根所言："知识就是力量"，这种力量来源于我们对自然界的深刻理解和掌控。

理性信念是人类深刻反思自我与实践的产物，它构成了人类不断发展的精神基石。实践若无理性信念的指引，将沦为盲目与愚昧的行径，失去明确的目标与科学的方法。理性信念体现为对理智的尊崇，它促使我们不断清除认识真理道路上的障碍，摆脱无知与蒙昧，拓展知识的边界，使我们能够更清晰地洞察世界的本质。崇尚理智，意味着对待任何事物都应持审慎思考的态度，鼓励我们大胆提出假设并严谨求证，摒弃蒙昧主义与神秘主义的束缚。这种精神要求我们利用智慧的迂回探索，超越直观所见，深入把握纷繁复杂现象背后的本质。

二、实证方法

理性信念在防患科学精神中占据举足轻重的地位，然而，它并不能直接赋予我们轻易洞察自然规律的能力。真正助力人们获得准确、可靠的自然知识的，乃是近现代防患科学所依赖的实验方法和数学方法，即实证方法。正是这些实证方法，特别是实验方法，赋予了人们分辨和验证关于世界本质众多假设的能力，使我们能够判断哪个更贴近事实真相。

伽利略的《两门新科学的对话》是一部科学力作，以对话的形式，介绍了他创立的动力学系统和数学物理思想，反驳了亚里士多德的许多物理学断言，成为他主要的和最具独创性的工作。伽利略研究方法的独到之处在于，用数学的定量方法从经验现象中导出物理规律，这种追求实证化和精确化的研究方法成为防患科学的基本特征。具体而言，主要有三个步骤：解析、论证以及实验。近代以前，人们将精神主要聚焦于神圣的宗教信仰或内在的道德修养。实证方法的兴起打破了这种玄思，让人类得以冲破自己设定的精神藩篱。实证方法秉持一种客观的态度，在思考和研究中尽力排除主观因素的影响，尽可能精确地揭示事物的本来面目，以实在性、实用性和精确性保障认知的真理性，努力接近实际。

三、批判态度

防患科学绝不是唯唯诺诺的“好好先生”，批判态度是防患科学精神的重要内涵。所谓批判，其目的在于明辨是非，凡事都问个为什么，凡事都摆事实、讲道理。

批判态度是防患科学不断向前发展的关键，没有批判就没有发展。首先，批判态度反对将一切理论和假说神圣化。任何防患科学理论和防患科学假说都要经受反复检验，检验的过程就是批判的过程，通过批判旧的理论使其得到修正甚至完全用新的理论取而代之。其次，批判态度是理论创新的动力。防患科学理论经受批判，使自己的逻辑体系更严密，实验证据更精确，进而不断打破成见，推陈出新。最后，批判态度是防患科学真理客观性的保障。任何人、任何利益群体想违背客观性原则搞伪科学，都要受到严厉批判。

对于防患科学所秉持的批判态度，人们往往有一种误解，以为批判必然是完全否定，其实并非如此。科学史上几乎任何一场科学革命都不是一蹴而就的。日心说逐渐取代了地心说，但这一过程的真正完成要等到牛顿力学的出现。因此，批判性思维的核心在于变化，而这种变化始终需要考虑具体的时空背景，并进行合理的调整。正是在开放接受各种可能的批评和质疑的过程中，防患科学逐渐走向成熟。当防患科学所倡导的批判态度扩展到其他领域时，意味着它也需要坦然面对来自其他领域和不同视角的批评、反思和质疑，带来了认知的多样性和包容性。这对于打破对防患科学的迷信、减少其独断性是非常有益的。

四、试错模式

批判与反驳成为防患科学中至关重要的理念，主要源于对错误认知的深刻转变以及对科学可错性的明确认可。防患科学本质上是一门容许错误的学科，其发展历程就是一个不断尝试与修正的过程，遵循试错的模式前进。试错模式的核心在于通过实验来正视并发现潜在的问题，提出新的解决方案，并通过新的实验不断推动科学的进步。实际上，科学的发展史一再表明，防患科学的发展始终是开放的、可错的、不断进化的。诸如哥白尼和伽利略对托勒密体系及亚里士多德力学提出疑问，从而建立了新的天体力学；拉瓦锡在批判传统燃素说的基础上创立了氧化还原理论；达尔文对创世说的批判促进了进化论的诞生；爱因斯坦对牛顿力学进行理性反思与批判，进而提出了相对论。这些科学上的重大进步都是通过试错模式逐步实现的。防患科学的终极目标是通过不断地试错与修正，逐步接近真理，即在探索和消除潜在问题的过程中揭示真理。

第二节　防患科学概念外延

一、以人为本的“防患”理念

在应对各种自然性和社会性突发危机事件的防患行动中，要始终坚持以人为本的理念。人民群众是人类社会发展的力量源泉，既是防患的价值主体，也是防患行动的重要力量和强大后盾。这是在我国 70 多年的社会主义建设中，在各种防患、治患、排患、除患的斗争实践中检验过的防患科学的普适性真理。

在与各种重大灾害的激烈斗争中，中国共产党和政府始终坚守以人为本、尊重科学的原则，深刻彰显了中华民族珍视生命、推崇理性的民族特性。我们坚信，人的生命价值无与伦比，优于一切其他考量，充分展现了我国社会主义制度对生命的深切关爱和对人民的坚定保护。我们坚持将科技的力量与人的坚韧精神相融合，既彰显了人的主观能动性，又凸显了科技的关键作用。对生命的极致关怀与对科学的崇高敬意，是推动中国人民与时代并进、实现个人全面发展、建设繁荣昌盛国家的重要驱动力。

我国无数次防灾处置行动的实践充分证明，人民是推动中国社会发展进步的真正动力。新中国成立以来，各种防患灾处置行动斗争都取得了重大胜利，特别是自 2020 年以来，在抗击新冠疫情方面取得的显著成就，其根本是人民的伟大胜利。人民是历史的缔造者，是中华民族振兴的最坚实基础。正是我们紧密依靠人民，才得以在革命、建设和改革的道路上取得辉煌成就。只要我们始终坚持以人为本的发展理念，确保发展是为了人民、依靠人民，并确保人民共享发展成果，同时充分调动广大人民群众的积极性、主动性和创造性，我们就能依靠人民凝聚的磅礴力量和汇聚的无尽智慧，共同创造更加美好的未来。

二、趋利避害的“治患”理念

预防为主，就是要把预防灾害作为防患战略的主导思想，采取各种有效手段和措施，遏制各种灾害事件的发生与发展，防患于未然。具体来说，预防为主的理念要求我们积极主动地研究和把握各种灾害发生的规律，有针对性地加强防灾能力建设，并做好全面的防灾准备工作，同时确保经济建设的正常进行，从而从根本上掌握防灾的主动权。此外，预防应被视为工作的起点和核心，通过采用多种有效措施，消除各类灾害和突发事件发生的根源及其滋生的环境。对某些长期存在的影响社会发展的患情，必须采取防范与治理相结合的方针，集中力量进行专项治理，遏制其发展，以小的代价换取大的效益。

预防的形式多种多样，加强对广大人民群众的法律宣传，提高群众的法律素质及灾情观念，增强群众对各种灾害的防患安全意识，帮助群众克服恐惧心理并培养其与各种灾害作斗争的技能，为群众提供良好的安全保障与服务；加强防患力量建设，提高处置各种灾害事件的能力。贯彻预防为主的方针，需要做好以下 4 方面工作。

一是及时了解和掌握各种灾害的动态信息。及时了解和掌握多个领域、多个层面上的各种灾害动态，特别是重点地区（易发生灾害的季节、地域、时段）、重点范围（交通、民航、海运）等方面的各种灾害信息。掌握引发各种突发灾害的原因，是处置各种突发灾害的前提。只有知己知彼，才能百战不殆。因此，必须强化信息工作，及时发现和掌握那些带有苗头性、季节性的易发灾害问题，以便预先有准备，及时防治，做到防患于灾前。

二是要强化对各类灾害和突发事件的预测能力。这种预测是基于相关资料和实践经验，利用防灾的理论与方法，对可能发生的灾害和突发事件进行科学的预判，对一定区域内可能引发突发灾害的形式、性质、特点、规模及发展趋势和可能带来的影响进行估计和判断，并研究对策，为各级防患决策和处置防范行动提供依据。要对全社会的政治、经济、地理、气象情况以及可能发生的灾情进行总体预测，从而修订完善防范预案，做到一种灾情多种方案，一种方案多种方法，能预知的要先防，当好“灾”前“诸葛”。

三是提高防患力量处置各种灾害事件的能力，以实力为后盾发挥作用。各类防患力量应以积极的防患理念、精良的技术装备、熟练的业务素质、严密的组织指挥、英勇顽强的战斗气势等为实力后盾，对可能发生的各种灾害，要敢于抗、抢、救，努力把灾害造成的损失降到最低。

四是防灾先防患。古人云：“患生于所忽，祸起于细微。”任何灾情、灾害都是由“患”而引发，今天有患必成灾，这是一切灾情、灾害生成的基本规律。因此，防灾必须先防患。把患防治了，灾就可避免、可减轻。当前社会的一个通病，就是重建设、轻防灾，重救灾、轻防患，所以在人类社会快速发展的今天，要把防患与控灾摆到经济建设和社会发展的突出位置上，才能有效地促进社会发展、推动社会进步。

预防为主。同灾害作斗争，是人类社会发展的必然趋势，以“防”为重要内容的防患战略，在许多国家收到了良好的效果。立足于防，不是预防不治，也不是消极被动地预防，而是要求以预防为起点，综合运用防患与治灾、救灾等手段，遏制各种灾害，特别是重大灾害的发生。

三、应急处置的“排患”理念

现代化条件下，各种灾害突发性增强、不确定性增多、破坏性增大，对防患提出了新的挑战。5·12汶川地震不仅当时给人民生命财产带来巨大损失，而且对相邻地区的地质状况造成很大破坏。2020年抗击新冠疫情对应急“排患”提出了更新、更高、更快的要求，快速救援、应急“排患”是实施救灾行动的一个很重要的战略指导方针。在实际行动中，有时甚至来不及预警和准备就被迫投入抢险救灾行动。因此，快速救援、应急“排患”对防患来说具有十分重要的意义。快速救援是排患争取主动、避免被动的应急救援行动，是信息时代防患的客观要求。快速救援是防患战略行动中各项准备工作的着眼点和出发点，而充分准备是快速救援的基础。充分准备就是要求平时把各项工作做细、做实、做充分，做到万无一失。

快速救援、应急“排患”是在有准备的基础上，快速救援力量能有序展开有效抢险救灾的态势。快速展开、果断抢险是快速救援的目的，也是防患的基本原则。为了减轻临机准备工作的压力，必须加强平时抢险救灾的战备工作，为临机准备打好基础。一是要建立健全各项应急战备制度。搞好应急战备思想教育，增强应急战备观念，保持常备不懈，树立防患、抢险救灾的必胜信心。二是建立健全防患指挥体系，不断完善灾害预警网、指挥通信网、勤务保障网以及各种防患设施。三是要加强对各种灾情处置战法的研究，寻找不同灾情的特点和规律，不断提高指挥员和指挥机关的组织指挥能力，提高各级、各类防患力量在复杂条件下抗大灾、抢大险的能力和保障能力。四是要建立一套应对各种大灾、大险的快速动员应急体制，加强抗大灾、抢大险应急机动力量和各类专业（电力、水利、通信、交通、民政）技术应急力量的建设，搞好预编和应急演练，加强物资、器材的就地储备。

快速救援、应急“排患”是在发现灾情的征候后或在救灾行动中，使抢险救灾专业部（分）队迅速完成临机准备或抢险救灾准备。快速救援是对防患力量的专业部（分）队战备程度、预警能力、指挥决策能力、应急处置能力和保障能力的综合反映。因此，要求防患工作的一切活动必须突出一个“快”字。只有“快”才能争取时间，时间就是生命，在 72 小时的黄金时限内，“快”一分钟可救出更多人的生命，可以减轻、减少受灾人员的生命损失。

四、综合防治的“除患”理念

综合防治策略意味着在防灾过程中，我们需要积极整合防灾力量和社会资源，综合运用多样化的手段和措施，针对国家政府的应急管理部门、军事单位、通信系统、机场、重要基地以及交通枢纽等关键区域，实施积极且高效的预防与治理措施。我们坚持“防、治、排、除”相结合的原则，在预防为主的基础上，采用防治结合、排除并用的方法，以坚决且有效地遏制各类重大灾害的发生。这不仅可以显著减少人员伤亡，降低灾害带来的损失，还是减轻灾害影响的重要策略。它是维护社会稳定、推动社会进步的关键行动，对于确保国家的稳定与发展具有深远的意义和重要影响。

正确处理这一问题的关键，是在全国范围内，各地区都要确定防患的综合防治战略。这是确保科学有效发展的关键。防患战略是世界各国普遍关注的发展战略的重要组成部分，是筹划与指导处理各种灾害突发事件工作的着眼点。实施“综合防治”、防与除相结合的指导方针，既要筹划和指导对各种灾害的防范行动，又要筹划与指导社会的建设与发展工作；既要统揽事发之前的预防工作，又要统筹事发之后的处置工作，对某些影响社会发展的自然灾害和社会性突发事件，既要立足国内，又要兼顾国际。实行统一的防、治、排、除战略，将是各级领导决策的依据，也是各级指挥防患力量处置灾害事件的行动指南。

近年来，世界各地发生的一系列灾害使人们清醒地认识到，对于各种灾害，必须采用正确的研究方法，剖析其特点与规律，抓住其产生的基本轨迹及主要因素，才能提出正确的战略思想。各种灾害的发生都不是偶然的，既有全球气候变化的影响，又有人类对生态植被破坏所产生的恶果。对灾害不能简单地归结为“天灾”，也应视为“人祸”。

由此可见，处置突发灾害也应该筹划预防与治理、排与除相结合，明确治与防、排与除的辩证关系。综合防与治、排与除相结合，就集中地体现了辩证关系，揭示了事物发展的基本规律。

对各类灾害性突发事件，必须及时采取措施，坚决防治在萌芽状态。根据党中央的战略决策，结合我国防患力量处置各种突发灾害的实践经验，我国各种防患的战略思想，其实质是及早准备、严密防范、遏制其发生。在灾害发生之初就予以防范控制，坚决将其控制在一定范围内。就是要“立足于积极的防”，以预防为起点，综合运用治的手段管控，遏制各种形式的突发灾害发生。积极防患战略，是对我国积极发展战略的运用和发展，是对协调可持续发展战略思想的具体运用，是“防患于未然”辩证法思想的具体体现。

各国发展的实践表明，一个国家、一个地区、一个单位的发展，不能只想靠建设求发展，要在建设中求得科学与平衡，既要注重建设，也要注重防灾防患。必须认真、科学地制定本地区、本单位的发展规划，科学论证能发展、可发展的思路，把本地的优势、特点搞清楚，把易发生灾害的环境研究透，做到一手抓建设、发展，一手抓防灾、防患、治灾、治患。真正从发展中求稳定，在防患、治患、排患、除患中求发展，形成本地区、本单位的良性发展格局，防止只重视建设，忽视防灾、防患和治灾、治患的倾向。

“综合防治”这一指导方针是客观的、现实的、有益的，也是十分必要的。贯彻这一方针，要正确处理好各种矛盾和关系，特别是正确把握和处理好发展与防患的辩证关系，全面贯彻“综合防治”的方针，科学而有效地把防患工作做实、做好，对于维护国家稳定和社会的科学发展具有重要的战略意义。

第三章 “患”的危害

在全球化、信息化时代，一切社会组织都面临来自各方面的困扰。有些患由于其破坏性是潜在的而像白蚁一样被忽略，但白蚁会从根基上削弱和蚕食组织并导致危害扩大化，最终演变成严重的灾害。灾害发生后，人们就要对灾害进行积极的应对和处置。对于大部分的灾害来说，由于种种主客观原因，人们往往无法成功地阻止其暴发，或者根本就不可能阻止其暴发。在灾害的暴发阶段，人们会自觉或不自觉地对灾害作出反应，如花费大量的人力、物力、财力去解决基础性问题——减少人员伤亡和财产损失、控制事态蔓延等。应该承认，有些反应是人的本能反应，但通过对灾害的防范和处置可以使人们的反应变得更加理性和有效，从而体现出对灾害的防范和处置的应对价值。绝大多数灾害会导致人员伤亡和财产损失，只是这些损害或损失的程度各有差异。接下来，我们将从自然灾害事件和社会灾害事件这两个角度出发，对这一现象进行深入剖析。

第一节 自然灾害对人类生命和财产的伤害

中国是世界上自然灾害频发且受其影响严重的国家之一，灾害种类繁多，分布地域广泛，发生频率高，造成的损失也相当严重。从地震、洪涝、台风、干旱、冰雹、雷电、高温热浪、沙尘暴、风暴潮、赤潮，到森林草原火灾和植物森林病虫害等，各种自然灾害在我国均有发生。更值得注意的是，我国超过 70% 的城市和 50% 的人口分布在地质、海洋等自然灾害频繁且影响严重的地区。例如，1998 年长江流域遭遇了特大洪涝灾害，2006 年重庆和四川地区经历了严重的干旱，2008 年南方地区则遭遇了低温雨雪冰冻等极端天气等。

自然灾害是对那些能造成人类生命、财产损失或资源破坏的自然现象的统称。这类灾害源自生态系统的自然过程，它们有可能导致社会经济系统的失衡，造成社会财产的严重损失，进而引发社会资源供需的严重不平衡。据相关数据表明，1961—1992 年我国发生的自然灾害中，导致死亡人数超过 10 人、受伤人数超过 100 人的事件共有 4653 起，总计 360 万人死亡，30 亿人次受伤，直接经济损失高达 3400 亿美元。自 20 世纪 90 年代以来，全球范围内的自然性灾害数量不断攀升，其频率增加了 3.2 倍，年死亡和受伤人数也分别激增了 5.2 倍和 6.9 倍。这一数据揭示出，全球平均每 31 人中即有 1 人受灾。从死亡人数来看，瘟疫导致的死亡人数位居首位，约占 55%，其次是干旱、洪水和饥荒；从经济损失的角度来看，洪水和地震造成的损失最为惨重，分别约占 33% 和 31%，紧随其后的是台风和风暴。

近年来，全球范围内每年因传染病大流行导致约 1300 万人死亡，即每小时大约有 1500 人因此死亡。在 1998—2001 年的短短时间内，世界卫生组织的“全球疫情警报和反应网络”在 132 个国家和地区进行了总计 578 次疫情暴发的核实工作。这些疫情对国家和地区的社会经济发展产生了深远影响。例如，1997 年英国因疯牛病疫情导致 400 万头牛被宰杀，牛肉制品的出口量锐减 99%，为消除疯牛病带来的社会经济混乱，英国政府投入了 62.5 亿美元。

第二节　社会性之患害对人类生命和财产的伤害

一、战争之患

战争之患是危害人类的大患。20 世纪的战争不仅频繁发生，而且空前惨烈。20 世纪，人类已经进入工业文明时代，在工业革命追求效率和效益的驱动下形成的社会精神和道德观念，在实践中表现出更多的利己性和残酷性。在有历史记载的战争摧残和杀戮的 35 亿人中，20 世纪战争造成的死亡人数达 1 亿多，经济损失超过 5 万亿美元，特别是两次世界大战成为 20 世纪最为血腥和破坏力巨大的两场冲突，造成了前所未有的死伤和破坏。其中，第一次世界大战中有 2113 万多人付出生命，相当于过去 1000 年间欧洲发生所有战争死亡总人数的两倍，直接战争费用 1863 亿美元，财产损失 3300 亿美元；第二次世界大战更是损失惨重，死亡 7000 余万人，物资损失 4 万多亿美元，占参战国国民收入的 60% ~ 70%，仅军费即高达 9000 多亿美元，直接战争费用 13520 亿美元。就在第二次世界大战行将结束的时候，美国在日本的广岛和长崎投下了两颗原子弹，从而揭开了核时代的序幕。继原子弹之后，氢弹、中子弹等相继问世，随着导弹武器的发展，地球可能毁灭的阴影像达摩克利斯之剑一样悬在人类的头上。

1945 年“二战”结束后到 1989年“冷战”结束的 44 年间，人类生活在“冷战”与此起彼伏的局部战争硝烟之中。特别是美苏两大政治军事集团尖锐对立，两次柏林危机和古巴导弹危机几乎把人类社会拖到核战争的边缘。44 年的“冷战”给世界带来的是“空头和平”，给人类社会的经济发展造成了巨大的损害。据不完全统计，1949 年世界军费约 2000 亿美元，1980 年达到 4000 亿美元，1986 年高达 10000 亿美元。据世界银行统计，1986 年发展中国家 10000 亿美元的外债中，1/4 源于武器采购。“二战”后发生较大的 200 多场局部战争和武装冲突中，共计死亡人数 2000 多万，接近第一次世界大战死亡人数。战争所消耗的武器弹药已超过第二次世界大战的总和。

1999 年 3 月，以美国为首的北约对南联盟发动的战争造成了极其惨重的损失。这场冲突导致南联盟上千名军人阵亡，超过 10000 名平民丧生，80 多万名难民被迫流离失所，200 多万人失去了生活来源。据统计，有 11134 座建筑物被毁，直接经济损失高达 2000 亿美元，这一数字相当于南联盟在第二次世界大战中损失的总和。更为严重的是，战争对生态环境的污染将长期影响未来的世世代代。据七国经济研究机构的估算，南联盟的经济需要长达 45 年的时间才能恢复到战前的水平。

战争不仅对人类生命、财产造成巨大危害，也给人类心灵和精神带来极大伤害。20世纪之前的战争，由于其规模、强度的有限性，对于社会特别是人类自身精神世界的影响的深度和范围相对较小；进入20世纪后，随着世界大战登上历史舞台，整个国家、民族、社会全部卷入战争之中，影响是全方位的。按照过去的思维逻辑，不论是发动战争的一方，还是应对战争的一方，平民都不应当成为战争的直接受害者，但20世纪90年代的人类战争恰恰相反。在1994年的卢旺达内战中，短短几个月内，这个仅有750万人口的国家，竟有100万人左右被屠杀，200多万人逃亡。其邻国布隆迪，人口只有500万，到1999年，内战造成了20多万人的死亡和近百万的难民。2003年，美国借口伊拉克拥有大规模杀伤性武器发动的对伊战争，造成伊拉克60多万平民的死亡。这一战争之患，给世界多国人民留下了极为深刻的创伤，对中东地区的发展造成了不可估量的伤害。这是战争之患给人类精神造成创伤的生动而深刻的写照。

二、恐怖主义之患

（一）恐怖活动具有鲜明的政治性

具有鲜明的政治性是当代恐怖主义者进行恐怖活动的本质特点，也是区别于一般经济或刑事犯罪的重要标志之一。如莫斯科重大劫持人质事件，其政治目的就是要求俄罗斯从车臣撤兵。

（二）恐怖活动具有普遍的突发性

无论是美国“9・11”事件，还是印度尼西亚巴厘岛爆炸事件、俄罗斯重大劫持人质事件等，都事发突然，没有预警时间和反应时间，使得人们措手不及，不得不面对突如其来的精神、身体伤害和物质损失，甚至无缘无故地失去宝贵的生命。

（三）恐怖活动具有高度的诡秘性

当代恐怖主义活动具有高度诡秘性，一是行动隐蔽，二是组织严密，三是变幻莫测。莫斯科剧院发生重大劫持人质事件，50余名车臣恐怖袭击分子进入高度戒备的莫斯科市区却无人知晓。这充分反映出当代恐怖主义行动诡秘的特点。当代恐怖主义行动之所以具有诡秘性，一是因为随着恐怖袭击的破坏性加剧，人们对恐怖主义的防范越来越严密；二是近年来，恐怖主义已经成为人类公害，越来越被人们深恶痛绝，国际社会、各国政府给予恐怖主义越来越沉重的打击。恐怖活动变得更加隐蔽和变幻莫测，因而也更加难以防范。

（四）恐怖活动具有极端的残忍性

当代恐怖主义在手段上的残忍性表现在两个方面：一是所使用的武器具有极大的毁灭性；二是运用这些武器进行恐怖袭击的方式也极具破坏性。传统的绑架、劫持、爆炸等手段已经足以摧毁数人甚至数十人的生命，而运用传统武器并结合新方法进行恐怖袭击，其破坏性更大。例如，2002 年 10 月 12 日午夜，印度尼西亚巴厘岛发生的连环爆炸案，就导致了 200 余人死亡，300 余人受伤。再如美国的“9・11”事件，极端分子驾驶满载燃油的大型客机撞向高达 417 米的纽约世贸中心大厦，导致大厦崩塌，场景骇人。可以预见的是，未来的恐怖主义除了可能继续使用传统手段进行恐怖袭击，还有可能更多地动用大规模杀伤性武器来发动超级恐怖活动，这种武器及其使用方式将更加残忍无情。

（五）恐怖活动具有广泛的国际性

值得注意的是，近年来，随着全球经济一体化的发展，恐怖主义利用先进的通信手段和网络技术，进行跨国活动、跨国联盟、跨国筹资、跨国布局，恐怖主义越来越呈现国际化趋向。各地区、各形态的恐怖主义此起彼伏，呈现空前的泛化。这种泛化，不再有国界和内外之别，而是无处不在、无孔不入。特别是在全球范围内，各种恐怖主义正在加紧勾结、互相配合，很可能形成程度不同的、超越国界的恐怖主义组织。这将使恐怖主义成为更危险、更难对付的敌人。

（六）恐怖活动具有极大的威胁性

当代恐怖主义的威胁性主要体现在其精心选择具有重大影响、象征意义及强大威慑力的目标进行攻击，这样的行为不仅具有较大的震撼效果，还赋予了恐怖行为极高的威慑价值。为了实现这种“威慑价值”的最大化，恐怖分子会刻意挑选那些最具象征意义的目标来发动袭击，这些具有象征意义的目标可能包括具有影响力的个体、群体或重要设施。例如，巴厘岛恐怖爆炸事件中的受害者主要是西方国家人员；而在美国的“9·11”事件中，恐怖分子选择了美国世贸中心大厦和五角大楼作为袭击目标，正是因为这些地方具有显著的象征意义，能够最大化恐怖袭击的“威慑价值”。从这个角度看，当代恐怖主义的每一次袭击，在某种程度上都是一场“心理战”，旨在制造社会恐慌，并借此达到其特定的政治目标。令人震惊和愤慨的是，当代恐怖主义者还经常将恐怖袭击的目标对准无辜的平民百姓。他们选择这样的袭击对象，仅仅是为了展示其“随意选择”和“随意袭击”的能力，这种行为不仅让政界要员时刻保持警惕，更让社会各界人士都生活在恐惧和不安之中，完全丧失了安全感。

（七）恐怖活动具有巨大的破坏性

当代恐怖主义的破坏性，体现在其恐怖攻击行为所引发的恐怖效应具有时间上的持续性、空间上的普遍性、程度上的严重性以及后果上的深远影响。换言之，恐怖主义所造成的灾难性后果无处不在，且持续不断、严重泛滥，对社会造成了难以估量的恶劣影响。举例来说，即使某些恐怖事件只是针对个别人进行刺杀，但其产生的连锁反应也可能极为巨大，甚至导致整个中东和平进程的停滞不前。

随着科学技术的发展，全球经济正不可逆转地趋于一体化。恐怖袭击造成的破坏更大，影响更广。如美国的“9·11”事件，死亡和失踪人数 2998 人，美国资本市场直接损失 2000 亿美元。不仅如此，它使全世界当年的经济增长率降低约一个百分点，损失达 10000 亿美元。它给美国乃至世界的经济信心以极大的打击，也给美国人民乃至世界人民的心灵上留下了抹不去的阴影。不难想象，一旦恐怖主义分子袭击人类脆弱的“生命线”——水源、能源、给排水系统、食品生产系统和分销系统以及网络系统，它给人类造成的将是长久的灾难。因为生物、化学、核武器对生态环境造成的破坏往往是几代人都难以恢复的。

三、各种社会性之患害

社会灾害对人员和财产所带来的损害是显而易见的。各类事故和职业危害引发的经济后果较严重，根据联合国的统计数据，各类工伤和职业病所带来的经济损失高达全球 GDP 的 4%。中国工程院的研究报告表明，我国每年因各类事故造成的经济损失都较大。

据官方网站公布的统计数字：2003 年 1—2 月，全国共发生各类灾害事件 174065 起，死亡 21055 人。中国地质大学工程学院院长、知名安全经济专家罗云，在 2003 年 4 月公开了他的课题研究成果。该研究显示，2001 年中国因安全生产方面的灾害所导致的经济损失，其价值竟相当于两座三峡大坝。这些数据来源于 1999 年罗云与原国家安全生产监督管理局合作进行的一项深入调查。他们按照国际标准，在全国范围内选取了 9 个行业的大中小型国有、地方、乡镇及三资等各类企业作为样本，进行了广泛且具有针对性的抽样调查。这项调查历时两年多，最终得出了这些重要的结论。

第三节　患灾害直接影响经济的发展速度

一、患灾害对股市的影响极大

股市常被誉为“国民经济的晴雨表”，这一称号源于其两大特性：一是股市的行情变化趋势通常受到经济发展趋势的影响，两者在时间上呈现相似的走势；二是股市对经济变化具有敏感性，往往能提前反映经济发展的动向。因此，我们可以通过观察股市的动态来预测经济发展的趋势。当股市出现大幅度下跌时，这通常是一个信号，预示着经济可能即将面临减速的风险。

20世纪的美国，灾害事件的发生比较频繁。从纽约股市的道琼斯指数来看，历次灾害都造成了股市的下跌。据美国媒体资料，“9·11”事件对美国股市的影响最为严重。“9·11”事件后的一周内，纽约道琼斯指数下跌14.3%，为1929年经济大萧条以来的最大跌幅，市值损失1.38万亿美元。另外，美国股市的下跌也冲击了世界其他地区的股市，如“9·11”事件后，欧洲股票价格平均下跌6%，全球其他主要股票市场也有不同程度的下跌。2011年3月11日，日本本州岛东海岸附近发生8级强烈地震。地震对工厂设施、房屋等造成巨大破坏，给投资者心理带来打击。受此影响，日本股市尾盘快速跳水。地震消息发布后，美元对日元汇率进一步走高，创2011年2月22日以来新高。当月14日开盘后，外国投资者大量抛售日本上市公司股票。为了保证电力供应，日本东部实行限电措施。加上地震造成部分日本工厂停工，投资者对日本经济及企业前景持悲观态度。日经股指早盘低开2%以上，并在几分钟之内迅速跌破万点大关。盘中日经股指一度下跌至9600点，创2010年11月上旬以来盘中最低值。

二、患灾害对经济产生不可估量的消极影响

不可否认，灾害肯定会给经济带来负面影响，严重的话还会减缓经济的发展，导致经济的衰退。这方面最为典型的例子就是亚洲金融危机和美国的“9·11”事件。

（一）金融的患灾害对经济的负面影响

1997年，亚洲金融危机成为全球经济中最显著的金融灾难。这场危机不仅引发了亚洲地区的经济衰退、社会不稳定等，同时也使得拉丁美洲的经济增长速度放缓。更为严重的是，它还对当时经济增长势头强劲的美国和西欧产生了影响。可以说，亚洲金融危机已经演变为全球性的金融动荡，对世界经济造成了深远的负面影响，导致全球经济增长速度大幅下滑，甚至趋向衰退。

这次金融危机首先导致亚洲国家货币大幅贬值和股市急剧下跌，使得

账面财富在极短时间内遭受巨大损失。据估算，1997—1998 年，经历金融危机的亚洲国家货币平均贬值超过 40%，而股价暴跌超过 50%。《华尔街日报》指出，那些遭受金融危机的亚洲国家已深陷严重经济衰退。这场持续 15 个月的金融危机给该地区带来了灾难性的损失：1 万亿美元的贷款变为无法收回的坏账，2 万亿美元的股票市值瞬间蒸发，3 万亿美元的 GDP 消失无踪。据国际货币基金组织（IMF）估算，1998 年，印度尼西亚、韩国、泰国和马来西亚等国的平均经济增长率为 –8.7%（其中印度尼西亚更是达到了 –15%），而它们在 1996 年和 1997 年的平均增长率则分别为 7.2% 和 4.1%。印度尼西亚的损失最为惨重，这个国家在危机爆发之前，国内生产总值按兑换率计算是 2260 亿美元，到了 1998 年 2 月，这个数字降到 510 亿美元。

最严重的时候，印度尼西亚盾对美元的汇率贬值幅度超过了 80%。此外，亚洲金融危机还减缓了全球经济的增长速度。除了部分东南亚国家以及日本、韩国、俄罗斯等国家经历了深重的经济衰退，其他国家的经济增长率也普遍低于前几年。特别是在 1998 年下半年，受到亚洲金融危机波及的拉丁美洲国家中，巴西和哥伦比亚的情况最为严峻。巴西货币遭受重创，财政赤字高达 GDP 的 70%，同时沉重的债务负担使其经济增长率从 1997 年的 3.5% 锐减至 1998 年的 1%。整个拉丁美洲地区 1998 年的经济增长率相较 1997 年降低了 1.6 个百分点。亚洲金融危机还通过贸易和金融等渠道影响了美国和西欧的经济增长。1998 年上半年，美国出口贸易自 20 世纪 90 年代以来首次出现负增长，尤其是对亚洲地区的出口减少了 14%。另据标准普尔公司估算，由于亚洲金融危机，美国在 1998—2000 年间各部门总计损失了 4180 亿美元，其中汽车行业就损失了 110 亿美元。此外，亚洲金融危机还加剧了西方股市的泡沫问题，1998 年 8—9 月间美欧股市的持续暴跌导致了西方国家内需的减弱，进而拖慢了美欧经济的增长速度；特别是 8 月份美国股市的暴跌，造成了股票市值巨大损失（约 3.2 万亿美元），并进一步导致了 1999 年和 2000 年美国消费者开支和企业投资的缩减，最终使得经济增长率下降。

（二）美国“9·11”事件对经济的负面影响

根据美国政府和相关专家的评估，“9·11”事件直接导致的经济损失超过了2000亿美元，而其间接引发的损失则难以准确估算。美国遭受的恐怖袭击对全球经济也产生了一定的冲击。在短期内，直接的经济损失主要集中在美国本土。然而，“9·11”事件的负面影响通过多个渠道扩散到了其他国家。首先受到影响的是那些出口严重依赖美国市场的国家，例如亚洲和其他北美国家，它们的出口业务面临了巨大的挑战。此外，美国遭遇袭击事件还打击了投资者的信心，加速了全球经济的衰退，特别是对于那些高度依赖外资的国家来说，影响尤为显著。对于那些已经处于经济衰退边缘的国家，这次事件无疑是雪上加霜。

汤敏（2002）认为，“9·11”事件的发生使亚洲经济复苏严重滞后。他分析，当时亚洲出口的下降主要集中在电子产品上，而美国电子产品市场的不景气造成了韩国、新加坡和马来西亚的对应出口下降二成至三成。美国市场的萎缩和航空运输的中断对亚洲电子产品的出口造成了进一步的冲击。由于美国经济的衰退和亚洲市场的不景气，许多当地公司不得不削减投资和裁员，这一举措又进而抑制了国内的消费需求。在泰国、印度尼西亚、菲律宾和韩国，国内需求本是支撑当地经济增长的唯一希望，但也受到了严重打击。“9·11”事件同样使各国的旅游业陷入困境。值得一提的是，“9·11”事件是导致美国经济从放缓滑向衰退的重要因素。美国经济研究局的报告也承认，在恐怖袭击事件发生之前，经济的下滑趋势还不足以被定义为衰退，但袭击事件明显加剧了经济的萎缩，成为推动经济走向衰退的关键因素。“9·11”事件不仅给美国带来了巨大的直接经济损失，更重要的是，它严重打击了消费者和投资者的信心，加深了经济衰退，并推迟了经济复苏的进程。事实上，“9·11”事件对美国经济的真正冲击在于它对人们心理的影响，这种对消费者和投资者信心的打击是难以量化的，并且其影响具有扩散效应。

第四节　患灾害会引起政治动荡

灾害从来都不是孤立的，往往会带来连锁反应，就像一个火花会点燃另一个火花，甚至燃起熊熊大火。当今，在许多发展中国家，可以看到灾害引发政治动荡的例子。

一、患灾害金融危机和政治动荡

1997 年的亚洲金融危机不仅触发了东南亚部分国家的社会和政治危机，还引起了大规模的社会动荡、秩序失控和民众抗议。以印度尼西亚为例，金融危机爆发后，该国不仅在经济上沦为东南亚的重灾区，其政治局势也陷入了深刻的危机。在苏哈托政府 30 多年的统治下，印度尼西亚的经济曾一度呈现出“奇迹”般的发展，使其在亚太地区经济与安全问题上占据了举足轻重的地位。然而，金融危机却对该国造成了深远的影响。

金融危机的爆发，不仅揭露了千岛之国印度尼西亚在金融体系和经济体制上存在的弊端，更暴露了苏哈托政权长期以来积累的社会和政治问题。这些问题导致了拥有两亿多人口的国家突然失控，进而引发了长期而深重的社会动荡和危机。在国内外巨大的压力下，苏哈托不得不黯然退出政治舞台。苏哈托政权倒台后，印度尼西亚各地区的独立呼声此起彼伏，进一步削弱了雅加达政府的权威。一些省份纷纷提出“独立”的口号，东帝汶在 1999 年 8 月底的全民公决中选择了独立，从而结束了印度尼西亚近三十年的军事统治。在印度尼西亚军队全部撤出东帝汶后，联合国临时行政机构接管了其政权。亚齐是继东帝汶之后第二个要求进行全民公决的省份，自 1976 年分离组织“自由亚齐运动”发起武装斗争以来，该地区一直处于动荡之中。东帝汶独立后，亚齐的分离运动愈演愈烈。

二、患灾害引起政治动荡的深层次分析

在危机平息之后，人们不可避免地会陷入深思：为何患灾害的降临往往容易引发深层次的政治危机与政治动荡？这源于社会运作过程中积累的潜在问题，这些问题在平时可能只是处于潜伏状态，尚未显露其破坏力。灾害的发生就像点燃了这些潜在问题的导火线，使得它们随着灾害的全面爆发而进入公众的视野，成为灾害不可剥离的一部分。换句话说，政府内部存在的问题既是灾害发生的推动因素之一；同时，这也可能与政府在灾害应对过程中的不当处理密切相关。不恰当的灾害应对措施不仅无法缓解或解决已有的危机，反而有可能加剧危机的严重性。以金融危机为例，马来西亚政府和印度尼西亚政府在应对策略上采取了截然不同的方式，进而导致了截然不同的结果。在面对金融危机的冲击时，马来西亚领导人选择将责任归咎于国际金融投机者，并对他们进行了严厉的道德谴责。与此同时，他将宏观调控的权力下放给由副手领导的专家团队，并采取了迅速且果断的调整措施。

在面对金融风暴的冲击时，马来西亚果断采取了一系列紧缩措施，包括暂停一项高达 100 亿美元的长期投资，削减政府财政预算 18%，暂停世界最长管道建设计划，暂停海外扩张性投资，冻结新公司上市，以及降低政府高级官员和雇员工资 1% 等。这一系列果断的决策使马来西亚成功应对了危机，损失相对较小，未引发大规模政治动荡。

相较之下，印度尼西亚政府在应对金融风暴时显得犹豫不决。它先是宣布切断印度尼西亚盾与美元的挂钩，随后又担心浮动汇率会进一步削弱印度尼西亚盾，动摇投资者信心，因此再次决定重建固定汇率。这种摇摆不定的政策给市场带来了不稳定信号，加剧了国际炒作。在 IMF 的压力下，印度尼西亚政府虽同意暂停大型工业计划，但苏哈托的儿子继续推进耗资数十亿美元的国产汽车计划，称其为“National Prestige”。此外，苏哈托家族在危机期间被估计至少攫取了 350 亿美元的国民财富。这种内部矛盾与贪婪的行为，无疑加剧了印度尼西亚的政治危机和社会动荡。

针对这一现象，丁学良（1998）从发展社会学和比较社会学的角度进行了深入剖析。他认为，许多发展中国家在追求发展的道路上，往往过于注重经济增长而忽视了制度规范。这种不规范，包括制度的不规范和行为的不规范，在发展中国家和转型国家中尤为突出。然而，这两者之间并非孤立，制度的不规范往往会导致行为的不规范，从而阻碍社会的健康发展。

第五节　患灾害会影响社会稳定

一、患灾害对心理影响的表现

当患灾害发生时，人们无疑成为患灾害的受影响者或受害者。患灾害不仅会对受害者的生理健康造成冲击，同时也会深刻地影响他们的心理状态。患灾害给人们带来的心理影响是复杂多样的，包括事后震惊、自我责难、内疚感，甚至可能导致信念的动摇或改变。这些影响都是患灾害带来的深远后果，需要我们给予足够的重视和关注。

（一）事后震惊

尽管灾害的阴影已经远去，但每当人们回想起或再次提及那段经历时，心中的恐惧仍然如影随形，令人心有余悸。这种恐惧并非简单的回忆，更是一种深层的心理反应，体现在人们的外在行为上。人们往往显得心烦意乱，情绪烦躁不安，更严重的甚至会出现身体颤抖、精神错乱等症状，这些都是灾害给人们留下的深刻心理烙印。

（二）重现

灾害给人们带来的强烈刺激往往会在心中留下深刻的烙印。每当遭遇与灾害相似的场景、话语或文字时，这些印记便会被触发，唤起人们对灾害的回忆。这种回忆，实际上也是历史的一部分，它记录了人们与灾害的斗争和经历。

在心理学中，有一种动机性遗忘理论，源于弗洛伊德的精神分析学说。为了避免痛苦记忆的重现，人们会学会自我压抑，将那些不愉快的经历深深埋藏在潜意识之中。遗忘是人们为了避免记住那些太可怕、太痛苦、太有损于自我或不能为自我所接受的记忆，而将它们排除在意识之外。然而，当这些被压抑的痛苦记忆被重新提起时，就像是在伤口上撒盐，可能会在人们心中留下新的伤痕。

重现这些痛苦经历，对于受害者来说既是不可避免的，也是他们不得不面对的挑战。这样的过程往往会导致他们产生一系列不良反应，如无助、沮丧、易怒或过度敏感等。此时，对于他们最好的支持方式可能是耐心地倾听他们的叙述，作为一个理解他们的听众，而不是轻率地发表评论或试图安慰和鼓励他们。因为有时候，过多的干预反而可能加剧他们的心理负担。

（三）责难

责难通常表现为两个方面：自责与对他人的责怪。自责，即是对自己行为后果的懊悔与反思，认为自己的行为是导致不良结果的原因，从而深感后悔；或是感叹命运的不公，为何偏偏让自己遭遇这样的灾难。这种自责可能引发自我愤怒、自我惩罚，极端情况下甚至可能导致自残。而对命运的抱怨则常伴随着无奈、沮丧或是对命运的怨恨。

对他人的责怪则表现为对他人的不满与抱怨，人们往往会去寻找一个或多个具体的对象来发泄心中的不满，这些对象可能是个人、组织，甚至是无生命的物体。这种责怪往往带有主观性，不一定完全公正，因此很容易引发责怪人与被责怪者之间的冲突。这种责怪还可能转化为实际行动，如言语上的诋毁、拒绝交流，甚至演变为身体上的攻击。

（四）内疚

内疚是一种复杂的情感，它通常包括两种形式：幸存者内疚和对他人受到伤害的内疚。幸存者内疚特指那些在灾害中幸存下来的人，因为感到自己在某种程度上负有责任或过失，而产生的一种内疚感。这种内疚源于他们认为自己本应该能够做些什么来避免灾难的发生，或者他们可能觉得自己在灾难发生时未能采取足够的行动来帮助那些不幸遇难的人。这种内疚感往往让他们深感痛苦和不安，因为他们觉得自己没有尽到应有的责任或义务。

对他人受到伤害的内疚则是指当个体意识到自己的行为或决策可能对他人造成了伤害或痛苦时，所产生的一种内疚感。这种内疚感源于个体对他人福祉的关注和责任感，当意识到自己的行为可能给他人带来负面影响时，就会产生内疚感。这种内疚感可能会促使个体采取行动来弥补自己的过失，或者通过道歉、赔偿等方式来减轻自己的内疚感。

（五）改变观念

在经历灾害的严峻考验后，人们的思想观念可能会经历深刻的转变，包括从原先没有宗教信仰转变为信仰宗教，或者从自信满满变得自我怀疑。这种心理上的剧烈波动，若未能得到妥善处理，有可能导致严重的精神健康问题。这些精神疾患已经成为当今社会不容忽视的重要议题，需要我们给予更多的关注和重视。

二、患灾害对心理影响导致的异常反应

随着灾害对人们心理的冲击，个体往往会表现出各种异常反应。尽管每个人对灾害的心理反应存在个体差异，但某些异常反应却具有普遍性。这些普遍性反应包括逃避行为，即试图避开与灾害相关的情境或记忆；负面惊慌，即出现过度恐惧和焦虑的情绪；以及回避反应，即避免讨论或思考与灾害相关的话题，以减少心理上的不适。

（一）逃避反应

逃避反应通常指的是在灾害发生后，人们出于自保的本能，倾向于迅速逃离现场以摆脱危险。这种反应主要表现为不顾一切地直接、迅速地逃离，有时甚至可能忽视外部的指挥和命令。尽管逃避是人在面对危险时的一种本能反应，但它并不一定是一种理性的选择。在某些情况下，如遇到火灾，迅速逃离现场可能并非明智之举。根据历史数据，许多火灾中的遇难者并非直接死于火势，而是因为烟雾窒息或在混乱中受伤致死。因此，在面临灾害时，

除了本能的逃避反应，保持冷静、遵循专业指导并采取适当的防护措施同样重要。

值得注意的是，在逃离危险的过程中，人的潜能往往会被极大地激发出来。为了逃脱，人们可能会克服平时难以逾越的障碍，甚至敢于跳下平时不敢尝试的高度。然而，这种高度的专注和紧迫感也导致了一个现象：逃离时，人们往往对周围环境的感知变得模糊。许多从危机中逃离的人事后回忆起来，往往无法清晰记起逃离的路线、途中经过的地方、是否遇到过熟人，甚至可能对自己在逃离过程中是否无意中踩到他人也毫无察觉。这种心理状态反映了人在面对极端危险时的生存本能和注意力的高度集中。

（二）行为盲从

盲从，简而言之，是指缺乏理性判断，盲目追随他人的行为或观点。尽管从众行为本身并不总是负面的，但当这种行为变成盲目跟随，即不加辨别地附和他人时，它就带有了消极的含义。

在灾害发生的紧急时刻，人们往往因为紧张而陷入短暂的迷茫。然而，环境的紧迫性又迫使人们必须迅速作出反应。此时，周围人的行为往往会形成一种强烈的心理暗示，促使人们不自觉地模仿和跟随。许多盲从行为就是在这种情境下产生的。

（三）负面惊慌

负面惊慌是指因灾害的突然发生，导致人们的认知系统和行为系统出现短暂的僵化状态，进而失去正常的思维和行动能力。这种情况通常发生在个体身体状况相对较差但意识尚存，或当灾害直接威胁生命安全时，如轮船沉没、飞机失事等紧急状况。负面惊慌的具体表现包括：异常平静的表情、四肢感觉麻木、眼神缺乏焦点和反应，以及对外部刺激表现出极低的响应性，甚至进入一种类似梦游的状态。

负面惊慌的负面影响是显著的，它可能导致个体无法及时逃离危险区域，或者在行动中显得僵硬、迟缓，无法有效响应指挥。即使能够听从指挥，也只是机械地执行命令，缺乏主动性和创造性，这在紧急情况下是极为不利的。因此，了解和识别负面惊慌的症状，对于在灾害中作出正确反应至关重要。

三、患灾害对社会心理的影响

患灾害对社会心理的影响具有双重性。在积极的一面，它可能促进人际关系（特别是家庭与亲友之间）的紧密与和谐，增强人们对健康和安全的警觉性，甚至纠正某些不良行为习惯。然而，不容忽视的是，患灾害更多时候给社会心理带来了负面影响。正如美国危机管理专家 Ian I. Mitroff（2000）分析“9·11”事件时所指出的，这是对民族心理的一次深刻创伤。这种心理创伤与事件的发生及其后果紧密相连，特别是在灾害频繁且连续发生的情境下，这种负面心理效应会被进一步放大和累积。

（一）安全信任感下降

当灾害意外降临，社会公众的安全感往往受到冲击。随着事态的演变或谣言的扩散，公众可能逐渐丧失对政府和周围人的信任，导致信任危机的滋生。

以美国的“9·11”事件为例，这一恐怖袭击给美国公众心理带来了沉重的打击。事件发生在美国最繁华的地带，恐怖分子公然挑战了美国经济、政治和军事的象征，使得公众对美国社会的安全感产生了严重的质疑。2001年9月25日，据研究公司 Conferrence Board 公布的数据，美国的消费信心指数从同年8月的114点急剧下滑至97.6点，达到自1990年以来的最低水平。这一数据直观地反映了公众在信任危机下的心理变化和对经济预期的悲观。

（二）流言蔓延

在灾害发生期间，由于公众对事件真相的不了解，往往会产生深深的恐惧和无助感，这种心理状态可能导致他们对事件进行非理性的分析和判断。在这种情境下，流言甚至封建迷信很容易乘虚而入，被公众轻信并可能引发一系列不良心理和行为。

流言凸显了一个核心问题，即社会公众在面临不确定危险时的心理反应——恐惧、惊慌、盲信和盲从。有学者将这种在灾害中公众展现出的非理性和盲从行为，特别是对流言的听信、传播和实际行动，称为“灾民心理”。

北京大学社会学系人类学教授高丙中（2003）长期致力于民俗学和农村研究，他认为，在现代社会，虽然大多数人接受过教育，但对于迷信这一解释和解决方式，往往持有一种不同的看法，认为它们是有效的。在灾害中，面对面的交流和生动描绘的流言更容易加剧人们的恐惧、焦虑和集体性的恐慌，进而引发社会的不稳定。

（三）盲目自保，缺乏集体意识和合作精神

灾害的降临，往往如同一面镜子，映照出人们内心深处的自私和强烈的求生欲望，这可能导致个体在集体行动和合作中显得力不从心。从这一视角出发，灾害有时会加剧人际关系的疏离，使人们在面对困境时更倾向于互相指责和抱怨。这些社会心理现象无疑给社会的凝聚和整合带来了不小的挑战。

第四章 “患”的特征

患的种类繁多，具体有以下十方面特征：自然性、社会性、客观性、主体性、普遍性、潜质性、动态性、区域性、层次性和规律性。

第一节 自然性

我国陆地边界长约 2.2 万千米，大陆岸线长约 1.8 万千米，幅员辽阔，东西宽、南北长，经度纬度跨度大，陆地垂直落差明显，地理、气候、地质环境复杂多样。全球有两大自然灾害带，一个是环太平洋地区，一个是北半球中纬度地区，我国正好处在这两大灾害带的交会地带。我国有台风、海啸、沙尘暴以及暴风雪等极端天气现象，这些极端天气现象均被视为自然界中的异常波动，直接反映了地球正在经历的剧烈变迁，容易给人民群众的生命财产造成严重危害。1998 年特大洪水，使全国 29 个省（自治区、直辖市）不同程度受灾，直接经济损失 2551 亿元，占全国 GDP 的 3.2%。2020 年中国因自然灾害受灾情况：受灾 1.38 亿人次，直接经济损失 3701.5 亿元，整个经济损失达数十万亿元；全球经济损失达上千万亿元；人类社会的生存与发展受到严重影响。

患的自然性特征可以概括为三点：自然性、社会性和历史性。

一、患的自然性

患的自然性是其本质属性，主要表现在成因自然性、历程自然性以及后果自然性。

（一）成因自然性

患的自然性虽然源于自然因素，但统计数据显示，单纯由自然因素引发的灾害在整体灾害中所占比例相对较小。事实上，许多被认为是由自然因素引起的患，在某种程度上已经融入社会或人为因素，使得这些灾害的自然性在某种程度上呈现社会性或人为性的特征。

（二）历程自然性

自然性灾害的发生历程具有一种独特的特性，其典型过程包括萌生期、潜伏期、暴发期、持续期（或称缓解期）和衰退期（或消退期）五个阶段。这一历程本身具有鲜明的自然性，几乎所有自然性灾害都会依次经历这五个阶段，且无法跳过上一个阶段直接进入下一个阶段。例如，SARS 事件虽然已过去 20 多年，但人们依然清晰记得它所经历的几个阶段。这一过程不仅涉及自然性灾害本身，还包含了由自然性灾害为主体向受影响者和管理者为主体的自然行为转化。因此，灾害管理与应对的核心任务应当聚焦于如何有效缩短灾害的持续期，并尽快实现主体间的转换，以最大限度地减少灾害带来的损失。

（三）后果自然性

任何自然性灾害的发生必然伴随一定的后果，这些后果均为灾害所造成的影响。自然性灾害对人类社会及其创造物的影响，可以通过对灾势、灾情、灾区、灾度等方面的详细分析来界定。同时，这些影响还体现在具体的经济损失、人员伤亡以及可能引发的社会动荡等方面。

二、患的自然性具有社会性

患的社会性同样是自然灾害的本质特征，它体现在多个层面。深入探究患的自然性，我们不难发现，其背后隐含着显著的社会性。这种社会性主要集中表现为人地关系以及人与人之间的关系。正如于光远（1989）所述，自然性的患实则是自然—社会现象的交织，它既是人地关系失衡的产物，也作用于人与人之间的关系（包括经济、政治、社会等多个层面）。

郭强（1999）认为，患的自然性概念的产生是人类社会发展到一定阶段的产物；患的自然性实际上是自然界对人类社会产生影响的结果。只有当自然的变化与人类社会产生互动，我们才能进行有计划、有组织、有步骤的应对。这种反作用使人类能够逐渐认识并理解自然变化的规律，进而掌握这些规律，并努力减轻或消除这些变化带来的不利影响。如果自然的变化不作用于人类社会，那么它的规律性就难以被揭示，而仅是自然内部的一种自我调整过程。

三、患的自然性具有历史性

患的自然性并不仅是一种自然或社会现象，更是一种深远的历史现象。自古以来，自然灾害便时常发生，如今依然频繁发生，并且未来也极可能持续存在。随着社会的不断前进、科技的日新月异以及人口数量的持续增长，自然灾害的复杂性日益加剧，防御难度也随之提升。这些灾害的种类越发繁多，其影响范围逐渐扩大，而社会的脆弱性也越发凸显。这些特征共同构成了患的自然性的历史性特征。

第二节　社会性

患的社会性主要源于人为因素。这种社会性首先体现在突发的政治、军事事件上。在国际层面，这些事件可能包括武装冲突、起义、暴动、入侵、军事政变和暴力恐怖事件等，它们往往是阶级矛盾、民族矛盾、领土争端以及历史遗留问题等激化所导致的。在国家内部，类似的事件则可能表现为非法集会、游行、学潮、罢工、聚众冲击政府机关等，这些事件的原因往往复杂多样，涉及不同性质矛盾的交织。此外，患的社会性还体现在交通事故上，这些事故有时是由恶劣的天气引起的，有时则是由于人为疏忽或失误所造成的。

就社会转型期而言，患的社会性总体呈现高频次、大规模等特点。这要求我们更加重视患的社会性，加强预防和应对能力，以减少其对社会稳定和人民生活的影响。

过去，自然性灾患的社会性特征尤为突出，这主要体现在人类活动的无节制和短视上。例如，1998 年夏季长江流域发生的洪水，其背后原因之一便是长江上游森林的过度砍伐。同样，草原面积的急剧减少也与人类过度放牧、开垦以及人口增长过快等因素紧密相关。这些现象表明，人类对自然环境的忽视和短视行为，加剧了灾患的发生。

一、患已呈现高频次、大规模特征

进入 21 世纪以来，我国遭遇了一系列因防患措施不到位而引发的严重事件，特别是矿井重大安全事故，成为社会经济生活中的一大隐患。更令人担忧的是，同类性质的重大事故也屡屡上演，给人们的日常生活造成了不小的阴影。近年来，一些群体性冲突事件也是频繁发生，参与及波及的人数呈上升趋势，给社会稳定带来严峻挑战。

二、患的国际化程度加大

从国际关系和国家安全的角度来看，我国正处于多种矛盾的交汇点，这些因素使得我们在总体防范方面存在一定的脆弱性，需要更加警惕并加强国际合作，共同应对全球性挑战。

当然，本书的研究重点并不在于世界政治、经济及其错综复杂的关系，重点还是集中于对患的防范、应对与管理。患的社会性看似偶然，实属必然。从哲学的角度看，偶然性总是体现并受必然性所支配；它作为必然性的外在展现和补充，揭示了在每一个看似偶然的事件背后，必然存在着深层的、不可忽视的原因。以 2001 年 4 月 1 日美国 EP–3 电子侦察机，在我国海南岛东南 104 千米处中国专属经济区上空，撞毁中国歼 –8 军机的事件为例，这并非一次简单的偶然事故，而有着复杂且深远的国际背景。

这一事件源自“冷战”结束后中美两国在世界舞台上地位的重大转变，并与美国全球战略的调整及与中国国家利益的冲突紧密相关。在过去的几十年里，世界格局经历了巨大变革，超级大国苏联的解体和日本泡沫经济的崩溃，以及美国和中国在政治、经济上的稳定和繁荣，都成了这一时期的显著特征。

作为“全球性超级大国”的美国，在失去苏联这一主要竞争对手后，开始将目光投向日益崛起的中国。拜登政府上台后，更是将中国视为“竞争对手”和“潜在的敌人”，认为中国对美国全球主导的地位构成了重大威胁。

综合以上分析，我们不难理解，中美撞机事件并非孤立和偶然的，而是国际政治、经济和战略格局中多种因素交织作用的必然结果。

第三节　客观性

俗话说：“天有不测风云，人有旦夕祸福。”无论是自然界中的风暴、洪水、地震、雪灾、海啸等天灾，还是人类社会领域中的各种危机事件、战争、犯罪、过失或意外事故等，都是不以人的意志为转移的客观存在。人类社会的历史就是与自然灾害和意外事故作斗争的历史。从神话传说女娲补天、夸父逐日、大禹治水，到当今根治海河，加固长江、黄河堤坝以及夏季的抗洪、春季的抗旱，无不向人们昭示患险的潜在性。通过对患长期大量的观察，笔者发现，各种患总是以其独特的方式，如特定的范围、独有的损失状态、独特的发生频率、特殊的存在形式和发生方式，在独特的环境和时间里表现着它的存在。例如，干旱多发生在西北少雨地带，地震多发生在地壳断裂带，火灾多发生在春季、冬季，失业多发生在经济萧条时期，肺癌多发生在烟民中间，等等。总之，无论是过去、现在，还是将来，患的存在都是一种客观的、必然的现象，并时时刻刻对人类构成威胁。

忧患意识是一种具有深刻洞察力的批判性意识，建立在对现实世界中客观存在的各类危机的精准把握之上。这些危机往往以确凿的事实为依据。在揭示危机本质的同时，忧患意识不仅是对当前状况的简单再现，更是对现实进行深刻的反思与批判。它关注危机的起源、外在表现及其内在特征，更对危机所带来的苦难持有强烈的批判态度。这种批判性意识鲜明地体现了人类对于非理想性处境的不满、忧虑与警惕，从而促使人们重新审视人与世界的全面关系，深刻反思其中的问题。

从某种意义上说，对现状的否定正是对理想追求的体现，对现实的忧虑则是对未来的坚定承诺。因此，忧患意识同时也蕴含一种建设性意识。在批判现实的基础上，它积极寻求超越危机的可能，并憧憬一个更加美好的未来。这种意识不仅为人们提供了改变现状、克服危机的有效方案，还揭示了符合人类理想的未来目标与发展方向，指明了通往未来的正确路径和可靠方法。

建设性的忧患意识充分展现了人类永不满足、勇于创新的天性，体现了人类不屈不挠、敢于面对和克服危机的决心与勇气。它揭示了人类以未来理想为指引，不断改进现状、克服危机的内在力量。这种既批判现实又建设未来的忧患意识，对危机采取了一种辩证的态度，既看到了危机对人类生活的负面影响，也肯定了其被超越、被未来所纠正的合理性。

最终，忧患意识虽然源于对现实危机的客观反映，但其核心在于人的主体性意识。这种意识源于对人与世界关系的深入反思，实则是对人类自身存在与未来命运的深切关怀。这样的忧患意识的形成包含了人类自我反省、自我批判和自我忧思，标志着人类理智的成熟、冷静与镇静[①]。

忧患意识是真理性与价值性的统一。马克思主义以其深刻的洞察力揭示了客观世界和主观世界的一般规律，这体现了其真理性的核心。而忧患意识的真理性，即其客观性，具有双重含义：一方面，它要求我们从事物的本质属性和发展规律出发，遵循其内在逻辑，否则忧患将失去其存在的基石；另一方面，它亦强调以人的内在需求、愿望和要求为指引，否则忧患将失去其深刻的意义。正是基于对国家和民族命运的深切关怀，中国共产党人不断追求真理，并在这一过程中形成了强烈的忧患意识。在 21 世纪，我们仍应秉持

① 郝永平：《创新：由危机走向进步的动力》，中共中央党校出版社，2007。

这种关怀，继续追求和坚持真理，因为忧患意识正是马克思主义真理性的生动体现。

同时，忧患意识作为一种“先在性的观念”，具有强烈的主体色彩，它基于对现实的深刻批判，追求更高的价值目标。这种价值追求是一个持续发展的历史过程，源于对客观现实的深刻把握，是主体对现实与理想之间差距的自觉反映。在探寻真理的过程中，我们追求价值的实现，这种实现既是个体价值的体现，也是社会价值的达成。马克思主义致力于实现人类的解放，这本身就是一种对客观价值的追求。正是出于对人类命运和前途的深切关注，我们产生了忧患意识，并为之不懈奋斗。

真理性与价值性的统一，实际上是求真与求善的和谐统一。在追求真理与善的过程中，忧患意识展现了真理与价值、求真与求善的高度统一。求真是求善的基础，只有基于对真理的认识，我们才能找到正确的价值追求；而求善则是求真的目标，我们追求真理的终极目的是实现更高的价值。坚持真理与为人民谋幸福之间存在着内在的、本质的一致性。忧患意识不是消极被动的，而是一种积极主动的心态，它促使我们更加自觉地认识客观规律，掌握事物的变化，从而在成就人生事业的同时，实现人的理想和价值。因此，忧患意识应当成为真理与价值、求真与求善相统一的典范。

中华历史深厚而悠久，自古以来，忧患与防患的意识就如同参天大树般深深扎根在华夏大地，历经风霜，越发茁壮。早在先秦时期，各种关于忧患与防患的论述便如雨后春笋般涌现，百家争鸣，学派纷呈。这些思想者以国家的兴衰存亡为念，以人民的福祉安宁为乐。在太平盛世，他们居安思危，始终不忘国家可能面临的危机；而在国家危难之际，他们更是百折不挠，奋发向前，为中华民族的伟大复兴和人民的幸福不懈奋斗。

这种忧患与防患的意识，绝非消极的或杞人忧天，而是一种积极的、自觉的防范意识。它基于对客观世界的深刻理解和认识，是对社会未来发展趋势的科学预测和判断，是智慧的结晶和理性的体现。它深刻体现了中华儿女对祖国、对人民的深厚责任感和使命感，展现了中华民族不屈不挠、自强不息的民族精神和爱国情怀。

这种励精图治、强国富民的忧患与防患意识，是中华民族传统文化的瑰宝，更是国家意识、国防意识和社会意识的集中体现。它是我们华夏民族奋发向前、锐意进取的不竭动力，对于推动我国经济社会的全面、高质量、可持续发展起着至关重要的作用。在新时代，我们应继续弘扬这一精神，为实现中华民族的伟大复兴而不懈努力。

第四节　主体性

患的主体性，在于患都是围绕主体——人，即我们人类自身来定义的。这些患与我们的生存发展紧密相连，深深地植根于我们的实践活动之中，无论是成功还是失败，都与之息息相关。更重要的是，患的感知和界定因人而异。因为每个主体的实践目的、所采取的实践手段、实践水平以及承受能力各不相同，他们所面临的患也就各不相同。即使面对同一情境，对一个人来说是忧患，对另一个人而言可能并不构成忧患。

忧患意识正是在我们追溯历史、深入考察现实并预测未来的过程中逐渐形成的。它的核心关注点在于人类的发展、国家的兴衰、人民的命运以及每个个体的前途。因此，从人类整体、社会群体到每一个独立的个体，他们所感受到的忧患共同构成了忧患意识的主体结构，它体现了我们对未来的关切和对现状的深刻反思。

一、人类忧患意识

自古以来，忧患与人类生存发展共存，始终伴随着人类成长的每一个阶段，促使着我们不断前行。正是在这不断的危机和挑战中，人类才能寻找到更好的生存之道和发展机遇。对人类自身的忧患，无疑是忧患意识中最基础、最核心的部分。

人类忧患意识广泛涉及政治、经济、文化、社会等多个领域，以及人类与自然之间的和谐共生。在当今这个快速发展的时代，人类实践活动的深度和广度前所未有，但随之而来的是一系列前所未有的挑战和问题。经济领域的金融危机、社会领域的全球化挑战、生态领域的环境恶化等，都对我们提出了严峻的考验。

特别是在生态领域，过度开发导致的环境问题日益严重，全球性的生态危机已不容忽视。水土流失、江河淤塞、洪涝与旱灾频发、土地沙漠化等现象普遍存在，工业污染和生物多样性的丧失更是触目惊心。这些问题不仅威胁着人类的生存，也阻碍着人类社会的可持续发展。

因此，人们必须加强忧患、防患意识。我们不仅要关注人伦关系，还要深入思考人与自然的关系，预见和警觉可能出现的危机。这种忧患意识体现了人类的智慧、追求正义以及实现目标的决心和方法，是推动人类社会进步的重要力量。

忧患、防患意识之所以可贵，是因为它包含人类的智慧、对正义的追求以及实现目标的方法和手段，以实现人类社会的发展和进步为导向。人类社会的一切发明创造、先进思想和理论的产生，都是具有忧患意识的结果。老子出于对时代的忧患，写下了《道德经》，虽然只有短短五千字，但其中包含的辩证唯物的深刻道理，对中国文化乃至世界文化的发展进步都有着深远的影响。林肯总统忧患美国的未来，在总统任上利用《联邦宪法》和总统职权，发布了《解放黑人奴隶宣言》。孟德斯鸠的忧患产生三权分立的思想，马克思、恩格斯忧患无产者和无产阶级的命运，创立马克思主义学说。人类社会具有忧患意识的人越多，社会发展进步越有希望，人类的未来才会更光明。

二、群体忧患意识

群体忧患是忧患意识的另一重要组成部分。群体忧患包括对国家、民族、政党以及人民等多方面的忧患。因本文第三部分将涉及对民族和执政者忧患意识的分析，因此，此处重点对群体忧患意识中的“忧国”和“忧民”进行阐释。“位卑未敢忘忧国，事定犹须待阖棺”，这是对国家前途命运的忧患，是忧患意识的核心。在我国古代，忧国往往与忧君联系在一起，从其内容看，人们所忧患的主要是统治阶级的统治地位，当外患内忧日趋严重时，他们首先担心的是如何稳定王朝的根基，“人居一世间，忽若风吹尘。愿得展功勤，输力于明君”。后来，人们注意把君主与国家区别开，民族意识逐步占据主要地位。中华民族，特别是近代遇到前所未有的危机以来，忧患意识成了民族振兴的催化剂，忧国意识转化为对国家经济落后、政治腐败、文化失序的担心，体现为人们对民族的兴衰荣辱、国家的安危祸福的关注和忧虑。真正的忧国意识必定会转化为社会责任，转化为救国救民、改变贫穷落后面貌、加速社会建设的具体行动。中华民族的气节常常使一些仁人志士舍生取义、奋不顾身而殉国家之急，“只解沙场为国死，何须马革裹尸还！”每当国家面临强敌入侵或内乱频仍之时，每一位具备远见卓识的志士仁人，都坚定地将国家利益置于至高无上的地位，他们忧国忧民，拯救国家于危难之中，力挽狂澜，矢志不渝地捍卫国家的主权、安全和尊严。忧国之危亡，盼国之安泰；忧国之分裂，盼国之统一；忧国之贫弱，盼国之富强；忧国之腐败，盼国之清明。忧国意识的思想基础是爱国主义。中国地大物博、文化悠久，长期的历史积淀使人们对国家有着极高的认同、归属感，这就是爱国主义。但是，中华民族也有内忧外患的时候，因为爱国，所以忧国，这成了忧国意识最深厚的基石。

“长太息以掩涕兮，哀民生之多艰”，是对人民生活的忧患。忧患意识最终是对国民的关怀。国家是由民众构成的，因此，对国家的忧患与关切，最终必然凝聚为对每一位国民福祉的深深忧虑与关怀。忧国必忧民，儒家思想历来主张“民惟邦本，本固邦宁”。“得民心者得天下”是一条规律，就这一规律而言，忧患意识也就是忧民意识。忧民思想也就成了忧国思想、民本思想的必然延伸。真正的忧民就是要关心老百姓的生活。“安得广厦千万间，大庇天下寒士俱欢颜”。想让人民过上幸福的生活就要保持社会的稳定、政治的清明，在稳定的基础上发展经济、文化。真正的忧民还是对人民社会地位的忧患。孟子认为老百姓是国家的根本，提出了“民为贵，社稷次之，君为轻”这一历史命题。荀子则运用比喻，形象地说明君主与百姓之间的利害关系：“君者，舟也；庶人者，水也。水则载舟，水则覆舟”，劝告君主居安思危。范仲淹在《岳阳楼记》中把它化为了“先天下之忧而忧，后天下之乐而乐”的精神境界。更多地重视人民群众的意志和愿望，更多地考虑人民的利益，是忧民意识的重要方面。如果说“穷则独善其身，达则兼济天下”的人生理想是中国传统知识分子都能达到的人生价值，那么，在人民当家做主的今天，“权为民所用、情为民所系、利为民所谋”的思想就更应该成为每一个中国人的思维方式。具体到今天，忧民所要考虑和解决的主要问题，就是要处理好改革、发展、稳定的关系，大力发展生产力，消除两极分化，最终实现共同富裕，使人民群众的生活水平有大的提高与改善。

三、个体忧患意识

个体忧患意识的实质，就是“忧己”，所谓“修身、齐家、治国、平天下”，对自身的忧患，是忧患意识的基本构成。传统的忧患意识中，作品中随处可见对个人命运的深深忧虑和发愤抒怀的情感。这种个体的忧患意识，往往源自对社会责任的深刻体悟。民族忧患意识并非空洞无物的“无病呻吟”，更不是杞人忧天式的无谓担忧，它体现在个体行为之中，是对国家、民族命运的深切关怀，而非患得患失的苦恼消沉。积极的个体忧患意识不是畏首畏尾地裹足不前，它主要是个人不能实现社会使命的苦闷，是对怀才不遇的担忧。这种社会责任感深深植根于高度的历史自觉之中，它代表着一种勇于担当、敢于承受世间忧患的壮烈情怀，体现着一种很高的人文价值理想和精神境界。个体忧患意识往往体现为个体对时间的自觉，对时间流逝的感叹。屈原首次明确地赋予了时间以生命的价值，“日月忽其不淹兮，春与秋其代序。惟草木之零落兮，恐美人之迟暮”。人生短暂，岁月无情，它很容易唤起有志之士时不我待的忧患意识，“逝者如斯夫！不舍昼夜”“对酒当歌，人生几何？譬如朝露，去日苦多。慨当以慷，忧思难忘”。与时间流逝相伴的是对现世的功业、身后的名声的焦虑，“老冉冉其将至兮，恐修名之不立”。个体忧患意识，其实不仅是对既得利益的患得患失，对于社会责任感极强的中国知识分子来说，它也是一种道德的自我加压。提倡要有忧己意识，但忧患的内容，也反映了人们思想、道德、情操、胸襟、气度的区别。“忧己意识”在这里还表现为一种前瞻意识、自律意识，是为抗御邪恶构筑堤坝，它使人警觉、防范。“客有遗相鱼者，相不受。客曰：‘闻君嗜鱼，遗君鱼，何故不受也？’相曰：‘以嗜鱼，故不受也。今为相，能自给鱼；今受鱼而免，谁复给我鱼者？吾故不受也。”这里，“忧己意识”使鲁相公自律自爱，在人情义气面前不失原则。增强忧患意识并非仅局限于执政者和政治家，它同样是我们每一个普通人所应承担的责任。人生之路从来都不是一马平川、顺风顺水的，我们总会在途中遭遇各种挑战和困境。一个缺乏忧患意识的人，无异于丧失了生活的方向和目标，往往缺乏对自己和社会的责任感与使命感。个体的忧患意识，体现了一种深刻洞察人生、肩负历史重任的生存智慧和崇高担当精神，在中国文化中的地位很高，是一种独特而珍贵的人文精神。

第五节　普遍性

自从人类诞生在地球上，就面临各种挑战和患害，包括自然灾害、疾病肆虐、战争冲突等。为了生存和发展，人类不得不与这些患害进行顽强的斗争。在这些斗争中，一方面，我们成功地控制和抑制了某些患害，但同时，新的挑战和患害也不断涌现；另一方面，与患害的斗争促进了科学技术的飞跃、生产力的提升以及社会的进步。因此可以说，人类的发展史就是一部与患害斗争的史诗，人类社会的文明是在与患害的斗争中得以孕育和发展的，人类社会也是在不断克服患害的过程中向前迈进的。

随着科学技术的发展和社会的进步，患害并没有减少，反而有增多的趋势，造成的事故和损失也日益增多。在当下的社会环境中，无论是企事业单位还是个人，都面临多种多样的患害。企业需应对自然灾害、市场风险、技术瓶颈和破产风险，政府机关也要面对自然灾害、决策失误，甚至在某些情况下，也面临财政破产的风险，而个人则可能遭遇疾病、失业、意外事故等患害。

经济领域有投资风险、金融风险、经营风险、信息网络风险、股市投机风险等，政治领域有国家之患、政权之患、政策之患、权力之患、腐败之患等。在日常生活中，在人生的道路上，在我们的每一个选择中也可能存在各种各样的患。总之，患是无处不在、无时不有的，它蕴藏在人的每一次实践活动之中。

第六节 潜质性

防患科学是潜质性理念。患及其所引起的损失往往以潜质性的形式呈现在人们面前，即何时、何地遇到患情，发生哪种患灾、损失程度如何，完全是杂乱无章的组合和不确定的结果。例如，唐山大地震，每年各地的旱、涝灾害，20 世纪 90 年代以来频繁发生的“厄尔尼诺”现象等，完全是潜质性的偶然事件。尤其是对某个具体区域、某个具体单位和个人发生某些具体的患险事件而言，都不是事先安排好的必然现象。所以说，就人类的总体或一国区域，以及某个单位、个人而言，患险的存在是客观的、必然的；但就个体或较小区域某人的某一时段或节点而言，患的发生却是偶然的现象。

患的潜质性又表现为一种随机性。这种随机性使人们在决策时不可能不冒任何患险；同时，也正是由于这种随机性，为人的主观能动性的发挥留下了空间。人在实践中充分发挥主观能动性，可以降低患发生的概率，“知风化患”、化险为夷。

患的存在对主体实践活动构成了潜在的威胁，带有一定的危害性。一旦患险实际发生，会给主体带来不同程度的损失，甚至导致活动的失败。然而，面对这些患险，主体若选择挑战并战胜它们，也必然需要付出相应的代价。患的这种危害性是患的特质，是患所以为患的内在根据。人类之所以忧患、防患、治患、排患，就是因为患对人类具有一定的潜质性危害。

各种患害给人类社会带来的危害是多种多样的，从财物的损失、人员的伤亡到环境的破坏，乃至可能引发的社会骚乱和政治动荡。这些患害造成的危害，从广义上可以分为经济、社会、政治三个层面的影响。为了更准确地评估这些危害，我们将其进行量化，即计算患灾的损失。

在国内外的事故损失评估中，一个共同的做法是将损失分为直接损失和间接损失。进一步细分，这些损失又包括直接经济损失、直接非经济损失、间接经济损失和间接非经济损失。相应地，患灾的损失也可以按照这一逻辑进行分类。

经济损失是指那些可以用货币来衡量的损失，它既包括直接的损失，如财物损失、修复费用等，也包括间接的损失，如生产中断导致的收入减少等。这些经济损失的量化对于评估患害对经济系统的影响至关重要。

非经济损失则是指那些无法用货币直接衡量的损失，如环境质量的下降、社会信任的降低等。这些损失实际上代表了患害对社会秩序和政治稳定的冲击。虽然非经济损失难以量化，但它们在评估患害的整体影响时同样不可忽视。

从更宏观的角度来看，患害造成的损失可以划分为经济损失、社会损失和政治损失。其中，经济损失是最直接、最容易被量化的表现形式，它通常包括经济价值的减少、费用支出的增加以及经济收入的减少等。财物的毁灭、环境的破坏以及人员的伤亡都会导致经济损失，因为这些都涉及经济价值的损失和修复成本的增加。

综上所述，患害给人类社会带来的危害是复杂而多样的，我们需要通过量化损失来更准确地评估其影响，并采取相应的措施来减轻和应对这些危害。

一、患的等级区分

在评估患害造成的经济损失时，无论是直接经济损失还是间接经济损失，其核心均可归结为人员伤亡和财产损失的总和。为了更精准地衡量这一影响，我们可以借鉴国内学者在评估自然灾害破坏程度时采用的等级评价法。

有学者根据患害导致的直接经济损失和人员伤亡情况，将患害（或灾度）划分为五个等级：巨患、大患、中患、小患、微患。具体来说，徐好民（1998）将患害发生后短时间内造成的总财产损失（涵盖直接和间接损失）划分为A、B、C、D、E五级，同时根据患害造成的人员伤亡数也划分为1、2、3、4、5五级。

通过结合财产损失和人员伤亡的等级，我们可以更全面地评估患害的危害程度。具体而言，当财产损失达到A级或B级，同时人员伤亡达到1级或2级时，该患害事件被视为重度危害；若财产损失为C级且人员伤亡为3级，则属于中度危害；当财产损失为D级或E级，人员伤亡为4级或5级时，该患害事件则被视为轻度危害。

这种患害等级的划分方法为我们提供了一个更为细致和量化的评估框架，有助于我们更准确地理解和应对患害带来的挑战。

基于上述描述，本书将这些患灾划分为以下四个类别：巨患、危重患、多发患和常见患[①]。

巨患：通常指具有全球或跨国界影响的大规模患灾，如局部战争（如阿富汗战争、伊拉克战争），以及跨国界或全国性的信息网络安全威胁、金融危机、新冠疫情等。

危重患：这类患灾通常涉及一个国家内多个省份或地区，并可能包含多种不同类型的灾害。例如，2008年我国东南地区的冰雪灾害、1998年的全国性洪灾等。同时，也包括那些灾害范围相对较小但影响极其严重的患灾，如“5·12”汶川地震。

多发患：这些患灾通常跨越不同地区，包括频繁发生的风灾、水涝灾害、矿难以及环境污染等。此外，还包括一些人为因素引发的群体性冲突或斗殴事件。

常见患：某些时常发生的灾患。如交通事故，少数人因利益矛盾引发的

---

① 戴凤秀：《防患论》，社会科学文献出版社，2013。

打、砸、抢行为，各种天灾造成的危机患害等。

通过这些分类，我们可以更清晰地了解各种患灾的性质、影响范围及应对策略。

国内有的学者不同意上述划分方法。虽然以损失和人员伤亡数为指标给人的印象更具体，但单纯以绝对数值划分等级，势必带来一些不足。就我国而言，如财产损失 1000 万元，对于富裕地市，在社会秩序和经济状况上影响不大，而对于那些贫穷的地方，则可能导致严重的后果。另外，还要考虑物价涨落、货币的实际价值等情况。因此，应根据灾害带来的人民生命财产损失划分患灾害等级（见表 4–1）。

表 4–1 患灾害等级表 单位：%

等级	国家级 损失占国内 GDP 比重及重伤和死亡百分率	省级 损失占国内 GDP 比重及重伤和死亡百分率	县级 损失占国内 GDP 比重及重伤和死亡百分率
巨患	$>2\times10^{-3}$	$>1\times10^{-2}$	>0.2
	$>8\times10^{-4}$	$>5\times10^{-3}$	>1
危重患	10^{-4} ~ 10^{-3}	5×10^{-3} ~ 5×10^{-2}	0.1 ~ 0.2
	$\geqslant 3\times10^{-4}$	5×10^{-4}	$>5\times10^{-3}$
多发患	10^{-5} ~ 10^{-4}	5×10^{-5} ~ 5×10^{-3}	0.05 ~ 0.1
	$>1\times10^{-4}$	$>1\times10^{-4}$	$>1\times10^{-3}$
常见患	$<10^{-5}$	$<5\times10^{-4}$	<0.05
	$<1\times10^{-5}$	$<1\times10^{-5}$	$<1\times10^{-3}$

资料来源：作者根据公开资料整理。

根据评估的两个关键指标，当任一指标的数值达到或超过相应的标准时，即可确定患灾事件的等级。这两个指标的确定过程如下。

损失占国内生产总值百分比是通过将一次患灾害事件在短时间内造成的直接损失除以当地上年度的 GDP 来计算的。其他类型的损失也采用类似的计算方法。

重伤和死亡率则是通过统计一次患灾害事件造成的人员重伤和死亡数，再除以当地人口总数得出的。

根据表 4–1 中划分标准，当损失占国内 GDP 比值及重伤和死亡率达到“巨患”或“危重患”的阈值时，该患灾害事件被视为重度危害；若达到“多发患”的阈值，则为中度危害；而符合“常见患”标准的，则归类为轻度危害。

在现实生活中，我们还需要认识到，有些患灾害事件虽然并未造成直接的人员伤亡和财产损失，却可能给社会和国家带来极其恶劣的影响。这些影响可能有严重的政治后果，损害国家和政府的形象，或者伤害民族感情，给人民造成心理创伤，甚至可能引发社会和民众的恐慌。

在评估“患”的危害程度时，除了考虑直接的人员伤害和财产损失，还有必要增加一个维度，即“患”所带来的恶劣影响，包括对民族感情和民众心理的伤害。这种危害由于其特殊性，难以像人员伤亡和财产损失那样直接量化，需要根据具体情况进行细致的分析和评估。

二、患的可预测性

可预测的患是指那些可预料到有可能发生的事件。这类事件在发生前通常会有明显的征兆。预测的目的在于减少社会发展中由偶然因素造成的不确定性，通过分析这些征兆，我们能够从偶然中找出规律，从而指导社会实践中的决策，实现“趋利避害”，并最大化发挥人的主观能动性。人类并非机械或被动的存在，我们能够运用智慧和才能，使社会朝着对我们有利的方向发展。这都依赖科学的预测，以避免盲目行动。

政治和法律因素所带来的患通常是可预测的，因为这些变化并非突然发生，而是有迹可循的。通过密切关注政治和法律信息，结合历史与现实、定量与定性的分析方法，揭示其中的规律，我们可以预测社会发展过程中可能出现的患灾。

政治和法律因素在不同国家间存在显著差异，它们对各国社会组织运作有着重大影响。任何违反国家政治和法律要求的行为，都可能使社会组织面临生存危机。此外，对政治和法律因素变化的反应迟钝，也可能导致新的患灾。

地震作为一种自然灾害，在一定程度上也被认为是可预测的。地震是地球运动的表现，是地球释放能量的结果。预测地震的关键在于理解和把握地壳的运动状态。虽然目前许多国家采用的经验性预测方法成功率不高，但结合现代构造运动和现代地质运动的分析，有望提高地震预测的准确性和可靠性。

对于地震等自然灾害的预测，我们必须承认其固有的相对性和不确定性。预测本质上就有主观性和一定的误差空间，因为它无法完全消除所有变量和未知因素。将地震预测与天文学家计算日月运行的精确度相提并论是不切实际的，因为两者受制于不同的因素。

此外，地震学家在预测时也会受到多种因素的影响，包括他们掌握的资料广度、基础知识和思维方法的差异。这些差异可能导致即使面对相同的资料，不同的地震学家也会作出不同的判断。

鉴于灾害因素的复杂性和不确定性，一个管理者或决策者对于某次灾害能有准确判断，并不意味着他能对所有未来的灾害作出同样精准的判断。正如医生不能保证每次问诊都能治愈所有病患一样。

在处理可预测的灾害时，我们应当遵循防患于未然的原则，提前制定防范措施，以降低灾害发生的可能性。而当紧急灾害突然发生时，保持冷静至关重要，同时需要根据不同灾害的特性，灵活采取相应的应对措施。

三、患的不可预测性

不可预测的灾害是指如泥石流、山体滑坡、山洪暴发、火山爆发等灾害性事件以及恐怖袭击事件等，事前很难预测。当然，所谓可预测和不可预测只是相对的，需要具体情况具体分析。

对于诸如泥石流、山体滑坡、山洪暴发、火山爆发等灾害性的患，应在第一时间拨打 120 联系当地医疗机构救治伤者。对于突发性传染病，也应当立即联系当地的医疗机构进行救治。对于恐怖袭击事件，应在第一时间拨打

110联系当地公安机关，并立即启动紧急应急小组和紧急灾害预案，按事前制定的有关疏散、撤离方案，组织和协调现场人员撤离危险区域。

在处理诸如恐怖袭击、绑架等不可预测事件时，首要原则是以人为本。这意味着在应对这些紧急情况时，首要任务是抢救生命并确保人的基本生存条件。同时，我们还应尽一切可能保护应急处置人员。在确保人员安全的基础上，我们也应努力保障国家和社会公众的财产安全。

由人为因素引起的患灾相较于不可预测事件，通常具有一定的可预测性。既然这些患灾是由人为因素引起且可预测，那么在一定程度上，它们也是可预防和可控制的。例如，在春运期间，正值客运高峰，通过加强对交通安全隐患的检查，并严格遵守客运规章制度，我们可以最大限度地预防重大恶性交通事故的发生。美国自"9·11"事件后，加强了本土防患，虽然恐怖分子多次扬言要再次发动类似的袭击，但始终未得逞。

四、患灾的不可防不可控性

那些难以预防和控制的患灾，往往是由自然界的力量所引发，如泥石流、山体滑坡、火山爆发等。这类灾害在发生之前征兆较少，即使有也极为隐蔽或微小，难以被及时察觉。它们一旦发生，往往异常突然，持续时间往往极短，使得人类几乎没有足够的时间和机会去预测或控制它们。

这类灾害的破坏力较大，往往会给人类带来较大的人员伤亡、财产损失，甚至可能导致整个地区或城市的毁灭。历史上这样的例子不胜枚举。公元79年的意大利维苏威火山爆发，整个城市瞬间化为灰烬。在如此巨大的自然力量面前，人类显得渺小而无助。

在处理这些不可防、不可控的患灾时，我们依然要坚持以人为本的原则，努力使人与自然达到和谐统一。抗洪抢险口号从"人定胜天，严防死守"到"依法防洪，科学防洪"，代表的是人们思维方式的转变。现在的科学抗洪和人本主义指导思想，都强调以人的生命安全为首要考虑，将保障人的生命安全视为最大价值。

第七节 动态性

斯蒂文·芬克（1986）提出了一个富有洞察力的危机阶段分析理论，该理论将危机划分为四个阶段：首先是危机潜伏期，这一阶段危机尚未显现，但已潜伏其中；接着是危机突发期，这一阶段危机突然爆发，形势急剧变化；随后是危机蔓延期，危机的影响持续扩大，可能引发连锁反应；最后是危机解决期，通过一系列应对措施，危机得以缓解并最终解决。

斯蒂文·芬克的理论的特别之处在于，它描绘了危机循环往复、动态变化的完整过程。他以煮水为例，生动地阐述了危机的演变过程：从水温逐渐升高的“危机潜伏期”，到水沸腾的“危机突发期”，再到决策是及时移走火源避免危险，还是任由其经历“危机蔓延期”后自然冷却。

尽管斯蒂文·芬克的理论在某些细节上可能不够详尽，且其线性发展的假设略显简化，但它为危机的完整考察过程提供了宝贵的框架，即从危机的起源、突发、发展到解决。对于防患减灾科学而言，这一理论具有重要的参考价值。

通常而言，一个完整的患灾动态过程可以进一步细分为五个阶段：潜伏期，此时灾害迹象尚不明显；暴发期，灾害突然发生，形势严峻；高潮期，灾害影响达到顶峰；缓解期，经过应对措施，灾害影响开始减弱；消退期，灾害影响逐渐消退，最终恢复正常。这些阶段为灾害管理提供了重要的时间节点。

一、患灾的潜伏期

这一阶段是患灾的初始阶段，也被称为潜伏期。在这个阶段中，社会系统或社会组织内部会经历长时间的矛盾积累，这些矛盾在量上不断积聚，但尚未达到引发明显质变的程度。换句话说，虽然质变已经开始，但其表现尚不明显，以至于人们难以察觉到这一变化。

以烟蒂导致的火灾为例，这个阶段相当于烟蒂被丢弃后，尚未达到足以引燃周围可燃物的温度，但火灾的隐患已经悄然形成。一旦条件成熟，如可燃物干燥、通风不良等，火灾就可能随时发生。因此，在这一阶段中，及时发现并消除潜在的隐患，对于防止患灾的发生至关重要。或者烟蒂已经引燃另外的可燃物，但火焰和烟雾很小，不容易被人们所觉察。这个阶段就是火灾之患的潜伏阶段。

“突发”并非毫无预兆，它往往在出现之初就伴随着各种征兆。这些征兆可能尚未造成明显损害，因此容易被人们忽视。正如古人所言：“月晕而风，础润而雨”，这是通过观察自然现象得出的经验总结。

动物在自然灾害即将来临之前，往往表现出不寻常的反应。例如，地震前夕，一些动物会出现集体逃亡的行为，狗会无故吠叫，鱼儿也会在水面上乱跳；此外，地下水可能会突然变得浑浊，水位异常波动，或者地面出现突然塌方，等。

在患灾的潜伏阶段，人们普遍缺乏警惕性。这既有主观原因，如侥幸心理和对征兆的忽视，也有客观原因，如对灾害征兆的认知不足和预警系统的不完备。因此，提高公众的防患减灾意识，加强灾害预警和应急管理体系建设，是减少患灾损失的关键。

首先，事物的发展变化是自然界的固有规律，人们对此已习以为常，因此，除非变化异常显著，否则人们很难对之产生警觉。

其次，人们对于逐渐发生的变化具有较强的适应性。只要这种变化是渐进的，人们往往会逐渐适应，而忽略其累积的显著影响。有一个形象的比喻是“温水煮青蛙”，描述的就是青蛙在逐渐升温的水中慢慢适应，最终未能及时逃脱。

当今世界纷繁复杂，人们往往难以判断一种变化是患灾的前兆还是事物的正常表现。这就像股市的波动，人们难以判断指数的下跌是正常的市场调整还是预示着一场大熊市的来临。

因此，在患灾的潜伏期，我们必须对出现的各种征兆保持清醒的头脑和高度的警惕性，并采取相应的行动。这样，我们才有可能阻止某些患灾的发生，或者对于无法阻止的患灾，我们也能最大限度地减轻其造成的损失。

二、患灾的暴发期

患灾的暴发期是整个过程中时间最短却最为关键的阶段。在此阶段，事件呈现急速变化和极其严峻的态势。这一阶段有四个显著特点：首先，事态的严重性逐渐升级，从鲜为人知到迅速引起公众的广泛关注；其次，媒体对事件的报道频次和深度不断增加；再次，干扰社会的正常秩序和人们的日常生活；最后，事态往往对特定社会组织或团队的声誉和形象造成负面影响。

暴发期是患灾带来的各种影响和损失开始显现的节点，也是社会和个体开始直接承受灾害所带来的损害的阶段。尽管这个阶段在时间上可能相对短暂，但其对社会和个体的冲击与危害是最为严重和深远的，足以引起社会的广泛关注。

三、患灾的高潮期

患灾的高潮期，是指从人们开始明显感知到灾害造成人员伤亡、物资损失等严重后果，到灾害的破坏力逐渐减弱，不再造成显著新增损失的阶段。当患灾暴发后，其影响往往令人措手不及，给组织和个人带来持续的、不断累积的损害。这种损害随着灾害的持续而不断加深，直到某个时刻，损害程度达到顶点，此时，患灾便进入了高潮期。

在患灾的高潮期，灾害所具备的六大特性会表现得尤为显著。这些特性有灾害的严重性、广泛性、持续性、不可预测性、破坏性和影响深远性。它们共同构成了患灾高潮期的独特性，使得这一阶段成为灾害应对和管理的关键时期。

四、患灾的缓解期

患灾的缓解期标志着灾害造成的损失在达到峰值后逐渐进入稳定并趋于减少的时期。此阶段的特点是损失不再显著累积，而是开始逐渐得到控制并逐渐减小。患灾的缓解阶段持续时间各异，其中，有形的物质损失通常较为容易得到修复，且恢复速度相对较快；然而，对于那些无形的损害，如组织的信誉、形象、品牌价值等无形资产受到的冲击，以及对个人声誉的损害、心理创伤，甚至是对一个国家或地区的吸引力和发展潜力的削弱，其恢复过程往往漫长而复杂。在缓解期，尽管患灾得到初步控制，但并不意味着问题已得到根本解决，仍需持续关注以实现全面恢复。

五、患灾的消退期

在这一阶段，患灾的影响得到了全面控制，正如斯蒂文·芬克曾举的例子那样，煮漏的锅被及时修复，或是被安全地从火上移开。进入消退期后，人们开始着手恢复正常的生产生活秩序，重建受损的家园，并加强对各种预防灾害知识的普及和宣传，以增强未来的抵御能力。

第八节　区域性

一、患灾的地方性

地方性患灾指的是仅局限于某一地区范围内的灾害事件，其影响范围相对较小。例如，SARS 初期仅在广东部分地区出现，因此当时的 SARS 事件被归类为地方性患灾。另外，2019 年越南湄公河因罗氏虾入侵导致的生态破坏，水质下降，给当地居民生活带来巨大困扰，这也是地方性患灾的实例。

对于这类灾害，通常由当地国家应急管理指挥系统和地方政府应急处理机构负责应对，无须外部援助。然而，一旦地方性患灾发生，地方政府有责任和义务及时向上级政府报告，以便在灾害进一步扩大、蔓延或恶化时，获得及时有效的援助。

在美国，对于日常发生的非大规模灾害性事件，通常是由当地政府主导处理。同时，救援工作也常由官方、民间组织和志愿者等共同参与。由于灾害范围较小，各方参与者之间的合作与资源分配通常较为顺畅和高效。这种灾害应对模式在全球范围内也被广泛采用。

二、患灾的区域性或国家性

国家性患灾的特征是损失较大，且其影响范围广泛，通常涉及一个国家或大片地区。在面对区域性患灾时，中央政府的角色至关重要，需要其出面调度和协调资源以进行救援处理。然而，这一过程并非仅靠中央政府就能完成，还需要各省（州）或其他地方政府积极协调配合，共同应对灾害带来的挑战。此外，民众自发的援助同样不可或缺，能够为救援工作提供有力的支持和补充。

三、患灾的世界性

世界性的患灾具有较大的影响，其波及范围涵盖两个或两个以上的国家。历史上，这类灾害事件屡见不鲜。例如，2021 年美国空袭叙利亚事件，还有 1937 年的卢沟桥事变，1941 年的珍珠港事件，1962 年的古巴导弹危机，以及 1990 年伊拉克入侵科威特事件，都展示了区域性冲突如何迅速演变为世界性危机的过程。

此外，1999 年 5 月 8 日，以美国为首的北约轰炸我国驻南联盟大使馆事件，这一事件虽然发生在特定地区，但其引发的国际反响和后续影响是全球性的。

当然，关于地方性、国家性和世界性的患灾的划分并非绝对。有些灾害虽然起源于某个地区或国家，但其对世界的影响是巨大的。比如美国的“9・11”事件，虽然只发生在美国本土，但其对全球安全、经济和政治的影响是深远而广泛的。在当前经济全球化的时代，任何一个主要经济体的波动都可能引发全球范围内的连锁反应，如美国经济困境可能对全球金融市场造成动荡。

第九节　层次性

忧患意识是源于人类的各种需要而产生的，这些需要构成了一个复杂而多层次的系统。因此，忧患意识在心灵世界中也展现为一个多层次的结构，每个层次都与需要系统中的特定层次紧密对应。

从宏观与微观的角度看，需要可分为社会需要和个人需要两大类。进一步细化，这两类需要都可以从低到高划分为六个层次。对于个人需要，从基本的环境、生理需求，到安全、社交、智能需求，再到理想追求需要，每个层次都反映了人类生存与发展的不同阶段。而社会需要，则包括生存空间的自然环境、群体生存的经济需要、生存安全的军事或国家需要、国际交流、发展科学文化的精神需要和追求未来美好制度的理想需要等方面，它们同样遵循从低级到高级的层次结构。

人类既是独立的个体，也是社会关系的总和。因此，个人的忧患意识在内容上既包含对个人需要的担忧，也包含对社会需要的担忧。这种忧患意识系统由低到高依次排列，从对生存空间、生理需求的担忧，到对安全、社交、智能和理想追求的担忧，每个层次都同时涉及个人和社会的双重维度。

在忧患意识系统中，对个人的忧患与对社会的忧患既相互区别又相互联系。个人的忧患是社会忧患的基础和出发点，而社会的忧患则是对个人忧患的概括。两者既相对立又相统一，共同构成了一个复杂的系统。

为了正确引导人们的忧患意识，我们需要正确认识个人忧患与社会忧患的相互关系，并在各个方面处理好个人与国家的关系。通过教育、宣传等手段，我们可以创造条件，将人们的忧患意识引导到更加关注社会的层面，从而培养出既有“身无分文，心忧天下”的无私情怀，又有“国家有难，匹夫有责”的责任感的社会公民。这样的态度不仅有助于个人的成长与发展，也有助于社会的和谐与进步。

从忧患意识系统的层次结构来看，其构成遵循从低级到高级的逻辑顺序：

第一层次涉及的是对个人生存空间的忧虑与对群体赖以生存的自然环境的关切。

第二层次则是将对个人生理需求的担忧与对社会经济状况的忧虑相结合。

第三层次拓展到对个人安全的忧虑以及对社会军事与政治稳定的关注。

第四层次聚焦在个人社交需求的满足与对国家外交关系的忧虑上。

第五层次深化至对个人认知发展的担忧与对国民精神状态的忧虑。

而最高层次，即第六层次，则是对个人理想追求的执着与对社会未来发展趋势的关切。

这个忧患意识系统精确地映射了人类需要的层次结构，每一个层次都由对个人与社会的双重忧患要素构成，且这些层次按照从低级到高级的次序有序组合，形成一个完整的整体。

在每一层次中，对个人的忧患与对社会的忧患既相互区别又紧密相连。个人的忧患受到社会忧患的制约和影响。

在意识层面上，对个人的忧患与对社会的忧患并不总是均衡分布。它们之间存在一种此消彼长的关系，具有明显的主次之分。当个人忧患被过度强化时，往往会导致对社会忧患的忽视和冷漠。然而，那些具有“身无分文，心忧天下”的无私情怀和“国家有难，匹夫有责”的责任感的人，总是能将个人的忧患置于次要地位。

此外，由于个人需要在一定程度上依赖于社会需要，个人的忧患有时也会直接表现为对社会的忧患。当这两者达到一定程度的融合或均衡时，便形成了“既为自己，也为社会”的生活态度。这一态度的形成，在很大程度上受到个人世界观的指导和调节。

要深刻理解个人忧患与社会忧患的辩证关系，并据此妥善处理个人与国家间的利益纠葛，将个体的忧患意识引导至更广泛的社会层面，这无疑是推进精神文明建设不可或缺的一环。社会关爱个人，个体亦应回馈社会。忧患意识不仅关联着物质与精神的双重需求，还与个体的世界观紧密相连，成为个体精神世界中的独特组成部分。与其他意识相比，忧患意识展现出其鲜明的个性特征。

忧患意识具有与其他意识相似的客观性、自觉能动性、历史继承性和社会制约性。然而，作为一种相对独立的特殊意识，忧患意识有其独特之处。它建立在理性认识的基础之上，是经过深思熟虑后的情感与意志，因此具有显著的理智成分。这种意识还带有烦恼、不安、悲愤、焦虑等多种情感，使其具有强烈的感情色彩。此外，忧患意识明确带有克服困难或面对困难的决心与愿望，彰显了其坚定的意志品质。

因此，忧患意识区别于其他意识的核心在于其知、情、意的综合统一。理智性、情感性、意志性共同构成了忧患意识的三大基本特征。

一、忧患意识的理性特征分析

忧患意识并非毫无根据，它深深植根于冷静的理性认识之中。在主体改造客体的实践过程中，必然会形成对客体的理性认识，并从功利的角度对实践效果进行价值评估。在这个过程中，主体会因理解到动机与效果、需要与满足之间的冲突，而激发出痛苦的情感。没有通过分析与综合、抽象与概括的理性方法，没有运用各种概念、判断和推理的理性内容，忧患情感便无从产生。

忧患意识作为意志的表现，是在理性认识的基础上形成的。主体对于目标的确立，是通过理性思维来完成的。没有目标这一思维的产物，意志便无从谈起。

此外，意识的性质和强弱程度也与理性认识紧密相关。对于某一目标，是坚定地执行还是放弃，是热烈地追求还是淡然处之，很大程度上取决于主体对客体的理性认识程度。因此，意识的产生、性质，都离不开理性认识的支撑与指导。忧患意识不仅仅是一种意识，它更是融合了理性认识的特殊形式。这种理性认识中承载着丰富的情感与坚定的意志，使其在众多理性认识中独树一帜，独具特色。它超越了单纯的理性思考，将情感与意志融入其中，形成了一种独特而复杂的意识状态。

二、忧患意识的情感特征分析

忧患意识作为一种独特的意识形态，其最显著的特征在于其悲剧式的情感色彩。这种意识不仅限于对改造对象的性质、特征和规律的认知层面，更深入实践成果与主体需求、利益关系的价值判断之中。正是通过这种深入的价值认识，主体能洞察到实践效果对自身的不利与潜在危害，进而产生痛苦、沉重或压抑的内心体验。这种体验表现为忧愁、激愤、恐惧、羞辱、悲伤、郁闷、紧张、沮丧、失意、烦恼等复杂的情感状态。

这种特殊的情感色彩，使忧患意识与单纯的理性认识以及其他类型的情感体验显著区别开来。忧患意识的情感成分基于理性的深度思考，呈现出相对稳定的心理活动，具有深刻性和持久性。与之相反，感性直观的情感，如“谈虎色变”或“闻风丧胆”，则基于简单的感性经验和联想，短暂而肤浅。

当主体对挫折和利益损害有深刻认识时，忧患情感便显得尤为恒长、滞重、持久而深沉。这种情感常常渗透于人们的语言、态度、举止、行为、表情和风貌之中，赋予其伤感或焦虑的色调，有时甚至会让人长时间沉浸在悲伤之中。如范仲淹在《岳阳楼记》中所言：“居庙堂之高则忧其民，处江湖之远则忧其君。是进亦忧，退亦忧。”这种以理性内容为依托的沉痛情感，正是忧患意识区别于其他意识形态的最本质特征。

对忧患意识的意志特征进行深入分析，我们可以发现：忧患意识中的意志成分，源自理性认识与沉痛情感的结合，表现为在深刻认识和忧虑情感驱动下的决心、信念和希望。这是一种具有明确目的指向性的心理活动。在忧患意识中，情感对意志的形成起着催化剂的作用。当基于理性的价值认识而产生的异常沉重的痛苦超过了个体的心理承受阈值时，这种痛苦往往会转化为强大的动力，激发个体改造环境的意志力。情感的深度与意志的坚韧程度成正比，深沉的情感培育出坚强的意志。

这种由悲痛转化而来的力量，具有双重趋势：它可能推动某个目标的达成，也可能阻止某个目标的实现。这种力量也有性质的区分，正确的意志力量能够促进社会的进步，而错误的意志力量则可能阻碍社会的发展。在力量的大小上，坚定的认识和强烈的情感共同培育出强大的意志，而平淡的情感则可能导致意志薄弱。

忧患意识中的意志的独特之处在于，它与理性认识和痛苦的情感紧密相连，共同构成了一个不可分割的整体。这种紧密的联系使得忧患意识中的意志成为一种独特的、能够深刻影响个体行为和社会发展的力量。忧患意识是一个融合了认识过程、情感过程与意识过程的统一体。这三个过程在忧患意识中相互协作、相互作用、相互渗透，彼此交织，共同构成了一种特殊形式的意识。这种意识不仅受到外在客观条件的制约，也深受个体内在特定世界观的影响，在这些条件下发挥其独特的功能。这种功能可能表现为消极的，即在面临困难和挑战时产生焦虑、不安等负面情绪；也可能表现为积极的，即激发个体内在潜力，推动其努力克服困难、实现目标。无论是消极还是积极，忧患意识都在不同程度上影响着个体的思维、情感和行为。

三、忧患意识的能动作用

忧患意识作为一种独特的意识形态，同样遵循着意识的普遍规律，即它不仅能够反映客观世界，更具备创造客观世界的潜力。这种意识源于对现实的自觉、有目的的认识，伴随着对某一需求的深刻情感，以及针对某一对象采取行动的坚定意志。因此，忧患意识对客观现实展现出了显著的自觉能动作用。

当忧患意识对主客体关系有更为深刻和普遍的认识时，它的感受将更为真切和强烈，其意志能力也将随之变得更加坚强和有力。这种增强的能动作用，使个体在面对挑战和困境时，能够更加主动地寻求解决方案，从而推动个人和社会向更好的方向发展。

四、忧患意识是一种社会意识

作为社会存在的反映，忧患意识可能呈现为正确的反映或错误的反映两种状态。通常而言，基于错误或歪曲认识的忧患意识，对社会发展具有倒退性的消极影响。那些脱离实际、建立在对客观事物歪曲或虚幻理解之上的杞人忧天式的忧患意识，无疑属于消极的范畴。

然而，值得注意的是，即使忧患意识建立在正确的反映之上，也并非必然产生积极作用。其发展方向消极或积极，不仅取决于对客观事物及其与主体关系的认识的准确性，还受到特定外界条件和个体世界观与方法论性质的深刻影响。因此，即便是基于正确反映的忧患意识，也可能因外部条件和个体思想观念的差异而表现出消极或积极的双重效果。

要深入理解忧患意识消极与积极作用的形成原因，我们必须综合考虑主体世界观的性质以及客观条件的状况。这种全面的分析有助于我们更准确地把握忧患意识的复杂性和多样性，从而在社会实践中更有效地发挥其积极作用，避免或减轻其消极影响。

在探讨忧患意识的积极作用时，我们首先认识到，这种作用不仅依赖于对客观世界正确的反映，还受到实现需求的现实可能性的显著影响。当主体对某一对象产生忧患时，其根本动机在于希望该对象能满足其某种需求。一旦主体在理性的思考中认识到该对象具有可改造性和可满足性，即存在实现需要的现实可能性，这将极大地激发主体确立坚定的意志，并将这种意志转化为实际行动，以满足需求、消除忧患。

然而，要实现忧患意识向积极行为的转化，还需依赖于可知论的世界观和辩证的方法论。在坚信忧患对象可知、可改变的前提下，个体的意志信念将得到强化，进而推动实践行为的转变。因此，忧患意识要发挥积极的精神作用，促进社会生活的发展，既需要具备一定程度的客观条件，也需要受正确世界观的影响。

就忧患意识消极作用的形成而言，首要原因在于被忧患的对象尚不具备满足主体需求所必需的客观条件。此时，将忧患对象转化为满足需求的现实仅停留在抽象的可能性阶段，距离主体忧患意识的缓解还有相当长的距离。在这种心理状态下，个体往往难以产生积极的意志冲动。特别是在不可知论的世界观和片面的思维方式影响下，对象被视为不可知、不可求的，这种错误的理性认识不仅削弱了意志信念，还加剧了痛苦的情感体验。一旦这种痛苦情感的强化超出了个体的心理承受极限，便会使人陷入极度惆怅之中，感觉像是身处黑暗王国而看不到希望之光。这种状态下，个体可能会放弃追求需求的满足，转而采取消极无为的态度，甚至选择极端的自我放弃行为来寻求永恒的解脱。

以 1921 年郁达夫的小说《沉沦》为例，小说刻画了一个身处异国他乡、备受欺凌的柔弱青年形象。主人公留学日本，祖国的屈辱和个人遭遇使他陷入深深的忧患之中，多愁善感、孤僻自卑，形成了难以解开的忧郁心理。他或者借酒浇愁，或者寄情于花草以自我安慰。最终，在极度的痛苦中，他遥望故国，悲切呼号，选择了投海自杀的极端方式。这一艺术形象深刻地诠释了消极忧患意识对个体心理的消极影响。

五、世界观对忧患意识起着指导与调节作用

当需求的满足缺乏实现的现实可能性时，正确的世界观，基于可知论和辩证理智，能够约束忧患意识，防止其向消极方向转化，而错误的世界观则更易导致其走向消极。在需求未能满足但存在现实可能性的情况下，错误的世界观，尤其是不可知论和形而上学观念，可能阻碍忧患意识向积极方向转化，而正确的世界观则能够推动其走向积极。

忧患意识并非孤立存在，它与特定的世界观以及满足需求的可能性程度紧密相连。这种联系使得忧患意识在功能上表现出积极有为或消极无为的特点。有时，它可能作为一种心理障碍阻碍实践行为的实现；有时，它又能作

为一种心理力量推动实践行为的成功。因此，它在社会生活中发挥着不可忽视的作用。

认识到忧患意识的双重作用，并自觉地培养科学的世界观，对于调节其发挥积极功能具有重要意义。积极的忧患意识并非沉溺于忧患本身，而是致力于确立意志和信念，通过实现和满足新的需求来消除忧患。这一过程循环往复，不断推动人们实现需求并产生新的需求。在这一过程中，忧患意识从正反两方面积极配合实践行为，以实现需求的目的。

在历史与现实的社会中，有许多忧患意识发挥积极作用的例子。如屈原深感民生艰难，立志改革朝纲，以振兴楚国；孙中山面对国家混乱和人民疾苦，痛心疾首，决心推翻帝制，振兴中华。这种积极的忧患意识体现了一种卧薪尝胆的精神，它如同催人奋进的军号和鼓点，激励人们不断前进。

六、忧患意识是精神建设的一个重要组成部分

忧患意识在建设社会主义精神文明中占据着举足轻重的地位。它作为一种精神力量，具备明确的立场、强烈的情感和鲜明的倾向性。将这种力量引导至社会发展的正确轨道上，无疑是精神文明建设不可或缺的一环。正如列宁所言，“没有‘人的感情’，就从来没有也不可能有人对真理的追求”。一个民族若缺乏对祖国与未来的深切关怀和期望，其意志力和创造力将难以持久，难以实现对美好现实与未来的追求。

当前，我们应提升个人的忧患意识至更高层次的精神需求，促进整个民族科学文化素质的提升，并关注社会风气的改善。唤起人们对家庭、国家乃至天下大事的责任感和紧迫感，激发人民的意志，共同为民族复兴而努力。我们应摒弃消极无为的忧患意识，如消极度日、麻木不仁、怀旧悲叹和过度忧虑等，转而倡导积极奋进的精神。

回顾历史，中国人在面临科学技术落后、政治腐败、传统文化流失等挑战时，都萌生了忧患意识，洋务运动、维新变法、辛亥革命和五四新文化运

动等就是忧患意识的产物。中华人民共和国的成立，虽使中国扬眉吐气地屹立于世界民族之林，但忧患意识依然重要。党和人民深刻反思历史，以振兴中华为己任，积极应对生产力落后、上层建筑弊端和意识形态中的消极因素，推动了对外开放、经济体制改革、政治体制改革和精神文明建设。

面对未来，虽然我们应弘扬乐观向上的民族精神，但积极的忧患与防患意识亦不可或缺。这种意识将激励我们持续进步，为中华民族的伟大复兴而不懈努力。

第十节　规律性

患的存在和发生是有原因的，患的衍生也不是不可捉摸、无章可循的，而是有其客观规律的。

一、患的发生是偶然性和必然性的辩证统一

虽然患在客观世界中是普遍存在的，但具体到某一个患的发生，它往往是偶然的，是一种随机现象。在患发生之前，人们很难精确预测其发生的具体时间以及可能带来的后果。这是因为任一种患的产生，都是众多患因素和其他多种因素相互交织、共同作用的结果，而这些因素的出现往往较为独立，且很多本身就是随机的。

患的偶然性不仅意味着它在时间上的突发性，还常常带来灾难性的后果，给人们的精神和心理带来深重的忧虑和恐惧。这种心理上的影响往往远超过患直接导致的财产损失和人员伤亡。

虽然单个患的发生看似毫无规律可循，但当我们对大量患险事故进行观察和综合分析时，可以发现它们之间存在着明显的规律。必然性和偶然性在患的领域中形成了一种对立统一的关系。通过运用统计方法处理大量相互独立的患事故数据，我们可以抵消偶然因素造成的数量差异，揭示出患固有的运动规律。

因此，在特定条件下，对大量独立的患致损事件进行统计处理，其结果能够较为准确地反映出患险的规律性。这种必然性和规律性使得我们可以利用概率论和数理统计方法来计算患的发生概率和可能的损失幅度。然而，值得注意的是，人们对患的有意识控制，虽然能够改变患事件发生的条件，但并不能改变其随机性质。即使采取相同的控制措施，其结果仍然可能因各种不确定因素而有所差异。

总而言之，患的存在和发生既包含偶然性，又蕴含必然性；既有不确定性，又有确定性。这种复杂的关系体现了偶然性与必然性的辩证统一。

二、患与机会、利益“相伴生”

患与机会、利益之间，既存在着对立的关系，又紧密地统一在一起。

首先，患与机遇并存。重大的患可能也带有巨大的机遇，而小患则伴随着小机遇。只有敢于面对并妥善处置那些看似巨大的患，我们才有可能把握住那些随之而来的“天赐良机”。因此，在决策时，我们应避免追求不切实际的“十全十美”，因为患与机会都受到时间和空间的限制。企图制定完美无缺的决策，不仅可能无法实现，而且会耗费大量时间，这与实际的决策实践相悖。

其次，患与利益的大小紧密相连。患小则机会多，人们纷纷追逐，因此利益也相对较小；而患大则机会稀缺，许多人会因此退缩，但这反而为敢于面对者带来了更大的利益。从这个角度看，患与利益是相辅相成的。

综上所述，患情与机遇同在，患情与利益“相伴而生”。在世间，纯粹地抓住机遇而不防范和处置患情以谋求大利的情况并不多见。因此，那些渴望抓住机遇、追求事业成功的人，必定是那些敢于面对并妥善处置患情，同时善于克服患难的人。

三、患情与损失、代价紧相随

患情并非孤立存在，它与机会、利益共生，同时损失、代价也紧随其中。

这构成了患情发生和演变过程中的一种固有规律。患情对主体生存和发展有潜在威胁，其爆发总是伴随着一定的损失，而为了防范和消除这些患情，主体往往需要付出相应的代价。

回顾人类历史，患情的威胁与爆发常常成为影响社会发展、国家稳定以及世界和平的关键因素。特别是进入20世纪90年代以来，由于民族、种族、宗教以及社会体制等多重问题，许多国家在经济、政治和社会领域遭遇了一系列潜在患情的爆发。例如，苏联因腐败、僵化和民族问题而解体，引发了社会动荡和倒退；东南亚金融危机的爆发则让“21世纪是亚洲的世纪”的梦想受挫，相关国家遭受了严重的经济损失，甚至威胁到社会稳定和政权安全。

我们所面临的国际国内形势充满挑战。从国际层面看，霸权主义和强权政治是我们面临的最大患情之一。“冷战”结束后，世界虽向多极化发展，但以美国为首的北约集团，凭借其强大的综合实力，企图建立单极霸权世界。它们的行径已多次公然挑衅国际法和国际秩序，如1999年轰炸我国驻南联盟大使馆事件，不仅侵犯了我国主权，也是对国际法和国际关系的严重践踏。

从国内层面看，我们面临着两大类患情：外来之患和内在之患。外来之患包括和平演变、“西化、分化”的威胁，国际金融危机、全球经济一体化带来的挑战等；内在之患则有官僚主义、政治摇摆、金融危机引发的社会动荡、科教发展滞后、人口过剩、贫富差距扩大、城市化过程中的社会问题以及环境污染等。这些患情一旦爆发，将对我国的改革开放、社会主义现代化建设以及社会稳定和经济发展造成影响。

因此，我们绝不能对患情掉以轻心。必须提高警惕，制定有效的应对策略，努力规避和化解患情，将其可能带来的损失降至最低。只有这样，我们才能确保国家的长治久安和人民的幸福安康。

四、患灾、防患与社会机制

患情的存在对主体的生存和发展构成严重威胁，患灾的发生会给人类的主体带来一定的损失和危害。因此，在现实生活中患险是令人畏惧的。那么在一个社会体制中，怎样保持强烈的防患意识呢？这要从两方面做起。

一方面，社会须对一项合法的具有风险的计划实施后所获取的利益，给予较大程度的保障。“一分防患一分利”，正如《财富与贫困》一书的作者乔治·吉尔德所说：“（一个社会）获得成功的主要秘密，也许在于它有把追求防患（体现在储蓄上）转变为愿意防患（体现在企业精神上）的能力……”

另一方面，一套制度化的防患措施是保持和增强该社会成员防患动力的机制。防患不同于回避患灾，它的本质是患灾转移。防患把众人联系在一起，共同承受偶然事件造成的损失。因此降低了患情的危害，使人们可以承受。与防患决策相比，防患事业并不复杂，但其中却蕴涵着一个深刻而富有趣味的道德问题。我们说防患的本质是患情转移，但当防患把潜在患情的物质代价转移到所有防患的众人身上时，却绝不希望转移掉每个当事人对自己的车、船、房屋、股票的所有权。如果当事人在防患上思想麻痹、精神松弛，甚至为图赔偿故意造成事故，患情的概率就大大超出了防患的正常估计和承受能力。这就是防患中的“道德之患”。当这种患灾弥漫时，带来的不仅是破产，还将导致整个社会不得不处理患灾带来的道德问题，患情将以比正常情形高得多的概率冲击社会。

一个健康的社会必然依赖于两种互补的机制——一是激发个体的开拓精神和冒险意识，鼓励他们积极面对挑战、自主承担风险与收益；二是构建一个广泛的群体保障系统，提供保险和风险防范措施，共同抵御潜在的风险和分摊损失。这两种机制在社会发展中不可或缺，并且需要恰当地融合与平衡。

在保险行业中，一个引人注目的现象是“道德危险”，这不仅仅局限于保险领域，其深层含义实际上贯穿于社会活动的各个方面。从广义上看，风险与保险都是社会运转中的组成部分，它们交织在每个人的生活之中，无论是经济交易、职业发展还是人际关系建立，都需要我们具备一定的风险意识和保险思维，以应对可能出现的挑战和变故。

“道德缺失之患”在社会中的典型表现便是国有制下个体道德与义务的分离。正如吉尔德所说：“如果国家作为承保人，企图把个人和企业的所有患险，例如失业、通货膨胀、外国竞争、需求不振、意外事故以及伤残等都承担起来，那么国家就会发现它所负的责任和所冒的患险，超出了它所能承担的能力。”

在我国，国家作为广义的“保险人”，曾一度承担起几乎所有企业、商店、餐馆、理发馆、修车铺的风险责任，这种全方位的保障导致了一个现象：企业、单位和个人几乎无须担忧破产或失业，也无须为发财致富而冒险。这种“全包”的保障模式实际上“解除”了每个人应有的风险承担义务，仿佛为他们撑起了一把永不消失的保护伞。然而，这种保护伞也使得社会成员们如同被过度宠爱的孩子，逐渐丧失了独立应对风险和挑战的能力，对真实世界中普遍存在的风险与机会缺乏应有的认知和准备。

与此同时，由于国家曾过度依赖高度集中的计划与指令来试图规避风险与不确定性，往往不得不对人们的冒险精神和创新愿望进行限制。这种做法虽然初衷可能是为了社会的稳定与发展，但效果可能适得其反，许多原本具有积极意义的事物在这种干预下走向了负面。个人的创造力在这种虚假的确定性中逐渐枯萎，社会的活力和创新力也因此受到抑制。

五、患发生的不确定性与防患决策

患灾的不确定性使人们在决策时必然会面临一定的隐患，于是患险决策在现代生活中日益受到重视。博弈论就是为适应这一需要应运而生的，现代博弈论对患情决策不无启示。

博弈论的直接研究对象是棋与牌，二者均为智力游戏。棋弈中有严格的逻辑推理，与生活中的决策有相似之处，但是棋弈中缺少现实生活中的重要成分，即患情与不确定性。博弈论的创始人冯·诺伊曼认识到棋弈的这一特征，他称棋赛是具有“完备信息”的比赛。棋赛过程中没有任何经济学意义上的、政治学意义上的、统计概率意义上的患险和不确定性，在其计算中不需要涉及任何未来事件的概率，也没有任何意外的事情会发生。如果说走这步棋“有患灾”，那只意味着因时间或能力所限不确定这一步选择是否恰当。

正是由于棋道的这一特征，在棋理基础上产生的理论对防患决策虽有帮助却很有限。

玩牌恰恰带有生活中的另一特征。牌与棋的最大差异在于它的胜负受制于“机运”。用冯·诺伊曼的话说，打牌过程只能依赖“不完备的信息”。同一张 K 在东家还是西家手中，对手的四张牌将作一三还是二四分布，对庄家都大不相同。正是这种信息的不完备为决策带来了患险。两个人拿着同一手牌，会因为对胜负概率计算不同而作出不同的选择。即使他们在概率上的判定一致，也还会因为不同的得分，需要承受相应的代价，及此前积分的不同而作出不同的选择。防患决策酷似人生，它为人们的决策行为提供了另一种启发。

生活中可能碰到的防患的决策从来都比棋牌中的情况复杂，扑朔迷离。棋、牌、人生正代表着三种决策方式。棋是“全备信息”的决策，其“患”在于其一步步对弈构成的选择过于复杂，因智力和时间的限制，存在着失误的可能。牌是“概率信息”的决策，它呈现若干信息，但并不完备，只能对不完备的部分作出概率判定，这种判定构成了决策的基础。生活中除了有类似棋牌式行为的一些事物，还有一些更模糊的事物，它们或者突发，或者新生，或者信息更为匮乏，未知性更大，以致连概率都找不到。此种事情的决策可称为“模糊信息”防患的决策。个人和社会面临的重大选择大多带有这种性质，其实它们之所以被视为“重大”，除与生存关系密切外，最主要的就是因为它们模糊、未知、叵测。生活中很多与生存关系更直接的事物，因其清晰易解，便不再被看作“患情”了。“患情”往往与“模糊”和未知密切关联。比如，第一个吃西红柿的人是冒着生命危险的，之所以会冒着生命危险，只是因为人类对西红柿未知的恐惧。

确实，随着科学的进步，许多曾经模糊未知的事物逐渐变得清晰明确。对于某些事物，我们已能获取“全部信息”；而对于另一些，我们也能用概率来预测其发展趋势。然而，这是否意味着现代人面临的风险就小于古人或前人呢？答案是否定的。

尽管在我们所知的领域内，随着清晰部分范围的扩大，模糊的部分会相对缩小，但大自然和社会的复杂性远非有限或定量。我们所知的事物，就像是一个不断扩大的圆，但其周边始终存在着未知的领域。因此，随着我们知识的增加，我们会遇到更多的未知与风险。

那么，为了规避风险，我们是否可以完全依赖理性的指引，只做那些理性明确告诉我们的事情，而避免涉足未知领域呢？实际上，这样做可能会让我们付出更大的代价。正如凯恩斯所言，如果人类仅依赖冷静的计算而不敢冒险，那么投资活动可能会大大减少。加尔布雷斯也指出，当人们过于理性时，经济发展似乎就失去了动力。弗雷贝里克·艾米尔更进一步将这种观点推广至一般行为中，他认为，那些坚持在决策前将事物看得一清二楚的人，可能永远无法作出决策。

因此，不敢踏入未知领域，不敢面对风险并作出决断，不仅意味着放弃发展的机会，也将放弃人类生存的尊严——自决权。在追求知识和发展的道路上，我们需要勇于面对未知，敢于冒险，这也是人类进步的不竭动力。

第五章　防患科学的研究对象、研究领域和方法

第一节　防患科学的研究对象

防患科学的研究对象是患的本质，从词源角度来看，“防患”在《百科大辞典》中的含义就是防止祸患。防患科学顾名思义就是关于防止祸患和研究防患的一门学科。

防患科学的整个理论和实际运用随着人类社会的变迁而不断丰富和发展。目前，防患科学已经成为一门体系独特、领域众多、应用广泛的综合性的社会科学。

人们对自然和社会的看法存在差异和多种观点，这使得关于防患科学研究对象的观点也是多种多样，归纳起来有以下几种。

（1）防患科学是关于社会的科学，研究整个社会及其演变发展中的规律。

（2）防患科学是关于社会关系的科学，研究人们的各种社会关系。

（3）防患科学是关于社会行为或行动的研究，研究社会成员的社会行为或行动。

（4）防患科学是研究社会组织和社会制度的科学。

（5）防患科学是关于社会问题（社会事实）的科学。

（6）防患科学是关于群体生活的科学。

（7）防患科学是研究人类共同生活的科学。

（8）防患科学是研究人与人之间的互动，尤其是互动的社会形式的科学。

（9）防患科学是研究社会问题的防患“预测学科”。

（10）防患科学是关于社会调查方法的科学。

上述防患科学研究对象可以归纳为两类。第一，侧重以防患科学为对象，重在防患科学的结构和过程、社会的运行和发展、社会的秩序和进步，是防患科学历史上的实证主义传统。第二，侧重以个人及其社会行为为研究对象，是防患科学发展中的反实证主义传统，是一门试图深入理解社会行为以便对其过程及影响作出因果解释的科学。第一类研究对象侧重于对宏观社会的研究，属于宏观层次的研究；第二类研究对象侧重于对微观社会的研究，属于微观层次的研究。实证和人文、宏观和微观实际上是辩证统一的关系。

给防患科学下定义要掌握两个原则。一是防患科学的定义涵盖面要宽，抽象度要高，便于对普遍的社会现象作解释，把新鲜的社会事件和演化趋势包括在内，具有动态性、普实性、长期性。从这个原则出发，由此认为：防患科学定义应该具有综合性、广泛性、潜质性、规律性、现实性。二是防患科学是一门从个体的社会关系和社会行为出发来揭示社会结构、功能、运行和变迁的一般原理及人类社会生存管理原则的综合性哲理学科。

这个定义包括六层含义。一是防患科学的研究对象是对现实的自然性患情灾害的防范和处置。二是防患科学的研究对象是活的社会的有机体，是现实的、具体的、作为整体的社会，对全社会每个领域、各个系统的患情、患灾进行防范和处置。三是研究个人与社会的组成关系，社会的生成在于人与人的交互作用，要从人与人的互动开始进行考察和研究，社会关系和社会行为就成为防患科学研究的具体入手点。社会关系是在社会行为的基础上形成的，为人们的社会行为提供模本。社会关系以社会行为为内容，社会行为以社会关系为形式，二者具有紧密的依存关系。四是研究社会结构，它是宏观的优势和具体的生成对象，个人经由群体、组织、社区、制度而形成社会，在形成过程中涉及各个层面的防范及患情的处置。五是研究处于变迁之中的社会结构，有其内在的规律及动力的患情防范。六是研究人的实践性和能动性，对人类社会生存活动进行规划和管理，使人类社会运行更顺畅，生活更美好。

从研究对象可见防患科学研究的基本问题就是人与社会的关系问题。按照西方理性主义假设，每一个人都是追求最大效益的行动者，人们为什么要组成社会，人们怎样组成社会以满足自己的需要，人们组成的各种形式的社会所产生的效果怎样，这些问题必须进行研究。具体而言，这些问题包括个人为什么要加入各种群体？自然人如何变成社会人？个人与社会的互动关系及其机制是什么？在社会互动中文化及其现实环境的作用怎样？

这些问题为防患科学的研究指明了方向，也有助于我们更好地把握防患科学的研究对象及基本问题。

第二节　防患科学的研究领域

防患科学的研究领域是指防患科学研究的范围。防患科学的研究领域比较宽泛，可作如下划分。

一、理论防患科学、应用防患科学、经验防患科学

根据知识结构的不同，可把防患科学的研究领域分为三大类：理论防患科学、应用防患科学和经验防患科学。

理论防患科学又称为纯粹防患理论科学，是对自然和社会构成要素、社会关系、社会行动、社会结构、社会过程、社会制度、社会变迁等问题的理论分析，形成防患科学理论流派有自然性的社会科学史、社会理念思想史等具体研究学科领域。

应用防患科学是把防患科学理论和方法运用于社会实际生活和问题中的研究。当前对政治、经济、社会及自然灾害、恐怖性危机事件、突发性危机事件和人生发展中的问题的防患等是其研究的主要内容。

经验防患科学是从事防患科学研究所使用的方式方法、程序和手段，是方法论、研究方式和具体方法技术的有机统一，通过选题、设计、资料收集

和分析，得出研究结论。经验防患科学为理论防患科学的发展和应用防患科学的应用发挥桥梁和纽带作用。

二、普通防患科学、分科防患科学

根据防患科学的理论研究层次，可将防患科学分为普通防患科学和分科防患科学两大类。

普通防患科学是指一般的防患科学理论和研究方法。一是自然生态环境变化的特点，产生患情灾害的时段和规律及防患的方法。二是产生社会性、区域性、系统性患情灾害的规律、特点及防患的方法。该研究的宗旨在于深入探讨社会的不同部分是如何相互结合，形成一个具有特定结构的社会有机体，并在此基础上建立起一种有序的社会体系。此外，它旨在全面理解和分析社会现象之间的相互联系，以及这些现象的当前状态、独特性质和发展原因，从而提供一个全面的框架来解释社会的运作和发展、社会的运行及其规律。横向范围包括不同人群、不同社会单位的活动规律，研究人们的社会生活、行为发生状况、原因和规律；纵向范围研究社会构成要素在不同时间、空间内的变迁规律、特点及防患的方法。

分科防患科学是运用普通防患科学的基本理论，对某一类社会现象和社会问题作专门的研究所形成的防患科学的分支学科，其特点是将某一类社会现象放在社会整体中加以考察，有多少领域就有多少防患科学分支学科，分为六大类。

（1）研究人类社会同自然环境关系的防患科学，如地理防患科学、气候防患科学、生态防患科学、灾害防患科学等。

（2）研究社会某一特定领域的防患科学，如经济防患科学、政治防患科学、教育防患科学、军事防患科学、生产防患科学等。

（3）研究社会结构单位的防患科学，如家庭防患科学、社区管理防患科学、乡村治理防患科学、城市管理防患科学等。

（4）研究社会某一特定领域的防患科学，如民俗防患科学、法律防患科学、宗教信仰防患科学等。

（5）研究社会特定人群的防患科学，如儿童防患科学、青年防患科学、中年防患科学、老年防患科学、妇女防患科学、残疾人防患科学等。

（6）研究各种文化现象的防患科学，如文化防患科学、知识语言防患科学、艺术防患科学、科技防患科学、国学防患科学、国防防患科学等。

各国分科防患科学有自己的特色。中国有乡村振兴管理防患科学研究。有的分科防患科学是在传统防患科学研究课题范围内发展起来的，如个人家庭防患科学、城市管理防患科学等；有的是防患科学与其他社会科学相互交叉渗透的产物，如经济防患科学是经济学同防患科学相结合的产物，教育防患科学是教育学同防患科学相结合的产物。

分科防患科学在研究时与交叉的各门学科在理论和方法方面有很大的不同，主要是将研究对象或问题置于整体联系中去考察和认识，揭示这些研究对象或问题与整个社会的关系，着重认识它们与其他社会因素、现象的相互影响和作用。这就使防患科学分支学科与其他非防患科学学科相互区别开来，突显学科特色。防患科学正以其理论和方法的普遍性和与更多社会科学、自然科学相结合，产生更多的防患科学分支学科。

第三节　防患科学的研究方法

为了揭示人类社会发生、发展和防患、治患的规律，防患科学必须有全新的研究方法。根据研究，大致可以把在防患科学中所运用的方法归纳为以下内容。

唯物辩证法是防患科学中运用的基本方法。在《资本论》这部著作中，马克思援引了考夫曼的观点来阐述他对辩证法的见解。马克思强调，他的辩证法与黑格尔的辩证法在根本性质上是不同的，甚至是完全对立的[①]。

① 马克思：《资本论》第1卷，人民出版社，1975。

黑格尔将思想过程视为一种自我运行的、独立于外部世界的客观存在，而马克思则认为思想是人的大脑活动的结果，是人类对物质世界的认识和再现。

在疾病预防的科学研究中，马克思提倡一种辩证和唯物主义相结合的研究方法。他强调对事物要有充分的研究，这意味着要深入分析不同的发展阶段，并探究其内在的联系[①]。马克思提倡的研究路径是先从具体的事实出发，逐步提炼到抽象的概念，从复杂的现象中提炼出简单的规律，从表面的现象深入本质的探究，以便能够准确地描绘和解释现实世界中的动态过程。这个研究方法就是他在“导言”里所说的“由具体到抽象”的方法[②]。防患科学的叙述方法是从具体到抽象、从本质到现象、从简单到复杂。防患科学正是通过典型分析法把堆积如山的实际材料总结为几点概括的、彼此相联系的观点。防患科学研究的是人类社会发展中防患的一般规律，需要运用具体分析法。防患科学需要分析患与防患的潜质性、普适性和规律性等，这些都充分体现了典型分析法。防患科学是防患发展的规律，要求我们必须从大量的现实材料和现象中抽象出一般普遍规律。

防患科学的方法论基于唯物辩证法的世界观，采用科学的方法对人类社会中物质生活的丰富素材进行系统处理和提炼，从而将一般的抽象概念具体化，揭示其内在的客观联系和运动规律。在逻辑上，它通过分析、综合、归纳、演绎等手段，以及判断和推理，实现从抽象到具体的认知过程。在叙述方式上，它根据人与人生命过程之间的内在关系及其运动法则，将学科内容分为三个部分。

这种方法将抽象的学习过程通过逻辑结构表现出来，形成了防患科学的研究方法和理论体系。马克思主义哲学将辩证唯物论视为基于唯物论的辩证法，并在防灾科学中应用这一原理，通过对立统一规律、量变与质变规律和否定之否定规律来分析人类防灾历史中的矛盾运动、斗争和发展，从而更深

---

① 马克思：《资本论》第 1 卷，人民出版社，1975。

② 赵洪：《〈资本论〉教学纲要》，甘肃人民出版社，1983。

入地理解人类防灾历史及其发展变化的本质。

马克思主义哲学从历史唯物主义的角度出发，将人类社会的发展和制度变迁视为客观的历史过程。评价一个社会的经济制度及其变革时，我们不仅要考虑道德原则，还要根据生产力的标准来衡量。在评估一种社会和经济制度的优劣，以及社会变化的好坏时，我们首先要考量的是这些因素是否能够推动社会生产力的发展，是否对生产力有负面影响或制约作用，这应成为我们的评价标准。

一、从具体到抽象和从抽象到具体的方法

在研究防患科学时，应当运用科学的抽象法。这种方法结合了从具体到抽象的研究路径和从抽象到具体的表达方式。

坚持唯物辩证法的原则。通过对物质进行全面掌握和分析其不同的发展阶段，探究其内在联系，实现了从抽象理论到具体实践的研究过程[①]。

相较于叙述法，科学抽象的特点在于它遵循认识论的途径，从剖析表面的现象到深层的本质，强调分析。在过程上，它从本质出发，再返回到现象。从抽象到具体的研究方法，是一种基于对事物的深入研究，用本质来解释现象，重现现象形成过程的方法，即对客观事物进行理论上的描述和再现。

马克思认为，观念的东西不外是移入人脑并在人的头脑中改造过的物质的东西而已[②]。这种“经过人类思想改造的物质事物”，指的是利用唯物辩证的研究方法，经过深思熟虑，对大量的感官材料进行筛选，去粗取精，去伪存真，由表及里，形成一个概念与理论的体系。马克思在《政治经济学批判》“导言”中精练而深刻地概括了他的理论方法。他认为，从抽象上升到具体的方法，只是思维用来掌握具体并把它当作一个精神上的具体再现出来的方式[③]。从这一点可以看出，从抽象上升到具体，用这种方法逐个地反映客观的、具

①② 《马克思、恩格斯全集》（第23卷），人民出版社，1972。
③ 马克思：《政治经济学批判》，人民出版社，1971。

体的事物。由抽象到具体，这是一种基本的叙事方式。将这种方法应用于防患科学中，可以推导出人类自然性和社会性范畴内各类患情存在的普遍性和客观性。

二、逻辑－历史相统一的分析法

逻辑方法，就是在研究人类社会现象时，按照人类社会范畴的内在逻辑关系，从比较简单的社会关系、社会范畴，逐步上升到比较复杂的具体的社会关系、社会范畴，来阐明社会现象与社会发展的相关进程。历史分析法，就是在研究社会现象、社会关系和社会过程时，按照历史发展的真实进程来把握其规律。

我们不难发现，防患科学蕴含着丰富的辩证法思想。防患科学建立时自觉地运用了逻辑的方法，在某些方面要坚持逻辑方法与历史分析法的统一。运用历史分析法研究社会发展现象和人类社会发展过程时，必须排除历史发展过程中的偶然现象和因素，以及各种曲折过程，揭示人类社会发展的规律性。马克思主义者认为，逻辑的进程要符合人类社会发展的历史进程，它是人类社会历史发展过程的反映。

三、定量分析方法

在防患科学的研究中，学者们力求实现类似于自然科学家采用的定量化分析的方法。马克思在撰写《资本论》期间，对数学进行了深入探究，并尽可能地运用数学工具。他坚信，一门科学只有当它能够应用数学时，才算得上是真正进步了。这一点体现了马克思在政治经济学研究中，有意地借鉴了自然科学的研究手段，包括定量分析法。

防患科学的研究方法必须顺应人类社会的发展趋势。马克思主义的世界观并不是一成不变的教条，而是一种指导性的方法，它为我们提供了深入研究的基础和必要的工具。因此，防患科学是一门随着时代进步而不断演化的科学，其研究使命既重大又具有长远的意义。

第四节 防患科学的现实意义

在当今，人类社会在不断完善市场经济体制的过程中，有关防患科学研究的论述，仍然给我们许多深刻的启示。本章研究人类社会面对自然性、社会性的各种患情，研究人类社会发展的生产关系，揭示各种患灾产生、发展与如何防患、治患的规律。实际上，为了研究防患科学与社会发展的关系，不能不涉及研究生产力的问题。但是研究生产力不是最终目的，而是为了更好地阐明防患科学的发展。在人类社会发展中，防患科学也要揭示社会主义经济发展的本质。中国在突飞猛进中完成了高速发展时代，现在进入文化复兴时代、全球化时代、AI 智能时代，进入百年未有之大变局。在这个大动荡、大变革的时代，防患科学是一门随着人类社会进步而不断演化的科学，其研究使命既重大又具有长远的战略意义。

马克思主义哲学使生产力和生产关系在时空中形成了新的交叉，这是中国文化赋予它的伟大生命力。明月筑高巢，凤凰乘梦来。创新马克思主义，是习近平经济思想的又一次创举。全球化下的新质生产力是习近平经济思想对人类社会的重要贡献。中国的“和”文化在全球有目共睹中已升级为生态文明。庙堂传神话，群星舞九天。我们对防患科学与经济关系的本质的研究不是太多，而是太少。我们建设中国特色社会主义，要发展马克思的理论，要研究防患科学如何使经济更好地优化，让社会更好地发展。在新时代，防患科学的现实意义就在于对新生事物的战略预见。近水楼台先得月，春江水暖鸭先知。

今天，创立、发展、完善防患科学的目的和意义可以包含诸多方面。

一是运用防患科学的基本原理，要忧患于如何坚持和完善中国共产党的领导，保证党不变质，永远先进，永远与人民群众保持血肉联系，保证人民江山永不变色等重大问题，防患于可能出现的各种患情，并提出有效可行的防患、治患战略对策，供党中央参考；

二是运用防患科学的基本原理，可以为争取社会主义生产力的先进性，积极发展新质生产力，从科研、教学、生产、社会分配、利益平衡等方面寻找问题患点，提出改进对策，供决策部门参考；

三是运用防患科学的基本原理，忧患于国家的长治久安，对安全、国防、情报等方面可能出现的患情及时提出防患、治患的对策建议，供有关部门参考；

四是我们在发展、完善市场经济过程中，要防患于市场经济的二重性，引导好市场经济为社会主义服务，注重研究如何走共同富裕的之路，防患并治患于各个层面产生两极分化的问题。

总之，要秉持凡是有人、有生命的地方就有患的基本理念。运用防患科学的基本原理，及时透析社会发展中的各种现象，采取积极的防患、治患行动，会更加科学地推动社会更快、更稳健地发展。

第六章　防患科学的地位和特点

第一节　防患科学的地位

防患科学的地位是指防患科学在哲学和社会科学领域中所处的地位。在不同时期，它的地位是不同的。

在创立阶段，我们把防患科学当作一门综合学科。防患科学与各门社会科学的关系是整体与部分的关系，认为防患科学是各种社会科学知识的综合。这种观点是从社会整体的角度总结得出的。

有的学者认为，防患科学不是社会科学的综合，它是一种普通的社会科学——一种研究社会元素与基本原理的科学，这种观点把防患科学与其他社会科学看作一般与特殊的关系。到 21 世纪初防患科学的研究范围和方法更明确，成为与其他社会科学并列的独立科学。也有的学者认为，防患科学与其他社会科学一样，是研究人类社会生活现象的一个方面，它与其他社会科学处于同等地位。

防患科学是研究社会生活现象的共通原理，即社会行为的原理为社会生活现象的一部分，故防患科学为一种哲学范围内的科学。

第二节　防患科学的学科特点

学科特点是各门学科相区别的标志。这些标志的依据是每门学科在形成过程中积淀的独特性。防患科学在发展演化过程中形成了自身的特点，从而与其他学科区别开来。

一、整体性

本书强调防患科学应该是一门独立学科，是因为它包含了人类社会的一切活动内容和范畴。患与情具有全时空、全地域性等特点，患灾害的发生是人类社会共同面临的问题。防患科学与传统的人文科学存在明显的区别，因为后者在学科分类、知识体系、学术范式和研究方法上大多基于西方学术传统。这些学科通常不能对整个文明的知识和价值体系进行全面的探讨，尤其是缺乏对它们进行综合性研究的能力。防患科学则应是一个将一个国家、各方及政府、社会团队、各种企业、每个家庭（人）进行系统的、整体性研究的学科，是对包括历史传统文化的知识体系、价值体系的整体性研究。

二、自然性

鉴于社会法则的根本在于自然法则，社会科学的研究应当以自然科学的基本原理为基础。社会科学全盘反映了自然法则的特定方面，因此能够借鉴自然科学的方法来进行综合性的阐述。从宏观层面来看，社会科学是自然科学的一个特殊领域，其根本追求与自然科学一致。防患科学因其包含了自然法则的客观内容，在较高的逻辑层面上展现出更高的抽象性和更为复杂的逻辑模式。社会法则带有显著的不确定性和易变性，从而凸显自然规律的确定性，这表明社会规律往往需要通过众多偶然且不可逆的社会事件来体现。然而，社会防患科学所提出的社会规律往往难以通过实践经验来验证，这暗示了社会防患科学研究的复杂性。

在思维层面，社会科学展现了其强大的分析能力，但在实证层面则显得不够强大。社会防患法则的模糊性和混沌性凸显了自然规律的明确性。由于涉及的变量众多且关系复杂，社会规律难以被清晰地解析，因此，人们往往只能进行不精确的定性分析。社会规律的主观能动性和创造性凸显了自然规律的客观限制。人类不仅能够被动地适应环境，还能主动选择、改造和创造环境。人们可以根据自己的主观愿望或利益相关，灵活地选择和应用防患法则，并作出一些基于主观的假设和模糊的判断。因此，社会防患科学既包含主观意志性和现实倾向性，同时也展示了客观性、公正性和必然性。

三、潜质性

防患科学从本质上说是一种发展人的科学研究——社会现象不可能离开人和人的活动。防患科学之所以能在社会发展过程中发挥它的作用，并不一定是被那些具有进步思想的社会学家们所采用，或在一种政治变革的背景中为人们所利用，它主要是由自身固有的潜质性本质所决定的。

防患科学的积极作用就是指人们在研究社会现象时，应以人类社会固有的实际或潜在的实际，以防患立正念正举和善学为出发点，以引导全社会人员过上幸福生活为最终目标。这是一种对防患科学的价值进行重新定位并回归未来的新理念，体现了对防患科学本质的理解。

在全社会的实际活动中，患是产生各种问题、矛盾、危机的根源，防患科学面临的一项最重要的任务就是要把人类的防患意识提高，调动起所有人的力量、智慧和创造力，从而避免社会发展中各种影响正常生活的不良因素（各种问题、矛盾、危机）出现，并以此来满足人类自身的各种生存和社会活动的需要。

四、长期性

防患科学是对中国传统思想的传承，它随着社会的演进不断适应和改变。在西方，人文学科的繁荣是基于对其传统学术的遵循和深化。例如，欧洲的文艺复兴和新人文主义都是在吸收古希腊和罗马人文主义的基础上进行创新的结果。西方现代大学及其体系的建立，也是基于古希腊和罗马文明的深远影响，其哲学、文学、历史学、古典学等学科均以这些古代文化为基础。当代中国知识分子致力于复兴国学和防患科学等学科，这既是对中国传统学术的继承，也是对民族精神遗产的维护，是一种聚焦长远的理念。患与防患是一个客观存在的现实，只要人类存在，患与防患就会持续存在，并且在可预见的未来一起变化和发展。

五、精准性

应对各种患情，传统的做法是对各种患情信息进行判断推测，往往缺少精准性。在信息时代，物联网、智能联网、大数据的广泛应用，使防患信息更加快捷、准确、可靠，使防患科学的精准性变得非常高，精准统计、精准计算、精准传输、精准定位、精准控制、精准评估，进而有效保证防患行动更快、更准确地作出反应。

一是精准选择防患目标。精准选择防患行动的目标，提高防患效率，快速达到精准防患目的，是精准防患必须解决的首要问题。首先，目标选择的出发点要基于效果，紧紧围绕所要达到的防患效果，确定重心后再开展行动。不但要保证成功，还要讲究效率，减少附带损伤。其次，目标选择的方法由以定性分析为主转向以定量分析为主，通过科学地选择计算模型，对所要精准防患的目标进行精心策划、科学选择。对于部分关键目标，还应通过模拟手段，进一步评价精准防患效果和可行性，为决策提供支持。最后，对患情目标选择的关注点由以空间目标为主转向时间目标与空间目标并重。与空间概念上的目标相比，时间概念上的目标具有动态性，随防患行动阶段的转变而变化，此阶段的一般目标，在彼阶段可能变成主要目标。实施精准防患行动，必须具有在精准防患全过程对动态的时间关键目标进行精准选择、准确行动和快速评估的能力。

二是精准运筹防患力量。在分析防患行动样式环境的基础上，依据精准防患的目的、任务、能力、目标数量和性质，通过科学计算和计算机仿真模拟、精准筹算防患力量在各个阶段、任务和目标之间的分配，实现最大的防患效能。

三是精准感知防患行动态势。对防患态势的精准感知能力，是实施精准防护、精准防患行动、精准控制的前提。平时准备阶段，要运用智能联网、大数据技术侦查手段，准确掌握现场的地理、气候、电磁环境，目标的详细资料和力量部署情况；在精准防患过程中，要通过大数据的侦察监视系统和情报信息综合、分发系统，实现各探测平台、指挥平台之间情报信息的实时“直播”与“共享”，快速而准确地感知现场态势。

四是精准组织防患行动。在运用智能网联和大数据精准侦察、精准感知的基础上，通过导航卫星定位，对目标进行准确定位和精准防患的过程中，按照上级提供的精准信息，以最快的速度到达最准确的处置位置，实施有效的治患行动。

五是精准实施防患行动。在对目标进行精准防患定位之后，能否进行精准防患行动，关键取决于防患力量专业队伍的应急反应能力。一般来说，在2 ~ 4小时内进行应急的精准防患行动，从接收防患信息到开始行动要做到实时化。

六是精准实施指挥控制。各级指挥人员及其指挥机关能够通过智能网联、大数据的指挥信息网，持续不断地感知整个事件现场态势，近乎实时地获取现场信息，并对获取的信息进行快速处理，制订防患计划和发布防患命令，各级防患力量通过网络几乎可在同时获得同步的信息，了解上级指挥员的意图和指令，从而做到同步行动，实现精准协同；指挥员可以根据现场态势的变化，随时对各级力量的任务进行动态的调整和重新分配，有效避免附带损伤，最大限度地发挥防患力量的特质潜能。

七是精准评估防患效果。对整个精准防患的时效进行及时有效的评估，包括对每个防患单元人力、物力、时效、目标任务及防患行动进行科学评估；如果缺少对精准防患行动、时限、效果的评估手段，精准防患的指挥控制就缺少一个重要环节，难以形成信息反馈的闭合回路。缺少防患行动效果的反馈信息，就谈不上对精准防患行动全过程的精准指挥和控制。确保评估系统在应对现实需求的基础上，实现科学性和合理性。基于这一前提，利用物资、资金、科技等资源，建立一个覆盖患灾现场各个领域、贯穿患灾害发生全过程的综合评估体系。首先，需要界定评估的对象，因为不同患灾害在应急响应的能力和需求上存在差异，所以必须设置有针对性的评估指标，以确保患灾害应急响应措施能够有效满足其既定目标和需求。其次，强调实践性。一方面，重点评估基础设施的建设、患灾害预防规划、指挥决策等关键环节的防患灾基础能力；另一方面，对患灾害防治体系中各个部分及其构成要素的实际效果进行综合评价。在此基础上，结合患灾害预防的实际需求，提前设定评估内容，对各种患灾害防御能力进行全方位评估，以此促进灾害防御能力的提高。所有指标都应该是精确的、可量化的，并且相互之间要有系统性。对于潜在的各种患灾害，应根据上级机构制定的评价标准，结合本国的具体国情，制定相应的风险评估和应对策略。在此基础上，对各种能力指标进行细化，识别出反映差异性的关键节点和要素，减少指标间的重复，确保各指标间的独立性和相互联系。通过数值计算与仿真试验相结合的方法，对各能力指标，特别是对于患灾害指挥系统、重要经济目标的保护能力、基础设施建设在军事需求等方面进行合理的权重分配，实现对患灾害防御能力的量化评估。

八是精准实施行动保障。在精准防患的全过程，各级指挥人员及其机关能够通过保障信息网络系统，同步跟踪和准确掌握装备、物资的消耗情况、流动情况和防患需求状况，及时下定保障决心，快速、有效、准确地组织装备、物资来保障行动，使各种防患力量能满足持续防患能力的需求。

第三节　防患科学与其他社会科学的关系

一、防患科学与历史唯物主义的关系

防患科学是哲学的重要内容，我们创立防患科学的初衷就是摆脱对社会进行思辨研究的传统。从防患科学诞生至今的历史就是用科学方法武装自己经验的历史。防患科学与哲学构成特殊与一般的关系。在我国，防患科学与哲学的关系表现为防患科学与历史唯物主义的关系，要注意区分学说与学科的概念。学说是指学科中的思想流派和理论见解，如同生物学中的进化论。历史唯物主义是哲学学科中的一种学说，马克思、恩格斯发现了唯物史观并

提出了一种新的哲学学说，使之成为一门新的学科。因此我们既不能把历史唯物主义的对象扩大到非哲学领域，如把防患科学及其他学科的内容也包括进去，也不能把历史唯物主义的一些特有范畴如经济基础与上层建筑纳入防患科学理论。

从研究对象来看，历史唯物主义研究人类历史的全过程及其运动规律，防患科学研究具体人类与患灾的斗争历史及规律；从研究方法来看，历史唯物主义是一种哲学学说，研究方法主要是对各门具体社会科学进行概括和提升，防患科学主要运用各种研究方法来构建防患知识体系；从社会作用来看，历史唯物主义是整个防患科学的世界观和方法论，防患科学是具体帮助人们认识防患规律的理念、方法，历史唯物主义为防患科学提供理论和方法的指导。

二、防患科学与单一性防患科学的关系

从研究对象来看，单一性社会科学是指研究社会的某个单一的或专门领域的学科，如法学、伦理学、教育学、心理学等，分别围绕各学科的中心问题展开研究；防患科学则以自然性、政治性、经济性、社会性等全局性发展理念为研究对象。

从研究角度来看，单一性防患科学围绕各自的中心问题展开研究，有独自的研究方法和程序。防患科学要研究政治、经济领域区域性和系统性的社会关系，在研究角度上体现出综合研究特点，即综合研究各种社会现象之间的联系，故防患科学是一门综合性社会科学。

从联系角度来看，单一性防患科学与社会发生的联系，产生社会“防患化”现象，这就是指这些学科要借助防患科学的知识和方法，并在这样的基础上产生一些边缘学科，吸取单一性学科的研究成果，作为分析整个社会的有力论据。例如，法学是以法律为研究主题的社会科学，研究法的起源、规范的制定与执行，反映人与人之间的法律关系。防患科学研究社会因素对防患工作的影响过程及机制，使人们更好地理解防患社会学关系。

经济学与防患科学的关系。经济学是研究商品和服务的生产、交换、分配和消费规律的科学，即研究物的流转过程。经济是社会的一部分，是更大更广的制度结构中的一个环节，经济体制嵌入社会结构的网格中，了解社会制度和结构才能了解解决方法及过程。经济防患科学是研究经济与社会相互关系以及经济运行过程中经济因素与非经济因素相互作用的防患科学。

三、防患科学与综合性防患科学的关系

综合性防患科学是以社会整体为研究对象的学科，如防患科学与历史学、人类学都是综合性社会科学，防患科学与历史学、人类学的差异在于研究的角度、趋势、重点、方法、目的的不同。

防患科学与历史学的研究范围几乎相同。历史学是研究人类社会历史的科学，是关于人类社会已经走过历程的活动规律的研究。而防患科学也具有史学意义，同样具有事件发生顺序及相互关系的特点，包括因果关系。历史学是当今非常重要的一个防患科学学科。防患科学是现在的历史学，历史学是过去的防患科学，即二者存在研究现实与过去、横向与纵向的区别，正如李大钊所说：纵观人间的过去者便是历史，横观人间的现在者便是社会。

第七章　防患科学体系

随着人类社会的不断发展进步，构建科学的防患体系是人类社会发展的必然趋势。忧患始于先，防患在于行，是构建防患科学体系的基点。

一是忧患于自然。人与社会、自然本应和谐共存，依托和利用自然环境利人的生存和发展是天意之理。但一些国家和地区为了求发展，不惜破坏生态规律，造成某些地方严重污染。大自然之患已严重影响社会发展，威胁人的健康生存，导致风灾、水灾、震灾等多发，损失不可估量。

二是忧患于民生。首先是食之患。多食、乱食、乱补皆生患，患之疾，疾病而亡。其次是人疾患成病。人患病多因疾患而病，百病皆患，疾患成病；人从生到死，患随终身。最后是人行之患。每逢行动易生患，每事而生患，患逢时，也会殃及人身；人守业之患，天灾生患，由患成灾；创业之患，小创小患，大创大患，患藏业之行，业患创之极；万事皆患有，逢患及万事。

三是忧患于行业。电力、通信、税务、财政、卫生、环保等行业，高工资、高待遇，此患拉大了行业间的差距，也严重地冲击着社会稳定。疾患过多，必患之乱世。

四是忧患于社会。人类社会发展不协调、不平衡，造成不公正、不平等问题日趋凸显。贫富差距、城乡差距、地区差距、行业差距加大，使人与人、人与社会之间的矛盾加深，导致社会不安定、世界不和谐因素增加。

五是忧患于国家。西方各国执政党奉行新自由民主下的“权钱政治”，这种治国理念，导致人类社会的生存与发展以“权钱”为主导，从而背离了公正为民、公平利民、平等待民的根本宗旨。用“权力至上”“金钱万能”的理念主导社会，使社会腐败盛行，贪污成灾，导致民心失落，使各个国家，特别是西方社会，动荡不安，危机四伏，动乱不断，为独霸称强，策划局部战争，给人类社会造成了巨大伤害，世界范围的各种威胁日趋增大。同时，各类患情冲击着各国的执政根基，许多国家也因此受到严重冲击。

构建防患科学体系，对完善马克思主义中国化理论的创新发展，推动人类社会健康发展，有着特殊的现实意义和深远的战略意义。

第一节　防患科学理论体系

防患科学理论是由基础理论和应用理论构成。二者缺一不可，基础理论是形成应用理论的基础，是防患科学的创始理论。《防患论》[①]一书为创立《防患科学概论》打下了基础，创造了基本理论条件。

一、防患科学基础理论研究

防患科学的基础理论研究，是一种实验或理论研究，目的在于从有关现象中获得可观察事实的基本原理的新知识、新理念、新科学。《防患论》[②]一书全面地论述了患与防患的客观性、潜质性、普遍性、规律性、长期性并深刻剖析了患产生的根源，是防患科学的创始性理论，为创立防患科学打下了良好的理论基础，本书是《防患论》的姊妹篇。

一是全面系统地论述了“患”存在的客观性、普遍性、规律性、长期性。“患”的存在和发生有其深刻的根源，其衍生并不是不可捉摸、无章可循的。凡是有人、有生命的地方均有“患”的存在，具有其客观的普遍性和规律性。

二是深刻剖析了“患”产生的根源。客观世界的不确定性是“患”存在和发生的“心”患之源；人类理性的有限性是“霸”患的衍生之源；人的主

①② 戴凤秀：《防患论》，社会科学文献出版社，2016。

体行为的自决性是“贪”患的现实之源；人类实践活动的客观性、开放性、复杂性和不可预料性是“占”患的环生之源；意识形态之争是“滋”患之源；耻感文化的缺失是“积”患之源；西方的“权钱政治”是“致”患之源；文化“软战争”是新患之源；气候变化是人类社会的祸患之源。

二、防患科学应用理论研究

防患科学的应用实践，必须着眼人类社会发展的现实需求，普遍性地运用于实践之中，具有广泛的生命力。应用理论的研究，是立足当前、面向社会、着眼未来的人类社会发展的战略需求。需要有针对性、时效性地研究患存在的表现、危害与应对策略，研究防患、治患、排患的战略对策，以确保人类社会健康发展，实现人类命运共同体幸福的梦想。《防患论》一书，对防患科学的应用理论研究范围作了如下论述。

一是人类社会发展中的自然灾害的形之患。风灾之患；水灾之患；冰雪灾之患；旱灾之患；雷电灾之患；地质（地震）灾之患；泥石流灾之患；海啸灾之患；宇宙灾之患。[①]

二是我国社会发展中的形之患。环境恶变之患；交通事故之患；金融、经济危机之患；当代恐怖主义泛滥之患；南海之患；能源通道的威胁之患；海洋权益冲突之患；有争议领土主权之患；水资源匮乏之患；核威慑争端之患；火灾害之患；疫情灾害之患。[②]

三是社会利益分配反差过大，是导致“不公正、不公平”的现实之患。利益关系不协调，是影响社会和谐的关键之患；收入分配不合理，是导致社会秩序不协调之大患；社会公平的利益机制不健全之患；缺乏公正是近代社会落后的症之患；腐败是影响人类社会发展的大患。[③]

四是执政联盟“公本理念缺失”的极端性之患。极端“发展主义”之患；极端“利益”之患；极端“权力”之患；极端“民主”之患；极端“实用主

①②③　戴凤秀：《防患论》，社会科学文献出版社，2016。

义”之患；极端“拜金主义”之患；极端“本位主义”之患；极端“个人主义”之患；极端“利己主义”之患；极端“消费主义”之患等。[①]

第二节 防患科学实践应用体系

防患科学实践的关键点是忧患在于心，防患在于行。要实践好、应用好防患科学，必须贯彻以人为本、教育为上的根本理念。必须把忧患、识患、防患、治患放在第一位，才能有效地应用好防患科学理论，真正使防患科学理论发挥其应有作用。

一、防患科学的教育体系

（一）要强化教育，提高忧患、识患、防患、治患能力

在人类社会的发展中，正确认识患，深入研究隐患，及时治理、排除隐患，是推动事业发展的动力。如果有隐患不认识、不研究、不防治，将会影响事业的发展进步。加强对工作中隐患问题的研究，是各级领导干部和机关做好工作的一个重要方法和内容。在实际工作中，要加强对各级、各类人员进行忧患、识患、防患、治患教育，使每个人充分了解善于忧患、识患和防患、治患的客观性及必要性。做到人人会防，事事都要防患、治患，有适时排患的举措，真正做到防患于未然。

（二）要充分认识忧患、识患的意义

实践表明，善于忧患、识患，才能更好地认识事物规律、把握规律、运用好客观规律并扎实有效地开展工作。党的十七届四中全会通过了《关于加强和改进新形势下党的建设若干重大问题的决定》，提出建立领导班子定期务虚制度。务虚，某种意义上就是要提高提前识别隐患、发现隐患、解决隐患的能力，目的是通过审时度势的思考、深入的研究和精心的谋划，及时发现

---

① 戴凤秀：《防患论》，社会科学文献出版社，2016。

隐患，不断治理隐患，增强工作的针对性和实效性。

1. 善于忧患、识患，是落实推进中国高质量建设的必然要求

高质量建设的一系列重大现实课题，需要科学决策，搞好顶层设计。而科学决策来源于对重大战略问题的深层次研究，研究不到位，隐患不能提前识别，决策就失去了有力支撑。只有经过深入研究，提前规避患的边界，才能科学统筹先干什么、后干什么等问题，从而使决策更安全、更靠得住。特别是随着国家政治、经济、军事等建设的发展，不熟悉、不掌握的领域多，影响和制约国家政治、经济、军事建设的相关因素错综复杂，更要加强对可能发生的隐患进行定性与定量研究，加大决策的安全性、可行性研究，防止因小失大，使国家建设发展规划举措更加科学、有力、有效。

2. 善于忧患、识患，是促进国家安全的必然要求

任何事物都有其内在规律和安全边界，不提前加以识别和定性，就很难准确认识规律、把握顺应规律，将会影响国家安全建设。特别是随着国家安全（军队、公安系统）建设职能任务的拓展，其内在的患险系数也在提高，不稳定的隐患增多，更需要我们认真加强前瞻性研究和规划。否则，工作指导缺乏安全性，工作举措就缺乏稳妥性。

3. 善于忧患、识患，是提高工作质量的必然要求

工作要干得漂亮，经得住考验，一方面需要优异性，完整出色，效率出彩，另一方面更需要稳妥性，切不能表面上看起来光辉绚烂，底下却时刻掩埋着炸弹，这样的结果只能是绚烂过后一地鸡毛，这样的工作质量，也只能是虚功、摘假把式。事实证明，凡是那些能做到未雨绸缪，把隐患研究得很深、很透的单位，工作思路就清晰，工作质量和效益都很高。

4. 善于忧患、识患，是增强能力素质的必然要求

识患对领导者来说，应是一种基本素养。古人云："预则立，不预则废。"说的也是做事要早谋划、早准备才能立于不败之地，如果毫无预见性，必然失误。纵观当今世界，国际风云变幻莫测，百年未有之大变局，不可知因素

增多，不稳定因素增强。面对国内外复杂多变的政治、经济形势，增强政治敏锐性，提高预见性和应变能力，成为各级领导干部提高执政能力和抗患险能力的必然要求，也成为提高领导素养的题中应有之义。

5. 善于忧患、识患，是工作创新发展的必然要求

对任何一个单位来说，工作不能创新，就只能是周而复始地做一些无用功，在低层次徘徊。但创新的前提是要有延续性、安全性，如果一味地创新，不注重客观的隐患，不注意创新过程中的历史遗留问题，这样的创新也只能是沙中建塔，海市蜃楼，是没有根基，没有保障的创新。

（三）善于把握科学有效的识患方法

1. 善于在贴近群众中识患

宋朝苏洵曾说“月晕而风，础润而雨”。当今世界正经历百年未有之大变局。形势复杂多变，我国既面临难得的历史机遇，也面临诸多可以预见和难以预见的患险与挑战。因此，领导干部要牢牢把握改革发展大局，立足现实，思虑将来，贴近群众，时刻把老百姓的冷暖挂念于怀，把老百姓的境况放在心上，一些隐藏的风险，应该要非常细致地观察和了解，作出周密科学的安排，同时执行好相应的防患措施和应急保障。天下可忧在民穷，天下可畏在民怨。当前，我国经济社会发展中的人本特征和高质量发展主题为领导干部的工作思路指出了方向。因此，在平常的工作主题上，在经济社会发展的战略布局上，要重点协调好、兼顾好各方面的利益关系，在工作的各个环节和层面上正确反映和兼顾不同地区、不同部门、不同阶层群众的利益，才能化解出现的社会矛盾和冲突，才能消除造成社会不稳定的这些诱发患灾难的因素。

2. 善于在细微处识患

善于在细微处识患。经济社会发展的复杂性，使得领导干部需要具备应对复杂局面的能力。古人云：“夫风生于地，起于青萍之末。”蝴蝶效应告诉我们，原本很小的差异，结果却能相差十万八千里！混沌理论则进一步指出，初始条件的十分微小的变化经过不断放大，对其未来状态会造成极其巨

大的差别。因此，领导干部一方面要一斑知豹，要留心一切微小的异常现象，因为这些细小的异常状况暗示着潜在影响整体发展的问题。我们需要及时预测事物的发展趋势，了解事物发展的规律，通过周密、科学的计划和策略来引导事物朝着我们期望的方向发展。另一方面，要见微知著、础润而雨，把矛盾、纠纷消灭在萌芽状态，对事物发展可能产生的负面作用提前作准备，未雨绸缪。也只有将萌芽状态的矛盾、纠纷及时化解，对事物发展的负面影响预处理，才能降低经济社会发展的成本，使社会稳定和高质量发展。

3. 善于在调查中识患

做到“六到”：一是身到。领导干部要亲自到现场看看真实情况，切入生活，对信息和资料要第一手获取到，杜绝做“二道贩子”。二是眼到。要亲自到一线看看真实情况，增加感性认识。三是耳到。要到群众当中去听取意见。四是口到。要像古人讲的“入山问樵，入水问渔”，要“每事问”，通过询问掌握最真实的情况。五是心到。收集到的情报需要完成综合性的分析，从整体上进行思考，不以偏概全，将正面因素和负面因素相结合；在分析时既要保持乐观，从积极的角度看待问题，也要保持一定的悲观，从最坏的角度对问题进行分析，做到既要从相对稳定的态势看发展，又要善于从联系上、发展上、趋势上研究新情况、新问题、新隐患；把定量分析与定性分析结合起来，做到既要从质的规定上去把握，又要注重用量来衡量。六是手到。就是能用文字的方式把调查研究中发现的隐患情况表述出来。

4. 善于在实践总结中进行研究

加强识患能力，就要养成总结的习惯，对每天干的工作、办的事情、完成的任务，认真回过头来看一看、想一想、理一理，分析一下得失，查找一下隐患，做到每总结一项工作或任务，就能使理论思维能力得到一次锻炼和提高。在此基础上，要结合实践加强理性思考，善于去粗取精、去伪存真、由此及彼、由表及里，使感性认识理性化、零碎做法系统化、成熟经验制度化，形成对客观事物的规律性认识。

（四）善于建立识患的长效机制

1. 明确隐患排查治理的责任

例如在生产部门，生产经营单位是事故隐患排查治理的责任主体，其主要负责人对事故隐患的排查治理工作全面负责；生产经营单位将生产经营项目、场所、设备发包或者出租的，应当与承包、承租单位签订安全生产管理协议，明确各方对事故隐患排查治理的管理职责，并对承包、承租单位的事故隐患排查治理负责统一协调和监督管理；安全生产监督管理部门负责对本行政区域内生产经营单位排查治理事故隐患工作实施综合监督管理；负有安全生产监督管理职责的部门负责对所辖行业或领域排查治理事故隐患工作实施监督管理；其他管理部门依据职责对所辖范围内的事故隐患排查治理工作负责。

2. 建立隐患档案

对查出的事故隐患，应当分类登记、建档。一般事故隐患，要逐条记载、分类、建立台账；重大事故隐患，要建立一患一卡、一患一档。一般事故隐患台账的内容应当包括：登记时间、隐患名称、隐患类型、具体部位、整改资金、整改措施、整改期限、责任部门、整改责任人等。重大事故隐患档案除上述信息外，还应当包括：隐患基本情况、隐患形成原因、危险危害程度、隐患确认报告、整改治理方案、整改评估结果、部门验收意见、申请销号文书等内容。

3. 完善重大事故隐患的管理

重大事故隐患的监督管理工作在上级部门的统一领导下，实行分级分类管理。各级应急管理部门在督促生产经营单位整改重大事故隐患的同时，应提请政府及时协调、解决重大事故隐患排查和整改工作中存在的困难与问题，确保重大事故隐患能有效监控、及时整改。重大事故隐患治理方案应由生产经营单位主要负责人组织制定并实施，要明确治理的目标，制定好相应的措施，对经费和物资落实到位，将责任落实到人，同时要对治理的时间和成果作出要求，并制定应急方案。

4. 健全制度，依法依规治理事故隐患

各级政府、安全生产监督管理部门和负有安全生产监督管理职责的部门应当制定隐患排查治理的管理制度、工作规范，指导、督促生产经营单位按照有关法律、法规、规章以及标准和规程的要求，建立健全事故隐患排查治理的各项制度，监督审查工作要按照规章执行，并且要保证事故隐患排查治理是一项常态任务，并建立一套长期有效的管理机制。重点建立以下制度：一是事故隐患排查治理责任制。明确从领导到员工，从管理部门到生产岗位的排查治理事故隐患的职责、任务等。二是事故隐患排查治理工作制度。对排查治理的依据、标准、内容、方式、时间和隐患建档登记、级别认定、治理责任等作出规定，促使生产经营单位自觉查隐患、主动治隐患。三是事故隐患排查治理保障制度。规定事故隐患治理的资金、物资筹措渠道，投入预算、使用范围、管理办法等，为治理事故隐患提供必需的保证。四是重大事故隐患管理制度。明确重大事故隐患的报告、评估、定级、登记、治理、验收、销号、挂牌督办等程序和要求。五是事故隐患排查治理信息报送制度。按照《安全生产事故隐患排查治理暂行规定》，及时、完整、准确、归口报送事故隐患排查治理情况统计分析。六是事故隐患公众举报制度。安全生产监督管理部门应当公布举报电话，方便公众举报，接受社会监督，对发现和举报事故隐患的有功人员，应当给予物质奖励和表彰。

（五）加强对巨患战略问题的研究

当今世界和平与危机并存，繁荣发展的同时，政治、经济、军事、国家安全、金融安全以及社会安全、个人生存与发展等事关全局的巨患等也处处存在，这样的大背景下，如果没有很强的防巨患意识和谋划能力，就不可能提出精准而恰如其分的决策指导和建议，也不可能有效地化危机于无形，实现社会各组成要素的稳定发展。

建立一个巨患战略研究部门，是当前和今后一个时期社会稳定发展和大力发展的一项重要任务，这就迫切需要从理论与实践的结合上，对强化巨患意识、提高识巨患素养、加强对巨患研究和提高巨患防治能力等重大问题作出回答，用以指导全社会乃至全人类的科学、和谐、稳定发展。

必须强化巨患战略意识。各级领导干部必须具有很强的巨患战略意识，是巨患战略谋划型机关人员的必备素质。在此高级谋划型机关工作的人员，如果没有很强的巨患战略意识，在谋划工作时，必然是短视的、片面的、就事论事的，不可能揭示出各类事物发展的规律，并提出行之有效的防巨患对策方略。因此，建设战略谋划型机关，必须从强化巨患意识入手。

1. 必须强化政治意识

在中国，政治属性是各部门的重要属性之一，各部门都要负有为政治服务的职责。作为巨患战略谋划型领导机关，各项工作和建设都有很强的政治性、政策性，任何时候都要把讲政治摆在第一位。在从事各项谋划工作时，必须充分考虑巩固党的执政地位、维护国家安全和发展利益等问题，牢牢把握政治上的主动权。西汉董仲舒说过："正其义不谋其利，明其道不计其功。"这是儒家正统的反功利思想。而从战略的层面看，应当是"正其义先谋其利，明其道必计其功"。在维护国家资源的有效分配、维护国家发展的长远利益这个重大问题上，一定要认真落实讲政治的要求，把"义"和"利"，"道"和"功"考虑得很明白，不但应当求有"利"，而且应当求有"功"，始终坚持国家利益和人民利益至上。

2. 必须强化使命意识

要以实事求是的科学态度对待社会发展中存在的各种涉及全局的巨患。如当前有关社会稳定、贪污腐败、环境问题、资源问题、社会保障、贫富差距、区域发展不均衡以及住房、医疗、食品安全、教育等问题凸显，这些事关国计民生的大事中的巨患，都应从有效避免各重大事件有可能发生的隐患角度，维护国家安全和社会稳定，完成多样化社会任务，都是巨患战略谋划型机关人员履行使命的基本实践。忠实履行使命，就要以战略眼光分析判断形势，高度关注国际战略格局的发展变化、国家安全形势的发展走向，把巨患战略谋划型机关建设特别是履行使命放在国际国内大环境中去运筹，以敏锐的前瞻意识把握发展先机。要坚持使命牵引，不管形势怎么变化，防患、治患的中心任务的思想不能松、标准不能降、劲头不能减，各项建设和工作围绕中心展开和实施的决心不能动摇，始终忠于使命、献身使命、不辱使命。

3. 必须强化细节意识

莎士比亚有句名言：少了一个铁钉，丢了一只马掌；少了一只马掌，丢了一匹战马；少了一匹战马，败了一场战役；败了一场战役，失了一个国家。说的是英国国王查理三世的故事，虽然很传奇，但却追溯到了细节。少了一个铁钉，最终可能失去一个国家。所以，必须牢固树立细节意识，把细节意识作为巨患战略意识的重要组成部分，不断迎接新挑战、接受新考验。

4. 必须强化忧患意识

“安不忘危，盛必虑衰。”忧患意识要求我们的一切战略思考，都必须具有未来导向，今日之所为都是为了给明天作准备。三国时期的战略家诸葛亮在《后出师表》中说，“夫难平者，事也”。意思是说，事情的变化难以预测。而科学预测国际国内战略形势的发展变化、总体走向和可能结局，是防患谋划型领导决策机关的重要职责。当前，人类社会各领域的隐患很多，其中一些与国家的发展理念和社会稳定息息相关，必须进一步强化忧患意识，正确分析判断复杂多变的形势，及时回答和解决国家发展中的重大现实问题，努力做到在复杂情况下临机决断、科学决策，这是对防患机关战略谋划能力的实际检验。

5. 必须提高对巨患战略研究的素养

对中高级防患谋划决策机关人员来说，巨患战略素养是一种综合素质，包括坚定的信念、开阔的眼界、宏大的胸襟、奇伟的气魄、非凡的远见和过人的职业嗅觉等方面。体现在战略谋划上，应当从以下三个方面入手。

（1）加强整体性战略谋划。任何战略都需要服从和服务于全局利益或整体利益。站在局部、囿于局部，以及只谋一时不谋长远的谋划，都不能称之为战略谋划。因此，要善于把全局作为观察、处理问题的出发点和落脚点，自觉运用战略意识和战略眼光，来研究、分析、思考和处理全局性方向性的重大问题。古今中外历史上也有这样的现象，一些看似不影响全局甚至是微小的隐患，但其涉及面却是全方位的，如果不把这些隐患放到战略全局的高度来考虑，来作出防范，其引发的负面影响往往是致命的。从这个角度来思考，在现实情况中，即使是不起眼的一个隐患，也要站在全局的高度，实施服从全局的科学谋划，保证各项工作任务在全局中不失不偏。

（2）加强预见性战略谋划。英国哲学家培根说过，善于在做一件事的开端识别时机，这是一种极难得的智慧。战略谋划的最高境界，就是要让未来的发展过程，首先出现在思维过程中。这就需要我们具有前瞻的战略眼光。就是说，我们要善于认识、把握和遵循各类事物的发生发展规律，运用战略思维指导工作实践，推动防范巨患工作。比如，判断一个重大事项的发展方向，既要根据其性质特点，又要能预见发展的趋势，判断其总体走向，从而科学地作出战略决断，杜绝任何本不必要发生的巨患发生。

（3）加强对突发性危机之患的战略谋划。巨患的发生往往具有突发的特点。群体性事件多发，这是社会情绪和社会问题的集中爆发。我国正处于社会改革与转型的关键时期，一些由意见不同而导致的分歧无法避免。因此，相关人员妥善处理这些问题的能力就十分重要且必要。如果相关人员不能进行有效的处理，则可能会导致政府失去人民的信赖；反之若相关人员可以给出科学合理的解决方案，那么政府的信誉会得到提升。对于突发性事件的战略思维，要做到如下几点：第一是“早”，对问题要做到最早发现、最早解决，在问题严重化、扩大化之前就将其扼杀；第二是“快”，必须保证相关政府人员在第一时间抵达事件现场去解决问题，亲自指挥工作；第三为“诚”，对于人民群众的相关诉求必须积极处理，不逃避、不回避群众问题；第四点则要“智”，对于群众流露出的情绪要妥善处理，积极协调各方利益，一定要避免突发事件被别有用心之人利用。

6. 围绕国家安全战略进行防巨患战略研究

20 世纪早期，英国战略家富勒将军曾说过，大战略家的第一职责，即为评估其国家的经济和财政地位，并发现其优劣之所在；第二，他必须了解其国民的精神特性，其历史、其社会，以及其政府制度。我国宋代的司马光也说过，当志其大、舍其细，先其急、后其缓，专利国家而不为身谋。意思就是思考国家的大事，必须心胸广大、眼光长远，才能做到识大体、顾大局、成大事。防巨患战略研究要建立在对国际战略格局变化和国家发展形势的科学判断和准确把握上。通过加强对国内外安全形势的分析研究，准确把握国家安全和社会稳定形势的走向，并以此作为战略谋划的基点，为决策提供依据。

（1）围绕国家发展战略进行巨患战略研究。中国2000多年前的军事家、战略家孙武在《孙子兵法》中提到，兵者，国之大事，死生之地，存亡之道，不可不察也。这里的“兵”，就有军队的意思，同时也阐明了国防和军队系统担负着维护国家安全和社会稳定的重大任务。

（2）围绕信息化战略进行防巨患战略研究。信息化在社会和经济变革中举足轻重。我国现代化进程离不开信息化水平的提升。可以说科学发展的实现以及全面建成小康社会都离不开信息化的积极发展，全面信息化对于建设中国特色社会主义国家来说不可或缺。在21世纪，信息已经成为一种关键的资源，影响着社会的资产和一些无形财产，尤其是互联网高速发展的当下，信息技术和计算机技术正在不断发展，从方方面面更新着社会形态。

（3）信息安全问题仍比较突出。一些网络违法犯罪问题在全世界日益突出，包括网络攻击、计算机病毒以及散布虚假有害信息等。这些问题直接关系我国的社会、经济发展和国防安全，从战略层面出发，必须深度研究并妥善处理这些问题。对此，我们也必须从巨患战略的角度来予以重视和研究。

7. 必须提高对防巨患战略的谋划能力

（1）我们需要让巨患战略谋划达到一个全新的高度，把科学理论作为我们最坚实的武器。我国领导人高瞻远瞩的思维和深刻的战略理论，使我们在思考防巨患战略问题时有了全新的视野，同时其也是促进和统筹军队建设与国防建设的强大思想武器。因此，理解并运用这些思维和理论能很大程度上加强我们的谋略能力，让我们可以更加快速地抓住事物发展的客观规律，并让我们的理论知识得到进一步深化。

（2）中华文明上下五千年，忧患意识被不断继承和发扬，我们理应对中华优秀传统文化进行研究，从古人的智慧中汲取全新的战略思维。《周易》曰：《易》之兴也，其于中古乎？作《易》者，其有忧患乎？明于忧患与故。这两句话剖析了人对忧患的认知和导致人忧患的原因，同时也是我国对于忧患思维的较早叙述。《周易·系辞传》也认为，我们需要时刻对现状保持警惕，这种对当下处境保持警惕的思维正是后来的忧患意识：是故君子安而不忘危，存而不忘亡……

这些忧患思想深刻研究、总结了历史经验和教训。这些传统文化的优秀部分对我们增加防巨患战略的深度具有十分重要的作用。

（3）在优化知识结构中拓宽视野，努力提升防巨患战略谋划的广度。我们正处在知识爆炸的时代，面临不同层次、不同领域、不同类型的知识，需要把这些知识综合集成起来，形成新的知识和智慧，以提高我们识患、防患、除患的能力。尤其要看到，当今时代，政治、军事、经济、外交、文化、法律彼此之间的联系性很强。从战略层面上看，这些时代因素越来越整体化。我们要通过请进来教、送出去学、在岗自学等途径，加强对战略、政治、经济、历史以及法律等知识的学习，并结合工作任务，有意识地进行战略谋划和锻炼。有了丰厚的知识积累和功底，才能促进防巨患战略的谋划能力不断提升。

（4）在关注前沿技术中洞察变化，努力提升防巨患战略谋划的锐度。在科学技术日新月异的今天，一些新的前沿知识和技术，如信息技术、生物工程、航空航天、新材料、能源技术等，已为社会带来新的发展动力。从历史经验看，任何一次知识和技术的更新，又都不可避免地成为一把“双刃剑”。我们必须以时不我待的精神，抓紧信息技术等前沿知识的学习，提升信息化条件下对防巨患战略分析、战略谋划、战略创新、战略决策的能力。

（5）在结合工作实践中深化研究，努力提升对防巨患的谋划宽度。防巨患战略谋划不是闭门造车，必须紧密结合任务与建设的实际，在实践中深化，在深化中提高。要善于提出重大问题，深入研究重大患情，使思路不断打开，眼界不断拓展，认识不断深化，谋划的层次和水平不断提高。要以开展重点工作为契机，以创新发展的思路，通过集中研发攻关，在诸多矛盾中发现并抓住关键环节，拿出破解重点和难点问题的最有效之策，谋求推进各项重大工作发展进步的最优起点。要结合完成重大任务，不断积累防巨患的思维知识和经验，提高战略谋划和宏观指导能力，确保在党和国家工作大局中发挥更大的作用。要对国家建设工作中可能出现的新患反复调查研究，吃透上头的、摸清下头的、了解外头的、形成自己的，从而不断提升防巨患战略谋划能力。

8. 要努力提高各级领导干部忧患、防巨患的能力

科学的防患研究能力也是创造性的劳动，防患是确保人类社会发展的本质要求。各级领导干部的责任，就是对真理的探求、阐发和应用。要揭示防巨患的特点和规律，并用高质量的防巨患理论研究成果为国家发展的决策服务、为社会事业建设服务，就必须在强化防患意识、提高防患能力上下功夫。

（1）要努力增强防巨患意识。牢固树立“防患是和谐之源，和谐是发展之本”的思想，把防患作为推动社会发展的第一要务和工作追求的崇高目标，多出新招实招、少讲空话套话，多下“及时雨”、少放“马后炮”，大力提倡多一些在患灾之前的“诸葛亮”，少一些患灾之后的“诸葛亮”。坚持防患进取、反对因循守旧，勇于防患，敢讲前人没有讲过的话，敢走前人没有走过的路。

（2）我们应该提升对潜在巨患风险的察觉能力，这也是我们作出科学决策的基础。我们作出的决策应当从整体入手，在制定战略时要有长远的眼光，只有做到深入调研，才能善于观察患、发现患、确认患，科学研究患。从一定意义上讲，发现一个患，就等于解决这个患的一半了。当前，绝大部分课题的研究来源于上级和领导的“命题作文”。这虽有利于工作与上级和领导的需求对接，获得课题研究相应的经费保障，但也容易导致自身选题意识和选题能力的弱化，长此以往还可能陷入工作被动应付的状态。因此，应当把善

于发现患并带有创新性特别是原创性的防患能力，作为工作创新研究能力的重要组成部分，善于站在国家建设的战略全局高度，及时发现患、研究患、防治患，超前设计、预先准备，掌握在防巨患创新研究能力上的主动权。

要做到及时准确地观察和发现社会发展中一些带有倾向性、规律性的患情。第一，以政治层面为着力点观察患。研究者和决策者要坚定不移地讲政治，这是每一位研究者和决策者必备的基本素养，特别是面对复杂多变的国内外环境，我国的研究人员和决策机关要运用马克思主义基本理论，基于全局观念、系统观念观察和审视社会发展中具有隐蔽性的患情，在第一时间发现我国建设进程中具有规律指导性的患情，深入表象挖掘其内在本质，坚定正确的立场和方向，在党中央重大决策部署指引下稳步前行。第二，以全局观念观察患。具备强烈的大局意识、整体意识。研究每一项大的工作或处理某一重大患情，都要从全局利益考虑事情和观察患情，及时发现社会发展中对国家安全战略全局产生影响的一些带倾向性的患情。第三，从正面观察患情。以习近平新时代中国特色社会主义思想为指导，与时俱进，不断开拓进取，着眼于社会建设的发展；针对各地区、各行业的不同特点，紧密结合我国社会建设的实际，着眼于科学发展、持续发展，做好信息时代防患的理论思考，基于信息化国家发展的现实需求，从加强信息化国家战略发展的高度，理论结合实践，系统地观察、研究我国社会发展中的一系列“多发患”“常见患”“危重患”，回答什么是社会中存在的患和怎样防患、治患。对社会发展中和自身工作范围内的事进行认真观察和审视，及时总结富有防患意识的经验和处理方法，并在党内及时全面地推广这些经验。一些对解决问题起到反作用的方案则应当及时发现并剔除，要保证我国的社会主义建设工作在健康的道路上坚定前进。正面观察和鉴别问题还需要具备高度的忧患意识，全面分析一些较为棘手的情况与形势，总结会阻碍事业进展的各种问题，制定科学合理的防患策略。

（3）要努力提高善于学习和思考患的能力。善于学习才能提高思考患的能力。善于学习和获取新知识对于各级领导干部来讲，既是一种工作特征，也是一种生活状态，更是一种持续发展的客观需要。我们在实际工作中体会到，不是担心拿不到具有重大价值的课题，而是拿到任务后有些力不从心，由于新知识的贫乏而唯恐不能把它做成精品。这表明，防患需要与知识水平不足的矛盾比较突出。解决这一矛盾的根本办法，就是一定要有学习的紧迫感，抓紧学习、刻苦学习、善于学习。着眼于提高防患能力的需要，努力学习党的创新理论，学习高新科技知识，学习现代发展理论，在现实的防患行动实践中，不断吸取和更新知识，形成厚积薄发的发展态势。优化思患能力的前提是善于学习，在学习中不断强化忧患意识，在思考中体现忧患意识。要多听、多看、多思考，从不同层面收集并整理正确意见和建议，最终准确深入地认知忧患意识。思患离不开辩证思维，既要看到问题好的一面，又要认识到问题坏的一面，不将问题片面化、孤立化，要从局部发展到全局、从表面现象直达本质；还需要做到逆向思维，由果推因，从而清晰地认识到问题的根本；最后要做到超前思考，以动态的眼光看待社会发展中产生的问题，科学预测问题的发展趋势。

（4）要努力提高善于研究患的能力。善于研究患，是领导干部干一番事业的“桥”和“船”。现在有一种现象需要我们重视，就是在分析研究患上下功夫不够。为此，要特别注重培养和提高领导干部的战略思维、系统思维、辩证思维和定性分析与定量分析相结合等分析患、研究患的能力，努力做到能够察人之所不察、识人之所未识、见人之所未见、书人之所未书，写出别人“心中有而笔下无”乃至“片言解惑”等带有启发性、规律性、创新性的防患研究，更好地指导和服务于社会主义现代化建设。

善于研究患，是在对患进行认真思考并形成基本认识后，还对患作进一步的深入研究，找出解决防患、治患的最佳方法和途径。在研究患时，要把握以下三点。一是要立足社会发展建设全局。作为领导者，做任何事情，都要把忧患、防患放在重要位置，首先要考虑到全局，一切从国家安全的全局出发，一切以社会发展的全局为重，一切服从国家建设全局。因此，在研究忧患、治患时，必须站在全局的高度去考虑，看一看提出和研究解决的患是否有利于社会建设，有利于提高防患能力，有利于创建和谐社会。从而选择、确定最好的研究解决方法。二是要把握规律。任何事物都有其产生、发展的规律。要善于通过对当前社会建设上患的形成原因及发展过程的研究和分析，把握事物形成、发展规律及内在的本质联系，因地、因事制宜，对症施治，确定最有效的解决办法。三是分清主次。人类社会发展中存在的患，都存在主要矛盾和次要矛盾。解决患必须分清主次，突出重点，确定主攻方向，选准突破口。要通过对矛盾结构和矛盾运动的横向、纵向分析研究，弄清构成患的诸要素间的作用和影响，区分本质与非本质的东西，把握主要矛盾和矛盾的主要方面，同时兼顾次要矛盾和矛盾的次要方面，确定解决患的途径、措施和方法。

（5）要努力提高防患、治患的能力。善于发现、认识、研究患的问题最终目的是提高防患治患的能力，是领导干部要求具备的重要素质。因此，领导干部要在平时的生活中维护自身良好的形象。正所谓："其身正，不令而行；其身不正，虽令不从。"领导干部要努力成为人民的楷模，通过自己的实际行动赢得人民群众的爱戴，从而增强自身的威信，其制定的策略就能更容易得到群众的支持。领导干部还要敢抓敢管，以正派作风、正气和无所畏惧的革命精神解决困难，大胆地提出察觉到的潜在隐患，以持之以恒的决心对待工作中遇到的各种阻难，敢于承担责任，无惧压力和权贵。领导干部不能为了表面的和谐而忽视潜在隐患，应该及时反馈和挖掘隐患，并立刻采取相应方法进行处理。对于一些同志犯的错误，领导干部要勇于批评；在他人指出自己的错误时应当认真聆听，并进行自我批评，要把批评和自我批评当作提升自己的武器。领导干部在处理问题时要坚持实事求是，对问题展开针对性处理，不能盲目地"一口吞"，杜绝模板化、公式化解决问题。同时，领导干部要掌握问题的核心所在，要厘清问题的紧要性，并循序渐进，先处理较大的问题，再处理一些细节上的小问题，稳步前进。防患、治患急不得，不能贸然前进，但也不能原地踏步，优柔寡断。对于防患、治患的问题，领导干部需得运用最科学、最合理的方法进行解决。

二、防患科学的应对体系

科学组织全民防患行动

科学组织全民防患，是对“常见患”的有效防范。在日常生活中，“天有不测风云，人有旦夕祸福。”“患”常常会伴随在人们的身边。全民防患可有效地减少“常见患”对人民生命、财产造成的损失。

1. 人人防患

在人类生活中，患灾人人有、时时有。不防患便成灾、成难。人类活动都应将防患放在行前、治在行中，做到人人会防、个个能防，使各种患灾被消灭在个人的行动之前、之中。

2. 行为防患

人类生活的各个方面都可能有患伴随而行。行为防患是一种常见的防患避灾、消难行动，是每个人每时、每刻、每事所必需的一种常随任务，是确保人身安全的必要防患举措。随着社会的发展，飞机、轮船、汽车、火车等交通工具高速发展，人们出行乘车、飞机十分普遍。同时，这也增大了各种交通安全患灾的概率。

例如，加强对交通安全的防患知识教育是一项极为重要的任务。一是要加强对出行者的安全教育。在出行时，要对乘坐交通工具者，进行安全行走、安全登车、安全下车等相关知识教育，使每个人都明白出行要怎么做才能安全，怎么走才能安全。尽量减少“常见患”的发生，做到人人防患、事事安全。二是要普及交通法规教育。对各类人群进行遵守交通法规教育，做到人人懂交通法规，自觉遵守交通法规。尤其是对驾驶员进行相关教育。做到行车前检查车况，行车中遵守交规，做到出车必查、行车守规，最大限度地避免和减少车患事故，保证安全行驶。三是要普及中老年人交通安全防患知识。特别是老年人，出行旅游的机会多，步行、乘车也多，加强对此类人群的有关知识教育十分必要，要使他们知道怎么做才安全，防止不知而为之，造成不必要的损伤。四是加大媒体的宣传教育力度。利用电视、网络宣传安全防患常识，加大宣传力度，既形象直观，又易被人接受，是安全防患最有效的手段和方法，其行必大有益处。

3. 职业防患

每种职业都有其患情存在，不同的职业其患情存在的特点不同，但患情是无处不有、无时不在的。所以说，干什么要研究什么，干什么要防患什么，有的是技术上的防患，有的是行为上的防患，有的是职业本身的防患。认真地识患，科学地防患，患既可减也可免，才能更好地做好本职工作，作出更多更大的贡献。

4. 行业自防

在进行社会主义现代化建设的过程中，各行各业的职能任务、特点不尽相同。国家划立了 20 种主要行业，还有些辅助性的行业，每个行业都有其自身的特点，其中，难点和弱点是该行业的患情。所以，行业自身防患，是确保我国社会事业不断发展的关键环节，也是确保行业安全生存与发展的主要内容。

5. 对口联防

各个行业在做好自身防患的同时，按照“对口联合，共同防患”的原则，组成联合防患网。一个行业的生产与销售、使用单位联手防范各种患情，是确保本行业生产安全的主要内容。如汽车行业，所生产的汽车只有通过销售才能供客户使用，从而检验所生产车型的质量。要使汽车行业不断发展，必须加强对汽车销售、使用的跟踪服务和质量信息反馈，进而改进、优化、创新，更好地占领市场、扩大销售、促进发展。由此可知，联合防患是提高产能质量、推动行业发展的重要动力。

6. 领导机关带头防

各行各业的分工不同，职能任务也不同。如应急管理、公安、安全等是与防患息息相关的部门，各级质量检查部门，主管生产质量，必须在充分发挥好职能作用的同时，组织协调其他部门共同做好防治患工作，掌握主动权。组织、协调好各方力量，齐心防患、协力治患，更加有力地做好社会发展中的防患、治患工作。

各级政府是组织领导社会发展的综合领导部门，是防患治患的主体职能部门。各级政府在抓经济发展、保社会稳定方面担负着全方位的任务，必须全面协调，把各种患情灾害控制在未发之时、消灭在未形之中，才能更加有力、有效地抓好经济建设、政治建设、文化建设、社会建设，确保社会平安。

7. 系统联动防

我国的行政管理体制属于垂直管理的方式，构成了从上到下、从中央到地方的系统机构体系。气象、环保、地震、水利、森林、信息化、农业、交通等部门，以及各地的对口职能部门既有防患治患的职能系统部门，也有生产、服务的系统部门。这些系统部门的每一层都有不同的职能和任务。发挥好各系统职能部门的作用，必须上下结合、系统联动，避免断层断档，从而形成整体合力，确保防患治患的实效。

8. 自身全面防

在防患治患行动中，各系统除组织协调上下力量做好系统防患任务外，还要把本级、本单位的防患治患工作做细、做好，防止上下脱节、内外脱节。做好本单位防患工作，要从大处着眼、小处着手，管好每个人、管好每件事、管好每个环节。总之，要看好自己的门、办好自己的事、管好自己的人，确保本系统本单位防患于未然。

9. 突出重点防

对防患治患而言，没有重点就没有成效，也没有安全与发展。突出防患重点，一是突出重点行业。当前，环境污染、城市更新、矿企是患情最突出的行业。要集中全力，采取有效措施治理好这些行业，把患情防治好。二是突出重点季节。一年四季，每个时节都有不同的“多发患”“危重患”。春季防风沙，夏季防洪涝、疫情患灾，秋季防地质患灾，冬季防火患等。三是突出重点区域。就自然性患灾讲，南方要防洪灾，东南沿海地区要防风灾。社会性患情，在少数民族地区，特别是西藏、新疆等地要防恐怖性破坏。四是突出重点方向。我国周边地区，如东南沿海地区，领海资源争议较多，是诱发“多发患”和“危重患”的重点方向，需要重点关注，避免对发展造成不利的影响。

三、防患科学的应对机制

只谈防患，不设机制，防患只能是空中楼阁。世界各国在组织建立防患的应对机制上有诸多行之有效、各具特色的成功经验，比如建立应对灾害的法案等。具体而言，有的国家会通过成立临时机构或灾害处理委员会来应对突发灾害，也有一部分国家已经建立了长期的灾害处理部门，并将其设置在中央公共管理层中，让部门拥有了一定的政治权力和政治资源。这些措施都可以作为我国制定处理灾害措施的参考。

在吸收前人有益经验基础上，我们认为科学的防患应对机制至少要根据各国现有的灾害防治方法，梳理出有关灾害防控的内容。首先是及时收集整理各种灾害信息；其次是制定防灾战略，让其归属到公共管理日程之中；再次，需要评估不同类型灾害的潜在威胁和发生概率，考虑如何开展灾害处理工作以及如何实施灾害处理计划；最后，灾害防控还应该包括对灾害管理的培训教育等。

（一）决策机制

第一，建立核心协调机构。对多种患情特别是对大患、巨患的预防往往涉及多个部门，如果“各吹各的号，各唱各的调”，势必弄得一团糟。这就要求集中各种不同的防患决策权，成立综合性的核心协调机构，对防患决策权进行“拍板”，优化决策系统的整合能力和协调沟通能力。

第二，提高患灾管理机构的决策能力。目前，越来越多的患灾出现了全球化的趋势，单靠某一个部门、某一个地区都很难胜任“全防”的角色。在这种背景下，防患的部分决策权向地方公共管理机构转移也成为一个必然选择。这也必然会对防范各种患灾管理机构的决策能力提出更高的要求。

（二）智库专家机制

在实际防范各种患灾中，决策者一般无法获取到全部有效信息。这些有效信息包括灾害的强度、形态以及规模等。甚至在一些特殊环境下，决策者制定灾害防范措施时，会表现出盲目性，导致无法发挥有效作用。

为避免这种情况，决策者应该建立类似智囊机构与事前专家库的组织。决策者和灾害专家进行沟通，并建立起“智囊团”来帮助他们完成灾害防范工作。这些“智囊团”一般是一些专门的机构，人员有着丰富的经验，可以通过不同的方法解决灾害问题；同时，这些机构作为独立于政府部门的第三方，其意见高度独立，可以作为重要的参考。

早在20世纪40年代时，美国空军就聘请了兰德公司为其进行科研工作。在这之后的斯坦福研究所以及赫德森研究所等都曾参与到美国公共管理机构的决策当中。21世纪的防灾决策智囊机构属于软科学研究机构，在这些机构当中，有众多拥有专业知识的人员，他们的工作内容是为防灾治理出谋划策。

决策支持机构包括一些半官方政策研究和咨询机构。这种类型的咨询机构不属于政府也不属于民众，它们作为提供客观分析的第三方而存在；另外一部分机构则是行政性政策研究和咨询机构，主要负责研究政策和采集相关信息；还有一些咨询机构由社会团体组成，一般是企业、协会、大学的研究所等。

这些机构主要扮演“望远镜”的角色，运用科学的方法预测和收集灾难信息，以初步拟定和评估防灾方案。它们还是公共管理机构的“外脑”和“耳目”，能够持续跟踪和反馈灾情，还可以作为“监督员”进行独立调查，将灾害成因告知大众；这些机构能完成相应的培训工作，并储备决策人才。

（三）法律机制

灾害造成的危害，究其原因是自身的不确定性，我们应该花最少的时间统筹社会资源来应对突发灾害，这种资源的调控不仅涉及公众责任和社会组织，还涉及众多法律层面的因素，包括灾害的处理与控制，灾害的报告以及社会资源的征用等。

对于潜在的灾害事件，在国际上一般通过法律手段来进行防范和应对。我国建立的有关防灾法也取得了十分显著的成果，早在非典时期，国务院就紧急通过了《突发公共卫生事件应急条例》和《中华人民共和国突发事件应对法》，在极短时间内制定出了一套责任划分明确、信息流通迅速、指挥科学合理的法律机制。我国制定的防灾政策从各方面减轻了灾害带来的恶劣影响，并对后续灾害应对方案的法律化、制度化产生了积极影响。

具体而言，建立科学防患的法律机制需要注意以下两点。

1. 制定统一应对灾患的法律

土耳其等国家早已通过了《紧急状态法》，该法能够在面对不同灾害时，进行统一化的处理，并且成为防灾基本行动纲领。该法明确了防灾管理部门的职责和权力，并且规定任何灾害的应对措施都需要依法进行。这种统一化的灾害处理保障了防灾管理机构的权威，并赋予其合法权利，大大加强了有关国家应对灾害的能力。

我国也需要制定出一部符合现代社会需求的综合性法律“防患法”，以此作为我国防灾工作的行动纲领，让防灾工作更加规范化。

2. 通过立法确立综合协调部门的法律地位

在国内成立统一的常设性防灾管理综合协调部门，可以形成科学规范的社会服务联合，强化我国的城市管理和防灾能力。要依法评定此机构的职权和性质，明确该机构的资金来源和操作流程。对于国家政府来说，要设立一个综合体系与常设性防灾管理部门，这个部门主要负责协调专家意见，并完成不同事件的分类处理工作。上述的综合体系与管理部门都应该赋予其决策能力。站在国家安全的角度，要在不同地方和不同级别建设对应的管理机构，同时提出一套长期的应急方案和防灾方针，以应对未来可能遭遇到的突发事件。

（四）日常防范机制

全球范围内的多家大型企业都制定了防治灾害的策略。具体来说，惠普公司在亚太地区爆发非典时，立刻发布业务持续运营计划。其首先对分公司所在区域的疫情情况作出等级划分，随后将各个部门进行分组处理，每个部门分为三组，人员为原部门总人数的三分之一，让这些分组后的部门在不同地区工作，并让其中一组居家办公，不同部门的小组之间完全隔离，不得有任何接触，所有内部会议通过网络与电话进行。实施了上述方案后，非典对惠普公司的影响被大大降低。而戴尔公司的防灾机制则表现在美国“9·11”事件后。“9·11”事件发生后，美国境内全部机场立刻关闭，所有航班关停，极大影响了戴尔公司的全球采购战略。然而戴尔公司早已经作了防范，其设立的突发事件处理小组立刻和全球供应链监控小组开展工作，保持与代工厂的高度联系，并在最短的时间内找到了可以绕过美国航线的货运飞机，其生产的笔记本电脑以空运的形式首先运送至美洲其他国家，再以陆运运输到美国境内。这一措施让戴尔的经济损失降到了最小，是一次成功的防患案例。

由此可见，防范直接影响防、控、治、除等四个阶段，在各种患灾管理中发挥着至关重要的作用。

建立一整套科学的、行之有效的日常防范体系，需要在日常管理工作中对防灾意识和灾害处理能力进行锻炼。具体来说，选择工作地点时，需要考虑人为因素、自然因素以及战争因素；而人员的内部管理，则需要设立主团队和副团队，同时人员办公地点要分散化处理，保障储备充足的后备资金和人力、物力资源；构建高效率的防灾信息网，可以进行异地办公和虚拟办公。旨在巩固日常防灾体系，以加强对潜在危害的反应能力。

（五）群防机制

防灾工作不仅可以检测政府公共管理机构工作水平，还可以检测社会综合能力。以下是防灾工作中各种元素间的关系：

患情 + 脆弱环节 = 患灾

潜在患灾 + 脆弱性 / 能力 = 患灾风险

不难看出，防灾管理机构无法对灾害作出及时、灵活的应对，其调控资源和实施对策的能力有限，所以在防灾工作中，灾害管理参与者是必不可少的一部分。管理机构要最大限度地调配社会资源和各方力量，形成统一的工作战线，让社会各界参与到防灾工作中来，从而构建出一个灾害应对网，以全社会为基础构建群体防灾机制。

我们可以参考美国的群防机制。美国联邦与地方的防灾管理机构按照时间周期给全国的企业管理者下达指示，要求他们在灾害发生前制定好对应方案和预防手段。具体来说，这些防灾要求包括督促铁路公司增加员工数量，让一些重要路段有更高等级的安全水准；对金融机构来说，美国联邦政府要求他们制定设备的更新方案，一些金融交易时的监控设备是该更新方案的重点关注对象，大幅度减少金融市场通信网络的潜在风险。同时，这些金融机构也被要求在特殊时期增加人手，加强身份检验，在危急情况下允许其禁止用户访问。

美国石油协会设立信息分析中心，对潜在的安全风险和威胁进行通告。灾害发生时，相关企业根据通告可快速反应。与此同时，美国油气管道协会开发了“威胁警报系统”，得到美国国土安全部和美国运输部门的共同支持。

（六）预警机制

灾害防控相关的系统包括了对灾害的监测、预测和检测、预报、预控等功能。具体而言，监测指对灾害的诱因进行持续观察，动态记录灾害。而预测和预报则与信息分类、分析和识别相关，这两项功能可以预测可能发生的灾害类型，并分析不同类型的灾害所带来的后果。如果系统认为此灾害影响巨大，将会即刻发出警告。预控功能主要是制定防灾预案，最大化地降低灾害发生的概率，降低灾害后果。

由于灾害在各种环境中都有可能发生，所以防灾预警系统的建设应该从中央铺设到地方。国家级预警系统的工作目标是监测社会总体状态，根据科学、定量的数据预测社会在未来一段时间内的稳定趋势，如果在预测中出现了一些不稳定的临界点，那么预警系统将会启动，并立刻提供一套可行的应对方案，从而维护社会的稳定。

2003 年的非典暴露出我国在处理大规模灾害上存在不足，主要体现在防灾预警机制的缺失。

我们可以参考英美在应对疫情时的措施。在 2001 年 7 月，英国在内阁办公室中设立了民事防范秘书处，该机构的主要职能是收集疫情风险信息，并向英国首相上报疫情隐患信息，他们监测的病毒种类包括了天花、鼠疫以及 SARS 等。除此之外，此机构还可以分析疾病，从而建立一个分析检测网络，并通过该网络完成协调和指导工作。如果出现生化袭击事件或疫情，秘书处会马上组织协调防灾管理机构作出应对，还会联系一些民间机构帮助政府完成防灾工作。英国的所有医疗部门在发现危险病毒后，需要即刻上报给传染病控制中心，而被发现的病例样本则会马上被送至英国公共卫生实验室服务中心完成鉴定；如果该危险病毒属于疫情防控确定的病毒类型，则英国保健署和卫生部将会立刻讨论防范方案。

美国疾病控制与预防中心是美国防灾系统的核心。美国的任何一个州如果受到了灾害的侵扰，联邦政府的防灾系统将会立刻作出反应，给予该州帮扶。联邦医疗援助体系的核心功能是，在疫情刚开始的阶段就能够迅速反应并发出警报。美国在过去 50 年中签署了多个条款，联邦政府对地方的卫生部门也作了强制要求，这些卫生部门必须以天为单位向疾病控制与预防中心发送不同疾病的病例数据。这是一种常态化的要求，在非特殊时期也需要遵守。疾病控制与预防中心则根据地方提交上来的数据作出甄别，并且会把最后的甄别结果向社会公布。疾病控制与预防中心还会给来自病症高发区的人播报警告，建议他们对个人身体情况进行监测，并向这些人员列出病症项。疾病控制与预防中心如果发现有一至两例病例出现，就会立刻作出反应，向有关部门提交预防信息。这种机制让美国可以及时开展疫病预防工作，而不是在疫病暴发后才作出反应。

（七）信息机制

不同的灾害场景下，信息量和信息内容存在较大差异。如果信息不能及时地传递给灾害防治机构，又或是传递了不完整、错误的信息，则会对灾害防治工作造成较大的阻挠。所以信息管理是灾害防控工作中的重要一环，灾害防控应当系统收集和分析社会有关信息，并对这些信息进行鉴别。鉴别时，如果这类社会信息存在安全隐患，或对灾害防治造成了不良影响，则需要进行相应的预防和引导，尽最大可能赶在灾害出现前就将其消除。

1. 患灾的信息来源

灾害管理组织应当重点关注三类信息来源，分别是灾害风险评估信息、关系信息和问题管理信息。这一意见提出者是美国防灾管理专家库姆斯。库姆斯对信息来源的归纳，为灾害防治工作提供了重要的参考。根据他的理论，我们可以清晰地获取灾害信息的切入点。

在获取灾害信息来源之后，就需要在信息源里广泛采集与潜在灾害有关的信息，再根据这些收集到的信息提炼出关键点。通过收集此种灾害信息，我们可以清晰地认知灾害风险。

2. 患灾信息收集途径

对灾害信息的获取，可以从以下三方面进行。

第一，从传媒中进行获取。在现代化社会之中，公众、防灾管理机构、大众传媒三者之间形成了动态的平衡。由于大众传媒在包括科技、政治和社会领域在内的影响力逐渐增大，人们思考问题的方式和思维层面也被大众传媒所改变。因此通过大众传媒来获取灾害信息是一个可行且重要的方式。

第二，关注社会发生的大型事故以及隐患鉴定报告。这些文件详细记录了过去一段时间内出现的灾害事件，我们要将其进行分类，并根据实际的情况提出补救措施和解决方法。还可以参考一些资料，如事故报告、调查纪实、防灾管理机构文件等，来获取灾害信息。

第三，实地调研获取灾害信息，这种方法是最为有效且实际的。我们能够听取各方面的意见，比如一些群众、专家或组织管理者与相关部门等，以此获取较为全面的灾害信息，还可开设交流会和座谈会来完成调研工作。除此之外，可以利用大数据与AI精准监控灾害信息，并收集、归类和鉴别这些监控数据，最终得出核心问题与灾难诱因。

3. 患灾信息收集过程中应注意的问题

无论是何种信息，其收集方式都应该具有多样性，信息的来源也应该越丰富越好。不同的信息来源可以提供更多种类的数据，并且这些信息数据会具有真实性和完整性。这些丰富的多元信息之间形成了互补关系，能够有利于防灾组织快速开展工作，并时刻对灾害保持警惕。除此之外，灾害信息的披露要符合法律要求，我们收集到的信息要合法、规范，整个信息采集的过程是可操作的。除此之外，灾害信息的鉴别需要具备专业性，我们应当和专家合作，用他们的专业知识筛选出更加有用的信息，提升信息的有效性，让防灾决策更加准确。最后，我们设立的防灾管理机构应该全面公开灾害信息，并且应当融合微观信息与宏观信息。

4. 患灾信息收集后的披露问题

部分地区的防灾管理机构对于大众传媒的利用率低，无法代表公众来收集和传播关键信息。如果灾害发生，公众将找不到可以获取信息的渠道，无论是大众媒体还是防灾管理机构都不能发布准确无误的信息，一些流言蜚语往往因为忽视了媒体的作用而产生。

新闻的传播也受到防灾管理机构的管控，因此防灾管理机构应当明确其社会职能，要对媒体进行舆论引导，并对一些流言进行澄清，对于媒体发布的消息要进行配合，支持它们展现自己的社会解释与环境监测功能。对于媒体行业来说，它们也应当对防灾机构进行监督，要表现出媒体的权威性，报道真实、有效的新闻，并在平时的日常生活中向人民群众普及防范知识，在必要时及时预警，帮助实施灾害防治工作。

（八）协作机制

如今的信息化时代，一个国家或地区的管理应该由自上而下的管控转变成更加开放的模式，并强调多方合作，在实施管理时，要公开信息，要积极鼓励多方参与，多元化地处理不同类型问题。一些非传统的防灾管理机构和协作联动组织已经成为当前应对灾害时的积极参与者。并且当今世界区域化程度越来越高，很多灾害的影响涉及多个地区。气候、疫病、环境以及恐怖行动所导致的灾害逐渐增多，且范围也在逐步扩大，不同国家都面临越来越高的潜在风险。要降低这些灾害发生的概率，需以区域性合作为出发点，全面统筹资源，从而更好地开展防灾管控工作。

我国幅员辽阔、人口众多，经常会暴发一些自然性患灾和社会性患灾，相邻地区常常会受到周边地区患灾的影响。如果发生了严重的患灾，就不能只是依靠自身力量应对患灾。基于此，国家要进行宏观上的协调，联动各个地区和群众力量，构建彼此支援、高度配合的防控机制，争取地方主动积极防御，邻区友好合作防控，做到及时防控和控制于当地，为一方的平安和谐发展提供保障。

（九）国际性合作机制

在全球范围内展开合作，能够有效帮助世界上灾害应对能力弱、社会力量不足的国家。就大国而言，跨国合作能够有效地应对灾害。除此之外，跨国合作有利于不同国家之间达成共识，从而帮助其社会完成复苏。除此以外，跨国合作还有利于节省治疗成本和提高救治效率。上海合作组织的成立，加强了对恐怖活动的防治，对一些国家和地区的稳定作出了重要贡献。

值得注意的是，非典时期，国际上的科学家达成了合作之后，仅用 3 周就明确了 SARS 病原体的类型，接着在 6 天之内就分析出了此病毒的基因图谱。单个国家很难取得这样的成果。这也证实，只要全球科学界合作，再大的科技难题都可能被攻克。

笔者以为，如今的国际形势，联合国应当成为全球患灾害应对合作领导者，应该鼓励其成员国积极合作。

联合国是一个历史悠久的国际性组织，在推动世界和平和全球经济发展上作出了卓越的贡献，其宗旨也被大部分国家认同。因此联合国作出的决策是高权威的，可以说联合国的威信力远不是一些地域性组织或国际组织能比的。

联合国及其下属机构（世界粮食计划署、开发计划署、人道主义事务协调厅等）在面临灾害问题时都起到了正面影响。20 世纪 80 年代末，联合国把

1990 年到 1999 年这十年定为“国际减灾 10 年”，联合国国际减灾委员会也自此成立。该委员会的成立大大加强了国际防灾、救灾的交流与合作，在防灾、救灾行动全球化中扮演关键角色。

同时，联合国和其他国际性组织也保持着紧密的联系，已经构建形成了程序化处理有关灾害的流程。具体来说，联合国开展的维和行动和贝雷帽行动等都取得了较为丰富的成果。一些国际性组织，比如世界卫生组织和红十字会等，开始积极参与到联合国开展的救援行动和灾害应对工作中。这些国际性组织一般都是配合联合国的行动，帮助联合国完成任务。

（十）心理干预机制

各种患灾害发生后，社会中最有可能出现的现象即恐慌现象。恐慌的源头是因为社会个体无法继续信任其所处环境而出现强烈应激反应。这样的负面心理状态在经过不断的传播和暗示后，会逐步演变为范围更大的集体恐慌现象，集体恐慌造成的后果远比患灾害严重。因此，需要及时疏导恐慌情绪。

对社会恐慌情绪的疏导可以从以下两个方面入手。

第一，通过控制舆论，达到有效控制公众恐慌的目的。借助宣传教育达成心理干预，让公众科学理性地认知灾难。我们应该及时发布和灾难相关的消息，并保持对舆论的持续跟踪，同时加以适当引导，而不是不采取任何措施。可以借助宣传教育等手段来降低社会恐慌出现概率。

第二，各级管理人员应该对公众开展心理疏导工作，增强他们面对灾难的信心，并向其科普灾难防控的相关政策。对于公众提出的问题，管理人员要耐心解答，最好不要使用过于激进且高压的方式，避免恐慌程度加剧。由于恐慌心理不容易消除，所以我们可以寻求专业心理学研究者的帮助，让这些心理治疗专家或社会工作者来疏导公众。提高防灾心理应用能力，可以帮助我们战胜灾害造成的社会恐慌。

四、防患的应对手段

防患组织指挥手段是构成防患行动指挥活动的基本要素和不可缺少的基

本条件，它不仅是维系防患指挥活动的桥梁和纽带，而且对防患组织指挥活动具有增效作用，随着以信息技术为核心的高新技术广泛运用于防患组织指挥手段，其地位、作用将变得更加重要。

从不同的角度着眼，按照不同的分类标准，防患组织指挥手段可以有不同的分类。如按照指挥手段的发展历程划分，可分为手工化指挥手段、机械化指挥手段、自动化指挥手段等。本书以指挥手段的功能和作用作为划分依据，具体类别包括情报信息获取手段、情报信息处理及指挥决策手段和指挥信息传递手段等。

（一）防患情报信息获取

防患情报信息获取手段，是相关人员在指挥活动过程中，运用各种技术器材获取情报信息的方式、方法和措施。有效开展指挥活动的重要环节是获取情报信息，而获取情报信息的手段决定着情报信息是否具备准确性。获取情报信息的手段主要包括如下五方面。

1. 实地侦察，人工获取患情情报信息

它是指派出专业人员通过观察、搜索、潜听、捕俘、调查询问等手段，在实地之中充分发挥人员的目力、听力等，并且依托技术器材有效获取防患情报信息的方式。国内外处置患情灾害事件的实践表明，在现代条件下处置患情灾害事件行动中，专业人员亲临现场后，通过自身的搜索、观察以及询问等方式，借助技术工具来收集防灾的情报与信息更具有真实性。

从全球对灾害的应对实践中不难看出，即使有现代信息化技术的支持获取患情情报信息，但是专业人员进行实地信息收集的传统方法仍是最好的选择。这种方法的灵活程度高，且可以获取到更加真实、详细的信息。

2. 利用电子设施获取患情情报信息

灾害现场的信息可以通过电磁波传递。由于目前电磁领域技术发展较为迅速，我们可以使用相关的电子设施来完成情报信息的获取，例如雷达、遥感和无线电等。雷达侦察可以覆盖的范围很大，并且其反应迅速，24 小时全覆盖。然而，雷达侦察受地理环境的影响很大，获取到的信息和情报可能会出现不完整、不清晰的现象。遥感侦察技术借助遥感设备完成侦察工作。这些遥感设备的类型包括声音、振动以及磁性遥感设备等。使用遥感侦察的优势是具备较强的时效性，遥感侦察覆盖的范围大，操作简单和隐蔽性强。然而，遥感侦察极易被外界因素干扰，因此在应用遥感侦察技术时一般需要用其他方法进行辅助。

无线电技术则是利用无线电信号的可接收性与可识别性，通过对无线电通信信号进行捕捉、收发和分析，来收集情报信息。

3. 利用光学获取患情情报信息

我们也可以使用光学获取情报信息。该方法需要使用不同类型的光学侦察设施来获取情报信息。计算机与电子技术在当今十分流行，而光学侦察设施也与现代化需求高度契合。因此，在灾害现场中通过光学手段能有效获取情报信息。

激光、微光侦察以及红外侦察和照相侦察都是最为典型的光学信息获取方法。激光侦察的操作简单，并且精准程度很高，具有一定的抗干扰能力，但是无法抵抗由于云雾天气等情况造成的干扰。微光侦察主要依托的是微光设备，这种侦察方法的优势是在夜晚环境下也可以展开视觉支持，多用于夜间的摄影与电视侦察等。红外侦察分为主动侦察和被动侦察两种类别。主动侦察是通过红外线对目标完成照射，再根据反射回来的红外线获取到可见光像，并通过该光像对目标进行深度观察与发掘。主动红外侦察技术成本不高也相对成熟，且最后的观察效果优秀，不会因为光照条件的改变而影响效果。主动侦察类型多用于距离范围较小的近距离观察当中。主动式观察也存在有待完善的地方，比如观察距离会受环境和设备因素影响。

照相侦察则是通过摄影拍摄获取照片，再对照片进行解析来达成情报获取的方法，此方法非常容易受实时环境和天气因素的干扰。

4. 利用信息网络获取患情情报信息

我们还可以运用互联网获取和收集情报。信息化的主要阵地就是互联网，互联网已经逐渐变成人类收集信息的主要方式。灾害防治工作需要多种新科技支持，由此可见，灾害预防与应对工作在未来很长一段时间内都依赖于网络信息系统。

通过互联网收集信息，主要依托一些公开的、非军事的计算机网络。这些信息涵盖了政治信息、科技信息、经济信息以及气候和环境信息等。我们还可以借助灾害防护计算机网络系统来获取信息，收集一些后勤、组织结构以及装备配置等信息。在其他领域获取计算机网络信息，一些人还通过侵入对方的计算机达成这一目的，收集对方的各种网络信息。

5. 利用现代高科技技术侦测获取患情情报信息

随着高科技技术的广泛应用，许多国家科学地运用这些先进手段，这对做好防患、治患、除患工作，有着极为重要的作用。

一是卫星侦测手段。目前，世界各国都研发和运用了各种侦测卫星，已达到十分精准的程度。二是航空侦察手段。运用飞机航空侦察是当今世界通用的一种手段，目前各种型号的侦察飞机种类繁多。三是互联网大数据和智能定位手段。运用互联网大数据和智能定位手段侦测，是当今最先进的常用的一种手段。

（二）利用情报信息实施防患处置行动

利用情报信息实施防患行动指挥决策，是指防患处置行动中运用各种技术器材进行防患决策的方式、方法和措施，主要包括人工决策手段、计算机辅助决策手段等。

在处置患情灾害中，利用人工决策手段，是指防患处置行动中运用各种简单的技术器材，并依据防患处置行动指挥理论与经验进行决策的方式、方法和措施。这种决策手段的最大不足，就是决策计算速度慢，定性分析多，定量分析少，与防患处置行动不相适应。但不管防患处置行动指挥决策手段如何发展，人工决策手段作为一种传统的决策手段，在某些条件下仍会发挥重要作用。

计算机辅助决策手段，是指运用以计算机为核心的指挥自动化系统辅助指挥人员进行决策的方式、方法和措施。指挥决策是防患处置行动指挥活动中最复杂、最关键的环节。当代处置患情灾害行动的指挥决策，不仅要综合大量的情报信息，对情报信息进行分析判断，还要制定多个防患预选方案，对预选方案进行评估、选优，并要在预选防患处置行动方案评估、选优的基础上制订出科学、严密的防患处置行动计划。依靠人工决策手段无论是在时间还是在质量上都难以满足需要，只有借助以计算机为核心的指挥自动化系统来辅助决策，才能满足对患情灾害处置行动决策的科学性、周密性和时效性要求。

计算机辅助决策手段一般包括交互系统、存储系统、指挥模拟系统和评估系统。交互系统是实现指挥人员与辅助决策系统对话的系统。交互系统告诉指挥人员辅助决策系统的功能和如何实现对某个问题的决策等。辅助决策系统通过交互系统不断地询问指挥人员需要解决什么问题、选择什么数据、参数和模型等，从而实现人机高度结合。

存储系统主要是存储用于进行辅助决策的数据、模型的系统。存储系统主要包括防患处置行动指挥数据库、防患处置行动指挥模型库和防患处置行动方案库等。防患处置行动指挥数据库负责存储和提供决策所需要的各种数据；防患处置行动指挥模型库负责存储与提供合适的辅助决策模型；防患处置行动方案库则负责存储与提供各种防患处置行动方案，或经过模拟、演练、推演过的防患处置行动预案，以便指挥人员在决策过程中检索、选择相近的防患处置行动方案，稍加修订，迅速作出决策。

评估系统主要是对所制定的各种备选防患处置行动预案的优点与不足进行评估，评估各个备选方案符合防患处置行动目标要求的程度，防患处置行动效益和患险度的大小等。同时，评估系统还能对所属各防患治患力量的行动方案的情况进行评估，即根据所收集到的反馈情况，对所下达的防患处置行动命令和防患处置行动计划所达到的结果进行效果评估，使指挥人员能够根据评估结果修订防患处置行动方案和防患处置行动计划，指挥各防患处置力量调整行动部署去实现预期的防患处置行动目标。

（三）防患处置行动信息传递

在处置患情灾害中，防患组织指挥信息传递，是指挥人员运用各种技术器材传递指挥信息的方式、方法和措施。指挥信息传递手段主要包括简易法传递、有线传递、无线电传递和网络传递等。

1. 简易法传递防患处置行动信息

简易法传递被划分为简易信号和运动性传递手段。简易信号传递手段是指借助简易化、易操作的器材，如锣、旗、鼓、火等向人们传递防患处置行动指挥信息的方法。一般有两种情况，一种是在指挥人员与被指挥人员可视、可听范围内直接进行传递。这种方法能及时、可靠地传递指挥信息；另一种是在指挥人员与被指挥人员可视、可听范围之外，通过若干个中间环节进行传递。这些方法曾在技术水平不高的古代，以及现代处置各种患情灾害范围内较广泛使用。但随着范围的急剧扩大和防患处置行动节奏的明显加快，这种传递距离近、可靠性差，易受天候、地形、杂音等影响的简易信号传递手段，其地位和作用正逐渐降低。

运动性传递手段是指专门人员通过徒步或交通工具传递防患处理行动指挥信息的方法。与简易信号传递手段一样，运动性传递手段也是现代通信手段出现以前的防患处置行动指挥中传递指挥信息的主要手段。这种手段具有既能传递文字信息，又能传递口述信息，准确可靠，保密性好，传递信息量大，但信息传递速度慢，受天候、地形、交通条件及现场情况影响较大。

2. 有线传递防患处置行动信息

有线传递防患处置行动信息手段，是借助有线通信工具传递防患处理行动信息的方法。自 1876 年美国人贝尔发明电话以后，使用有线通信工具传递指挥信息就成为防患处置行动指挥的一种重要传递手段。这种传递手段具有传输质量较高、保密性能较好、使用较为简便等优点。但有线传递手段还具有不便于机动、易遭破坏、受地形影响较大等弱点。按传输线路的不同，有线传递手段通常分为架空明线传递手段、地下（海底）电缆传递手段、光缆传递手段等。

架空明线传递手段，是利用架空明线线路和相应的通信设备组成的有线通信工具传递信息的方式、方法和措施。它比野战线路传递手段传输质量高、容量大、距离远，但其建立周期长，易遭破坏。

地下（海底）电缆传递手段，是利用地下（海底）线路和相应的通信设备组成的有线通信工具传递指挥信息的一种方式、方法和措施，传输质量高、容量大、隐蔽性好、保密性强，但建设成本高、技术复杂、周期长、维修困难。

光缆传递手段主要是指运用光缆通信工具传递防患指挥信息的方式。光缆传递手段是 20 世纪 60 年代以后才发展起来的，也是截至目前较为理想的信息传递手段。光缆传递手段具有其他信息传递手段不可比拟的优点，其传输频带宽，传输容量大（一条光导纤维能传输 5000 个电视频道或百万路电话），传输速度快（用普通线路传输 33 卷的《大不列颠百科全书》需要 13 个小时，而改用光纤则只需要 4.7 秒，速度提高了近 1 万倍），传输稳定，保密性能好，抗干扰能力强，传输距离远，使用寿命长（光纤线路的典型寿命是 25 年，而卫星通常是 8 年）。目前，光缆传递手段正以很快的速度发展，将成为防患处置行动指挥信息传递的一个重要手段。

3. 无线电传递防患处置行动信息

无线电传递防患处置行动信息手段，是运用无线电技术设备传递防患处置行动信息的方式、方法和措施。无线电传递手段具有建立迅速、便于机动、传输范围大、容易组建等优点，与有线传递手段一起，共同构成防患处置行动指挥信息传递手段的主体。

按使用设备性能的不同，无线电传递手段通常分为无线电台传递手段、无线电接力传递手段、散射传递手段、卫星传递手段等。

无线电台传递手段，是利用无线电台传递指挥信息的方式、方法和措施。根据无线电波波长不同，分为长波、短波、超短波电台传递手段等。根据调制方式不同，分为调幅、调频、单边带电台传递手段。其建立迅速，能够实现运动中传递即“动中通”，但其传输容量小，易受对方干扰，保密性和稳定性较差。

无线电接力传递手段是指借助无线电接力通信工具传递防患处置行动指挥信息的方法。无线电接力通信工具是根据超短波视距传输特性，采用直接建立或通过中间（中断）站转发的方法达成的多路无线电通信工具。无线电接力传递手段比无线电台传递手段更稳定，传输质量更高，容量更大，能够传输电话、电报、传真、数据和图像，既可单独使用，又可与有线及其他无线传递手段结合使用，但受地形影响较大。

散射传递手段，是利用传播介质的不均匀性对无线电波的散射作用而达成的超视距通信工具传递防患处置行动指挥信息的方式、方法和措施。根据散射介质不同，一般分为对流层散射传递手段、电离层散射传递手段和流星余迹散射传递手段等。散射传递手段的传输距离较远，传输容量大，保密性较好，能够传输电话、电报、传真、数据和图像，但其设备庞大、传输信道不够稳定、传输损耗较大。

卫星传递手段，是利用卫星通信工具传递防患处置行动指挥信息的方式、方法和措施。卫星传递手段是一种新兴的信息传递手段，也是处置患灾事件时主要的信息传递手段。卫星传递手段相对于其他传递手段具有如下特点。一是范围大，距离远。一颗同步卫星能覆盖地球表面的 1/3，使相距 17000 千米的地面站能直接传递信息，3 颗同步卫星就能覆盖全球进行信息传递。二是容量大，质量高。卫星能传输上万路的电话、电报、数据和传真，并可传输高分辨率的照片、电视图像和其他信号等。卫星几乎不受地形、地物、天候等自然条件的限制，且不受传输距离的影响，抗干扰性能好，因而具有较高的稳定性、可靠性。三是寿命短，技术要求高。进行卫星信息传递的通信卫星的寿命一般都很短，为 1.5 ~ 7 年，而且卫星技术、地面站技术复杂、要求高，维修困难。

4. 网络传递防患处置行动信息

随着互联网的迅速发展，网络的触角正伸向地球的每一个角落。利用互联网进行信息传递已成为人类生活中信息交流的一种重要方式。同样，互联网也将成为处置患灾事件的“神经”和重要标志。现代患情灾害指挥处置信息的传递将主要依靠由光纤、卫星通信等介质联结起来的网络。

计算机的加入使得网络传递手段与其他防患处置行动指挥信息传递手段相比有着独特的特点。

一是传输信息的容量大、速度快。如目前被称作“信息高速公路”的国际计算机互联网络，就具有路面宽、车流快、全封闭和路耗小的特点。二是可以实现多媒体交互式信息传递。由于计算机具有交互式功能，且正日益向多媒体化方向发展，所以运用计算机网络也可以实现信息传递的多媒体化和交互式。多媒体化和交互式传递指挥信息的意义非常大，不但可以大大节省指挥信息传递时间，提高指挥处置信息传递的效率，而且使得指挥处置信息的传递过程变得更加简单、直观、形象、准确、可靠。三是可以实现所有指挥人员与被指挥人员的信息共享。由于计算机互联网络是用各种介质将众多单个分散的计算机联结成一个整体，而计算机又是由信息的发送者和接收者所操纵的，所以计算机互联网络能够把处置患灾事件的所有指挥人员和被指挥人员联成一个整体。四是管理复杂，对抗毁性和保密性要求高。由于计算机互联网络的用户一般都比较多，而且往往是大网套小网，再加上其他附加系统和设备，每一个计算机互联网络都是一个庞大复杂的大系统。对于现场计算机网络来说，还需要统一运作、步调一致，给管理和维护工作造成极大的困难。另外，互联网对运行条件的要求一般较高，这使得它在野战条件下的抗毁能力较弱。再者，互联网传递信息具有交互性和开放性，给外界侵入网络提供了条件，使其保密性和安全性降低。

利用网络传递防患处置行动指挥信息的基本方式是电子邮件。电子邮件是一种传递信息的手段，同时也是介于邮件快件和电话的实时通信手段，主要依托的工具是互联网。它将彻底告别笔和纸，而是“以键代笔，以屏代纸，以电代邮”，成为一种全新的“特快专递”，具有许多优点；从传递的形式看，电子邮件不但可以传递文字信息，还可以传递经过多媒体计算机处理的电视图像、照片、音乐和语音信号等多媒体信息；从传递的方式看，由于电子邮件是通过网络进行传递的，可以在瞬间传至万里之外。它不但可以接收、转发信件，还可以存储、检索、分类、删除信件，并可以实现一件多投和实时通信。另外，使用者可以根据需要对电子邮件设置密码，使其内容不易被泄露。

第八章　防患科学对社会发展战略的影响

对各种灾害的防范是实施整个防患、治患管理过程前期的重要任务，它贯穿于防患与治患行动的各个程序之中。防范灾害可以最大限度避免灾害发生，遏制预防灾害的潜在威胁的扩大，比解决已经出现的灾害问题更加重要。将灾害扼杀于摇篮当中，避免灾害暴发能够让社会更加安定和稳固，也会节约大额的防灾开支。联合国前秘书长安南强调："首先，我们必须从反应的文化转换为预防文化。从中期和长远来看，最重要的任务是减少灾害的数量和损失。预防不但比救助更人道，而且成本小得多。"[①] 戴维·奥斯本、特德·盖布勒等认为灾害管理要使用少量钱预防，而不是花大量钱治疗[②]。

第一节　促进经济建设

人类经济损失的一个关键因素是自然灾害。根据联合国在2002年发布的全球环境状况报告，全球气候变暖致使海平面上升，多个地区出现洪涝、干旱灾害。20世纪80年代，每年约有1.4亿人受灾。到20世纪90年代时，受灾人数达到了2.1亿。与此同时，全球的淡水资源紧缺且受污染程度严重。根据相关资料显示，接近40%的人口不能享有充足的水资源。全球环境状况报告对此也作出了预测，在未来30年内如若无法解决淡水资源短缺和淡水资源受污染的情况，则全球接近一半的人口将面对水资源匮乏的问

---

① IDNDR，Early Warning Programme Action Plan for the Future（1998–1999）.

② Geneva，International Decade for Natural Disaster Reduction Secretariat，1999.

题。同时，自然环境不断恶化，地球野生物种灭绝速度加快，有 25% 的哺乳动物和 12% 的鸟类几近灭绝，多个海域的过度捕捞致使鱼类数量骤减到原来的 2/3。

要高度重视人为诱发的社会灾害。1984 年，印度博帕尔市某家农药厂甲基异氰酸酯泄漏，多达 40 多吨的有毒气体直接排放至空气中，致使 20 多万人出现中毒现象，2500 多人因此死亡。“博帕尔事件”堪称人类历史中最为恶劣的工业中毒事件，此事件将灾害管理缺失造成的严重后果无限放大。该工厂属于美国联合炭化公司旗下的联合炭化印度有限公司，以生产西维因为主，该农药原材料毒性极强，剧毒光气和 MIC 含量极高。这迫切要求制定科学防范措施，在此事件中，公共管理机构完全不了解工厂存在的潜在风险，此工厂的管理人员甚至不具备基本的毒物救治常识，多种因素叠加导致非常严重的后果。

“十分之一法则”指在灾前付出一定灾害防范成本，让灾害发生的概率降至最低甚至彻底消除灾害发生的可能性，从而避免至少十倍的经济损失。这项灾害经济学理论明确提出，防范灾害可以有效降低财产损失。站在机会成本视角，这些被降低的经济损失是一种隐性收益。因此，在灾害防范上投入一定的资金，可以加强社会的灾害防范与应对能力，促进社会经济稳定可持续发展。

1991 年我国上海发生的两次特大暴雨，直接造成了 1.2 亿元人民币的损失，值得一提的是，8 月 7 日气象台就已经发布了暴雨预报，但是并没有引起相关企业和有关部门的重视。到 9 月 5 日，暴雨再次来袭，上海市对此次暴雨进行了有针对性的防范处理，最终将经济损失降低至 2000 万元人民币。日本在防范地震领域很有经验，作为地震多发国，日本的建筑配备了大量的防震措施。在阪神地震中这些建筑物的损坏程度被缩小至 3% 左右。由于德国比波兰制定了更加完善的防范举措，所以奥得河洪水给波兰造成的影响远超德国①。

① 彭俐俐：《20 世纪环境警示录》，华夏出版社，2010。

通过防范措施有效控制传染疾病的发展。全球投入了15亿美元的资金用于消灭脊髓灰质炎，投入的资金数额极高，但该数额与挽回的经济损失、传染病救治费用之和相等。美国预防白喉、破伤风和百日咳的资金投入和资金节省比高达1：29。

一、防患减灾可有效减少人、财、物的损失

灾害导致的损失不可逆，我们无法回到过去挽回损失。在灾害面前我们只能尽最大可能防止其继续造成损失。这些损失包括人身安全或财产额外损失。在火灾中一些设备和物品被烧毁，也有部分人员伤亡，这仅仅是火灾造成的一部分损失，需及时制止火灾的后续伤害，避免其继续对人员和财物产生不利影响，同时我们应当运用一些方法对火灾造成的损害进行修补。对于灾害的控制不仅要做到灾前防范，也要防止灾后影响继续扩张。

及时控制传染病的深入传播。非典时期病患的治疗成本极大，需要花费高额的治疗费用，通过对疑似患者的阻隔可以减小疾病的传播范围，以防止出现更大范围的扩张。即使病患隔离的各项成本不低，但是与不加控制而引起的不良后果相比，这些投入显得更为重要。

无论是哪种灾害，在其发生时公众首先会思考如何转移自己拥有的资源。首先会对人进行转移，与实物相比，人的灵活程度高，转移的方法多样，且人具有自我逃生的能力。对物体的转移则难度较大，有时转移物体的人员可能会出现生命危险。因此，要以人员转移为主，一些不必要的物件应当放弃，除非该物件的价值极大，有转移必要。

具体来说，一些物件的危险性极大，如果不进行转移可能导致更加恶劣的灾害发生。比如火灾现场如果存在一些化学武器，若不执行转移工作，则可能导致这些化学武器当中的危险成分泄漏，引起更加严重的人员伤亡。此时，灾害处理人员应当不计一切代价将这一类危险物品完全转移。我们可以在许多影视作品中看到，主角为了消除这些危险物品给社会带来的负面影响，时常不顾个人安危也要将危险物品进行转移。

灾害后续发生的蔓延现象会让一些与灾害无关的人员和财产遭受损害。要保护这些即将受到灾害威胁的人员、财产和物件等，有效缩减灾害的影响范围。在火灾中可运用泡沫灭火器或高压水枪完成灭火工作，在降温的同时能彻底扑灭火焰，在让火势得到控制的同时，有效削减火灾的后续蔓延。

二、防患减灾可有效降低社会组织的隐性成本

成本在经济学上被划分为隐性和显性两种。隐性成本是一种抽象的概念，它没有实体；显性成本则是一些现实的物体，很容易被人察觉和关注，一般运用传统手段控制显性成本。基于管理学和现代经济学理论，很多成本都属于隐性成本，这些成本不易被观测，但是也存在一定的价值，会对社会管理经营活动造成影响，还有一部分隐性成本不会对经营生产活动造成明显影响。因此，管理人员常常忽视掉这一部分的隐性成本。隐性成本的控制手段十分复杂，需要辅以新兴科技和科学管理方案，核心是要闭环式系统控制隐性成本。

三、防患减灾可有效降低信息失真成本

权威失灵成本和信息失真成本是隐性成本在灾害防范过程中的实际表现。根据传统经济学，社会经济活动中获取信息成本较低，多数情况下可以完全忽视。但是在高度信息化的现代社会中，随着现代经济学的日渐成熟，公众逐渐开始重视信息成本。在特定情况下，传递和收集现代社会信息需要付出较大的成本。信息成本包括与信息有关的所有费用，属于隐性成本。如果信息失真，可能会造成巨大的损失，所以考虑信息失真成本非常关键。信息成本隐秘性强，不易被察觉。

灾害出现后，信息传递的方法包括自下而上和自上而下。在自下而上的信息传递过程中，一些下级部门考虑到自身利益，可能会对消息进行二次加工或选择性封闭。而在自上而下的信息传递中，由于信息会在不同级别的部

门之间多次传递，往往会被加以个人的理解。如果接收信息的人员对该信息内容的理解不够准确，则会导致信息内容错误传递。除此之外，如果信息接收人员在阅读完信息内容后，认为该信息会对其造成利益损失，从而对信息进行恶意修改或截断。这种信息的不良传递导致信息失去了原有的价值，信息的失真让原本可以起到实际作用的内容大量丢失，导致防灾行动的实际真实信息被掩盖。

防范灾害工作中的信息失真成本控制的前提是信息公开透明化和传递过程准确全面。在非典时期，国务院于 2003 年 5 月 9 日颁布了《突发公共卫生事件应急条例》，明确了信息发布和防范灾害报告的流程，这其中的信息发布属于自上而下的信息传递类型，防范灾害报告则是自下而上类型。该条例将防范灾害报告的时限范围规定在 1 ~ 2 小时内，同时建立了灾情举报制度和患灾情况信息发布制度，向人民群众公开举报电话，要求各级单位或个人不得谎报、缓报和隐瞒真实灾情。该条例如果能够有效落实，将会十分有效降低信息失真成本。

四、防患减灾可有效降低权威失灵成本

社会组织要展开高度协调统一的行动，确保获得收益的成本最小化。《突发公共卫生事件应急条例》从起草到颁布仅经历 20 天，是中华人民共和国成立后最快制定的法规之一。该条例的颁布体现了我国领导人员工作的高效。如果想要用极少的投资收获巨大的利益，就必须保证整个社会组织高度协调且统一。该目标的实施要求高层决策人员有强大的权威性，整个决策需要由其进行协调和确定。但是在灾害面前这种权威性存在失灵的可能，如果权威失灵，社会组织下层对上级下达的指示会表现出不顺从、不认真执行的状态，甚至会完全抵制上层决策，一些下级部门在自身利益面前还会恶性竞争，对责任“踢皮球”。权威失灵成本很大，不但会导致指挥系统混乱，还会影响社会稳定，给社会组织造成损失。

五、防患减灾可有效减少对各种患灾害的监测成本

预警系统的建设可以有效降低监测所需支出的各项成本。如果预警系统可以有效监测各种类型的灾害，不仅可以减少人工成本，还可以降低相关灾害防控人员的工作压力。对于一些发达国家来说，其人工成本巨大，使用预警系统也能够帮助他们减少人工成本。

管理者使用灾害预警系统后，心理负担程度会被大大减轻，无须时刻保持高度紧张，只需关注预警系统的报警情况，在相应的时段进入警戒状态即可。如果不借助该系统，管理者的心理负担将会是巨大的，担心灾害发生前自己是否进行了成功预测，或是否能及时察觉潜在威胁。

第二节　推进政治建设

当今社会信息化程度极高，领导人员在作决策时也可以有更多的参考。与此同时，公众传媒和大众舆论对政策的影响逐步扩大，全世界人民高度关注灾害问题的处理和防范的进度与结果。如果灾害暴发，将会降低公众对公共管理机构的信任度，而对灾害的防控和应对离不开资源的再分配，这种资源分配让灾害问题的政治性更强。因此，我们在对灾害进行防控时，需要同时考虑宏观政治和微观政治两个因素。具体来说，宏观政治直接影响公共管理机构在舆论和人民群众面前的形象，如果公共管理机构可以借助多元化的公共关系渠道来声明自己所坚持的立场，并及时发布真实、有效的信息，那么公众将会更加信任和支持公共管理机构，和公共管理机构展开积极的合作。微观政治则与决策执行相关，公共管理机构要设立不同类型的灾害应对部门或小组，在灾害发生前后提出准确且科学的防范或治理建议，保证信息的时效性和准确性，及时地调配物资和人员。

中国古代也存在因灾害防范能力不足而导致王朝覆灭的情况。公元611年，山东、河南突发洪水，人民苦不堪言，甚至沦为奴婢。当朝者隋炀帝对

此无动于衷，并未采取任何有效的灾害处理措施，反而变本加厉，持续与高丽进行战事。公元 617 年，河南与山东又一次出现特大洪水，两地庄稼被淹，到处发生饥荒。最终，人民奋起反抗，导致隋朝覆灭。明朝末期，旱灾肆虐，饥荒问题十分严重，当时的公共管理机构没有制定和施行任何的救灾措施，成为明朝灭亡的原因之一。

当今世界出现大规模战争的概率小，因此世界各国受军事威胁的概率在不断下降。然而，一些全新的威胁要素也逐渐浮出水面，毒品走私、恐怖行动、疫病传播等都威胁人类社会的稳定。这些全新的威胁对公众人身安全形成了挑战，在世界范围内的传播还可能降低国家公共管理机构的威信，并进一步导致国家出现动荡、引发矛盾。对于这些威胁，我们必须将其纳入防范对象当中，对公共管理机构进行保护。

一、锤炼民族精神

民族精神代表着一个民族的优秀品质，国家的发展离不开民族精神的支持，伟大的民族精神经历各种磨难，将会拥有更加坚定的意志力和高尚的道德品质，我们中华民族正是如此伟大的民族。中华文化上下五千年，经历各种坎坷与磨难，人民在与磨难抗争中构筑成了强大的民族精神，我们爱好和平、自强不息，将爱国主义作为绝对的民族精神核心。中华民族的伟大精神将在未来应对重大患灾事件中不断丰富和深化。

中国近代史堪称人民的血泪史，1894 年中国在海战中惨败于日本，史称甲午中日海战。梁启超、康有为等有志之士视国家存亡为已任，开展了维新变法运动，虽然最终并未取得成功，但他们自强不息的爱国精神是中华民族精神的现实表现。

1919 年，中国在巴黎和会上外交失败，全国的爱国青年表现出极大的爱国主义情怀，开展了五四运动，反对帝国主义和封建主义。“五四精神”由此产生并发扬光大。

SARS 在 2003 年来袭，我国人民积极参与防控，形成了“国家有难、人人有责；万众一心、众志成城；团结互助、和衷共济；迎难而上、敢于胜利”的抗击 SARS 精神。

二、有效推进政治建设

患灾带来的挑战无法避免，我们需清晰认知患灾。这既是一种高强度的挑战，也是一次磨炼民族精神的机会。我们需要意识到，人类的发展不会总是一帆风顺，终将面临难题。

患灾会对国家和社会的安全造成威胁，甚至让社会出现动荡，整体经济结构也因此发生变化，但是患灾也是引起政治变革的关键因素。

患灾面前，司法体制和立法体制的问题将会被无限放大，如果这两种体制的框架不够科学，则会导致行政体制压力过大，而对相关机构来说，则会导致其内部的人员冗杂，整体工作效率低，市政府部门之间以及市政府内部之间的交流不够顺畅，责任分配模糊。因此，制度化协调不能完全依赖于立法体制和司法体制。基于此，只能由行政机构进行协调，让更高级别的领导部门完成协调工作，又或是成立一些临时的领导指挥小组展开协调工作。上述的方法如果还无法完成协调工作，则会导致各个部门之间互相扯皮、“踢皮球”，根本问题得不到解决，行政效率低下。

重大社会性患灾与该国家的政治框架存在较强的关联性。这些社会性患灾存在两面性，从坏的一面来讲，社会性患灾会暴露出国家体制的内部问题；而好的方面则是，该国领导层可以审视这些问题，并改进本国政治体制，让政务更加透明，提高政府行为的合法性，扩大公共空间的范围。

（一）推进政府行为的法治化

要促进政府行为的合法性。在经历了多次重大灾害后，我们对防灾减灾处置工作有了更加清晰的认知，如果行政命令无法有力地支撑起防灾减灾工作，就需要借助法律的武器。深入分析美国治水的历程，可以认为“一次次惨重的灾害损失导致了一部部法律的颁布”。①

① 姜付云、何立方、刘树坤：《美国防洪政策演变》，《自然灾害学报》2000 年第 3 期。

在 1927 年美国大洪水暴发之前，美国人都认为自己的堤防是万能的，是不可能被破坏的，然而此次大洪水给美国“堤防万能”神话当头一棒，次年美国国会立刻颁布了《防洪法》；随后联邦针对洪水和另外一些灾害的救济金不断增加，并于 1968 年和 1973 年分别颁布了《洪水保险法》《洪水灾害防御法》；1993 年美国西部又暴发了大洪水，美国国会又颁布了《水资源开发法》。可以看出，美国对洪水的治理是从最开始的完全空白过渡到有法可依的。

（二）提高政务的透明度

以 2003 年的 SARS 为例，灾难事件提升了政务公开透明度。从基层到省级和中央，各级政府都实现了更高程度的公开。这种公开有助于提高政务的透明度，增强社会信任和监督。除此之外，我国的政治体系也越来越符合法律和相关制度的要求。我们依法建立了公共卫生事件的通报制度和发布制度，也规定了疫情报告制度。此外，相关人员与公共卫生专家合作起草了政务信息公开的法律条文，明确了公民的知情权，同时也要求政府应该履行政务公开的义务，规定了政府应该提供的信息内容和渠道，以及公民获取信息、申请获取信息的程序等。

（三）开拓自由的公共空间

在紧急情况下，政府通常会管控新闻以保持社会秩序。但有时这种做法可能会导致不良影响，阻碍公众对灾情的了解。因此，更好的做法是放开新闻自由，让媒体报道更开放和自由，同时允许对防灾措施和相关活动进行全方位的评论和分析，以促进信息的流通，提高应对灾害的透明度和效率，让公众更好地参与其中。

提供一个自由开放的讨论空间，让公众参与讨论，强化防灾减灾的社会共识，获取到更多的防灾减灾对策和方法，并且这些方法也能够让社会大众进行评价。防患灾的管控也是开拓和发展自由公共空间的手段之一。

三、有效增强公共意识

如今全球信息化程度高，信息获取的途径多、方法简单，信息本身的透明程度逐渐提升。

公众有权了解灾害的相关信息，灾害从初期到发展过程中，都需要政府提供真实、及时的情况报告，并采取有效的措施。政府有责任满足公众的知情权，始终坚持人民至上，按照现有的法律办事。2003 年“五一”期间，北京市统计局信息咨询中心对 1800 名市民进行随机抽样调查，结果显示，91.3% 的市民认为政府发布的 SARS 信息有较为合理的透明度，而 94.5% 的市民认为这些已经能够满足他们了解疫病情况的需求，几乎 99.9% 的市民认为政府采取了有效的防疫手段。

灾害和大众利益关系紧密，往往会引发公众关注和参与公共事务中。在 2003 年 SARS 时期，某大学生在论坛上就回乡抗疫的问题展开了积极的讨论；香港同胞收到内地的支援物资后也深受感动。从公众的种种表现都可以看出，公共意识在增强。

四、有效提高政府公信力

政府的公信力体现出该政府在群众中的受支持程度，并且这种受支持的程度和其提供的公共产品密切相关。

笔者认为公共产品的概念即政府向居民提供各种防患信息服务的总称。在中国，中央人民政府提供的公共产品包括国家和公众安全、发展战略、宏观调控、外交等。公共产品具有非排他性和非竞争性的特点，即人人可以无偿享用，且每个人的消费不会减少其效用。这些公共产品的提供旨在促进社会稳定和经济发展，满足人民群众的基本需求，同时体现了政府的责任和担当。公共产品的范围涉及国家安全、社会福利、教育、医疗卫生、基础设施建设等多个方面，是构建和谐社会、实现国家长治久安的重要保障。

具体来说，2003 年 SARS 期间，我国提供的公共产品包括了公众的安全信息以及公共卫生。

周晓虹主持的“SARS 流行的公众反应与社会后果”调查中，有 81% 的公众对中央政府实施的防治策略表示满意，而不满意的公众占比仅为 5.3%；

同时，88.5% 的受访者认为地方政府实施的针对性措施起到了很好的效果，也远大于不满意的人员数量（3.8%）。可以看出，无论是中央还是地方，其实施的抗疫策略都得到了人民群众的广泛支持。

同时，71.9% 的被访者表示政府在处理患灾时表现出了强大的执行能力，少部分人认为政府并没有展现出专业的应对能力；76.5% 的受访者表示在 SARS 后他们会更加信任政府，1.7% 的人员则认为政府的应对不符合他们的需求。

第三节　推进社会进步

中国创造出了多个全球性的传奇，未来我们将继续砥砺前行。中华民族正走在伟大复兴的道路上，我们谦逊、理性，对任何事件保持冷静，有着深刻的忧患、防患意识，我们是伟大的民族，对任何潜在威胁都可做到未雨绸缪。从西方发达国家的飞速发展也可以看出，社会的发展离不开忧患、防患精神。一些西方大国快速发展的实践表明，忧患、防患是推动社会发展的“精气神”。

美国、日本等国家在最近 60 年间一直持有“衰落论”。“美国衰落论”的提出者正是美国人。20 世纪美国陷入了越南战争的泥潭，从而让“美国衰落论”甚嚣尘上，亨廷顿甚至作出了最为悲观的预言，即美国在 2000 年将会濒临崩溃。《大国的兴衰》又引发了一股“美国衰落论”狂潮。美国一旦遭遇危机，总会有人对美国的衰落问题展开讨论，美国著名学者伊曼纽尔・沃勒斯坦在《美国实力的衰落》一书中更是将“9・11”事件和美国衰落画上等号。

在亚洲，日本则是另外一个典型案例。20 世纪 70 年代，日本的发展速度令世界为之惊叹。此时日本上映了《日本沉没》，这部影片一经问世就在日本引发了轰动。虽然这只是一部影片，但我们也可以看到日本人的忧患思维。在 20 世纪七八十年代，日本经济以难以想象的速度向前发展，甚至有了赶超美国的势头，美国学者保罗·肯尼迪认为，此时的美国不会再将是否衰落作为考虑问题的重点，而是应该考虑如何做到和日不落帝国一样体面地从世界霸主地位上下台。在 20 世纪 80 年代，日本人均收入已经超过了美国，并大肆收购美国资产，一些学者认为日本将会用购买力来吞并美国。然而仅仅十年的时间，日本经济就开始萎靡不振，人民的生活水平也远不及美国。但是日本政府的应对较好，虽然经济在不断衰退，但整体上社会还是稳定的。

日本在飞速发展的时期却上映了《日本沉没》这一悲观影视作品，不难看出日本人也有着敏锐的忧患、防患意识。正所谓有备无患，不但要对美国的“衰落”做准备，还要对日本的“沉没”做准备。正是这种积极的忧患思维，让美国一直在“衰落”，而日本则一直在“沉没”，但他们始终保持着较高的发展速度，对外便显出经久不衰的势头。

20 世纪 90 年代开始，西方对中国的讨论集中于四个论点，即“中国崛起论”“中国崩溃论”“中国威胁论”“中国责任论”。中国人可能喜欢听到“中国崛起论”，而对于“中国崩溃论”则嗤之以鼻，认为这是西方国家对中国不切实际的妄想，是对中国最恶毒的诅咒。但是我们也要认识到，“中国崩溃论”实打实地反映了我国面临的问题，我们的忧患意识防范的就是国家的崩溃前兆，如果我们能够提前做好准备，就可以将这种“崩溃”轻松化解，以达到未雨绸缪的效果。

美国《外交政策》杂志在 2009 年 8 月选出了全世界最危险的国家和地区。中国在这个榜单上位居第二名，第一名则为美国。该杂志的评选标准为，一个国家如果越强大，那么该国家对世界的威胁就越大，在其国家内部也存在诸多危险。正因如此，美国登上了最危险国家和地区的榜首。当美国的经济体系出现漏洞时，全世界的经济都会受到影响。对此人们开始考虑，到底是美国华尔街危机给世界造成的影响大，还是恐怖行动给世界造成的威胁大。而中国被评选为第二危险的国家，虽然存在一定的评选理由，但一些专家对此并不认可。美国把自己列在了世界危险国家和地区首位，也是美国特色忧患思维的体现。我们应该对此进行认真分析，作为发展的战略参考。

美国人在世界范围内宣传他们的“美国梦”，但他们同时也在不断做着美国衰败的“噩梦”。而我们也有属于自己的中国梦，也分为“美梦”和“噩梦”。中国现在的确取得了令世人瞩目的发展成果，但是我们也不能沉沦在“美梦”当中，适当地做一下“噩梦”，可以让我们认清现实，厚积薄发。

我国目前在战略机遇阶段中，虽然享有最大的机遇，但同样应该看到背后的隐患。可以说，国家的衰败正是从短板开始的。美国人始终宣扬他们的“衰败论”，他们通过“衰败论”不断提醒自己保持警惕。

总之，多忧患、常思患，对每个人、每个家庭、每个团体乃至整个社会都是利大于弊，对推动社会的发展有不可估量的作用。其社会价值主要表现在以下几个方面。

首先，忧患、防患意识不但可以保障国家稳定发展，还能够推动个人、家庭以及团体和社会的进步。忧患、防患思维在社会发展中的价值表现如下。

患灾防范可以孕育出优秀的社会精神，而社会精神是国家和民族面对各种患灾时的灵魂，是我们应对患灾的基石，能够有效地考察个体、企业、民族的生存能力。社会精神文化影响了人们在灾难状态下的主体意识和行为方式。这种精神文化的培育离不开相关的教育。我们不仅需要加强自己的自强心，还需要使用科学理论来武装自己，让科学理性的文化精神取代那些不科学的落后旧观念；同时，我们对灾害还要有一个正确的认知，以提升自己的承受能力和应对能力。

避雷针、空调、人工降雨技术的应用，体现出了防患思维推动人类科技的进步。避雷针能够有效预防雷击灾害，空调改善了室内舒适度与健康状况，人工降雨技术则减轻了干旱灾害的影响。此外，防患意识也推动了许多其他技术的发展，如地震预警系统、洪水防控工程等，为人类社会提供了更安全、更稳定的生活环境，促进了科学技术的进步。

公众对灾害的认知属于一种社会民众心理问题。这种认知表现出来的是社会在特定阶段下对患灾的理解。我们通过制定患灾防范措施，可以加深公众的理解程度。社会心理学认为，民众的心理特点与传统文化和现实生活相关。社会心理学家马尔斯认为引起社会心理改变的因素有很多，单一事项不会较大影响社会心理的变迁。在不同文化背景下，社会态度往往存在较大的差异，而公众社会行为又因社会态度改变而变化。

如果公众对患灾事件有一个理性且科学的认识，那么就有可能形成一项全新的社会共识，这种社会共识的形成让社会表现出更强大的凝聚力。社会心理学家马尔斯认为社会态度与社会行为相互影响，而这种联系正是文化传统的表现，同时也逐渐演变成一种通用的结构框架。社会公众对患灾事件的认识增强会促进他们主动投入防范工作中去，最终让社会表现出一种团结一致的患灾防范氛围。从上述论述可以看出，公众对于患灾事件的感受和认识影响着患灾的防控工作，而患灾防控工作也会提升公众对灾害的基本认知水平。

防患科学不仅有利于人们树立更全面的世界观、人生观和价值观，还可以解决一些理论认知问题，并培养他们的科学思维以及运用科学知识解决问题的能力。防患科学在确定政治、经济、科学教育等体制以及制定相关政策方面具有指导作用。这种指导作用在新社会制度建立后尤为重要，防患科学的研究和应用不仅是一种学术追求，更是社会发展的需要和基础。防患科学在纲领与路线的确立、政策和方针的制定中十分关键，并影响经济社会发展的规划。具体内涵有四个方面。

一是加强忧患、防患意识，为促进个人健康成长凝心聚力。青年兴则国兴，青年强则国强。青年一直是国家发展过程中的重要力量，是全面建成小康社会，实现第二个百年奋斗目标的重要保障。但是，在当今社会中，存在“啃老族”“丧文化一族”等现象，这直接暴露出当下部分青年安于现状，缺乏忧患、防患意识，抱有得过且过的心态。这极其不利于自身的发展，久而久之，更会制约社会的整体发展。因此，我们要不断提高自身的综合素质，“每日三省”，时刻保持高度警惕性。

二是常思忧患、防患意识，为促进企业有序发展保驾护航。在我国经济发展速度由高速转向中高速，产业结构由低端转向中高端，驱动方式由要素驱动转向创新驱动的背景下，有些企业只图眼前利益，大批次地生产同质化产品，以低价竞争获得市场份额，丝毫不考虑后期的发展，根本原因就在于缺乏忧患、防患意识。这导致那些企业成为资不抵债的僵尸企业、夕阳企业……不仅缩短生存时限，更斩断了后期的发展道路。在后期发展过程中，企业要时刻保持高度警惕性，找出自身存在的不足与差距，及时更新。

三是常思忧患、防患意识，为促进国家繁荣昌盛添砖加瓦。“蛟龙号”下海，观测中国深度；“天眼”落成，刷新中国高度；“复兴号”飞驰，驶出中国速度……中国作为发展中的大国，越走越稳，越走越远，但是这些还不够。在发展过程中，我们要时刻保持忧患、防患意识，及时自省不足，对症下药，找出下一个突破点，从多个方面、多个角度，共同推动国家的发展，为实现中华民族伟大复兴注入活力。

豪华尽出成功后，逸乐安知与祸双。在我国社会经济不断发展，人们物质生活条件不断改善的今天，我们也需要精神食粮的供给，在发展的同时需要具有忧患、防患意识，思考存在的不足，发现问题、解决问题，促进自身、企业乃至国家的发展。

四是常思忧患、防患意识，确保发展领先地位。凡益之道，与时偕行。党的十八大以来，我国步入了发展的快车道，中国高铁驶出了中国速度，神舟飞天撑起了中国高度，蛟龙入海探出了中国深度，我国也稳居世界第二大经济体之位。站在新的历史发展关口，我们要意识到，任何松懈都有可能葬送前期积累的优势。唯有牢牢树立忧患、防患意识，方能保持战略领先地位。

忧患、防患意识是个人的成功基石。青蛙效应告诉我们，将一只青蛙放入温水并逐渐加热时，青蛙会慢慢适应那惬意的水温，到最后无力跃出水面，只能走向死亡。经济发展带来了客观环境的改善，使得部分青年逐渐对于忧患、防患意识失去了认知，进入工作岗位之后，图安逸，凡事不求上进，更不懂得随着时代的变化更新自己的工作方法，对于工作“佛系”的心态成了其表现的真实写照。如若放任不管，不仅对自身的整体发展不利，难以最大化地实现个人价值，而且会延缓团队任务的有效推进。如何破解时下困局？加强理想信念教育，让人们在工作和生活当中时刻保持忧患、防患意识是关键。

忧患、防患意识是企业的前行之道。曾经的手机行业龙头企业诺基亚，长期占据世界手机市场的半壁江山，然而长期的霸主地位也使其逐步丧失了忧患、防患意识，在智能化大潮袭来之时依旧沉浸于塞班系统的研发，最终沉没于智能化大潮当中。反观华为公司，原先仅是一家名不见经传的小公司，但随着市场化的来袭，华为公司加强智能化的资金、人才投入攻坚，最终研制出了既符合智能化时代又满足消费者审美需求的手机，到现在也长期稳居国产手机行业头部的位置。由此可见，企业的发展需要树立忧患、防患意识，唯有如此，才能促进企业在不断变化的市场环境之中前行。

忧患、防患意识是政府的执政保障。政府作为管理者，必须提高忧患、防患意识，未雨绸缪，提前制定应急方案，进而确保社会安全发展。

生于忧患，死于安乐。忧患、防患意识可以促进个人成功，可以助推企业前行，可以强化政府执政。任何社会主体都应保持忧患、防患意识，唯有如此，才能在时刻变化的环境下保持活力与竞争力，永保战略领先地位，从而推进国家富强、民族振兴、人民幸福目标的实现。

第四节　防患科学对信息化发展的要求

21 世纪，以信息技术为核心的新变革浪潮，把人类社会推入信息化时代。面对这种深刻而巨大的变化，人类社会正向着以信息技术为核心的高技术方向发展，而影响人类社会发展的决定性因素，则是在信息获取权、控制权和使用权的斗争中所体现出来的信息优势和对抗能力。为了迎接信息技术发展带来的机遇和挑战，我们必须积极拓宽防患科学领域，适时转移重点，搞好信息化防患科学建设，增强国家整体信息优势，这在人类社会建设中具有重要的战略地位和作用。

信息化战略目标是信息时代国家战略的核心组成部分。在信息国家战略思想的指导下，该战略目标影响一个国家在信息领域的发展和建设，是一个事关国家安全和经济发展的重大战略问题，是维护国家信息安全和生存发展的根本目的之一。社会随着时间在不断发生演变，国家安全的内容也随之变得更加丰富。目前世界信息化程度不断加深，国际安全的重点内容也应该作出调整。除传统的军事、政治、经济安全外，科技、文化安全等新领域的崛起，使国家安全的概念更加全面和立体。在这个新的时代背景下，国家安全不仅仅是保卫领土和维护政权稳定，更是涉及国家整体利益、社会稳定、民族文化传承等多方面的综合性问题。信息化战略可以有效解决综合问题，当今世界的国力比拼也需要将信息化水平纳入考量范围。信息安全直接影响着国家安全，信息化时代让国家安全的概念和重心都发生了翻天覆地的变化。当国家的秘密信息被泄露出去后，会导致国家安全出现危机，甚至威胁到国家的主权。拥有强大国防力量的国家必须拥有出色的信息攻坚能力。从国家战略的高度来看，信息化是防患成败的关键，是信息社会可持续发展的保障。信息社会没有信息化作为保障系统，国家在发展过程中就会受到信息霸权和各种信息犯罪侵害。信息化建设，是以防患和提高信息能力为根本目的，以系统集成为主要途径，把以物质和能量为主要构成要素的、适应国家发展要求的信息化力量，建设成为以信息和知识为构成要素的、适应信息化发展要求的信息化力量。这是一个持续、跃升的动态过程，是社会发展力量的各个组成部分逐渐系统化、智能化的过程，是从局部到整体都适应信息化发展要求的日益成熟完善的发展过程。要认清信息化社会建设的实质，就必须弄清信息化发展力量建设的三个基本点。一是时代性。即信息化社会建设根据社会经济的发展，出现在人类社会由工业社会向信息社会转型期，是信息时代的产物和人类社会发展的必然。二是目的性。即转变社会发展力量以适应工业时代以信息化为主体的发展模式的观念，确立以符合信息化时代要求的社会发展力量建设观念，最终实现以信息和知识为主体的社会发展力量的主导性因素。三是实现途径的系统集成性。即建立一套能够快速转型的信息化建设力量体制，并研究开发相应的系统软件，把信息化社会建设力量各组成部分系统集成；加大法规建设力度，明确信息化社会力量各组成部分的责任和义务，军地资源共享；实现信息化社会力量与信息化常规力量建设接轨，最终把信息化社会力量建设成结构合理、职责明确、智能一体，与常备性信息化协调一致的信息化社会力量系统，共同构筑我国信息化建设大系统。

在衡量国家综合实力的因素中，除原有的经济实力、工业生产能力等因素外，又增加了信息技术水平、信息产业实力等因素，而且信息技术水平和专业化能力甚至对经济实力、工业生产能力都产生重大或决定性的影响。在信息化的高技术局部战争中，夺取胜利的关键性因素已不再是体能、热能，而是在信息获得权、使用权、控制权的战争中体现出来的信息对抗优势。换言之，控制信息权已经成为高技术发展双方争夺的“制高点”。在这种情况下，把重点转移到信息化发展上来，已是大势所趋。

信息化的基础是国家的信息技术水平、信息产业能力和信息资源的组织利用能力。搞好信息化建设，就是通过有计划、有组织地实施技术开发和改造，提高国家的信息技术水平、信息产业实力和信息资源的利用率，并使之有序化，即在建设的基础上，国家通过采取必要的措施，统一调动、统一运用，控制各个领域的信息资源、信息技术和信息系统，使之形成一个整体力量。加强信息化建设不仅为赢得社会发展所必需，而且对推动经济建设、增强综合国力，都具有极为重要的战略意义。

第九章　防患科学策略

党的十八大以来，习近平总书记围绕防范化解重大风险发表了一系列重要论述，立意高远，思想深刻，对于切实做好防范化解重大风险各项工作，全面建成社会主义现代化强国，实现第二个百年奋斗目标、实现中华民族伟大复兴的中国梦，具有十分重要的意义。

察势者智，驭势者赢。当今世界百年未有之大变局正在加速演进，中国迎来了重要的战略机遇时期，要把握好这一时机提升综合国力。

变幻莫测的国际形势以及复杂多元的周边环境要求我们在改革发展道路上更好统筹发展和安全，不断增强忧患、防患意识化解问题，促进社会持续健康发展，为政治安全提供保障，维护社会安定。要做到以上几点，我们需要有防范化解重大患险的能力，必须对潜在的危急时刻保持警惕，特别是一些重点区域，要守住安全底线，增强生存能力和竞争能力，从而维系长时间的健康发展；同时，要全面贯彻新发展理念，科技发展上提升独立性、自主性、安全性，寻找全新的发展道路，在国际上形成优势竞争力。

第一节　国家安全领域的防患策略

新发展阶段，社会发展趋势焕然一新，社会改革确立新目标，对维护国家安全提出重大挑战。党的十九大报告提到，国家安全是安邦定国的重要基石，维护国家安全是全国各族人民的根本利益所在。我们要积极响应党中央的号召，不断完善国家安全策略和应对方针，永远维护国家安全，统筹推进各种安全工作，不断增强国家安全法治保障，使国家的安全体系更牢固，形成更加强大的防范患险能力。对于那些想要渗透进我国的境外势力和民族分裂、恐怖主义、极端宗教活动，我们将坚决进行打击，将这些危害国家安全的恶劣行为扼杀在摇篮中。不断增强国家安全教育，向人民群众普及国家安全教育，推动全社会形成维护国家安全的强大合力。

一、政治安全是国家安全体系的核心

政治安全是国家安全的重要组成部分，直接关系国家的长治久安和民族的繁荣昌盛。国家应当将政治安全置于至高无上的位置，作为实现国家利益的首要目标。政治安全不仅包括国家主权独立，领土完整，还需要保证国家的政治体制稳定。只有政治安全得到有效维护，国家才能在内外部压力下保持稳定和繁荣。因此，国家应当通过完善法律制度、加强执法监督、提升国家治理水平等手段，不断加强政治安全保障和处理能力，确保国家政治稳定和社会和谐。同时，国家还应积极参与国际事务，以确保国际地位的稳固。政治安全是国家安全的基石，只有政治安全得到有效保障，国家才能在国际舞台上立于不败之地，实现长期繁荣和发展。

中国共产党始终处于绝对的核心领导地位，将国防军事力量作为国家安全的基本保障，以经济安全作为国家安全的基础，将社会安全、文化安全、生态安全和科技安全等作为国家安全的支撑。当前国际形势复杂多变，对国家安全造成威胁的元素呈现多元化的特点，同时也从国际范围延伸至国内范围，许多危险因素逐步从传统安全领域转移至新的安全领域。因此想要保证国家始终处于安全状态，就需要联合各方力量，充分调动全社会的人力、物力来完成综合治理的战略目标。政治安全是国家安全的首要核心。只有政治稳定了，社会才能正常发展，无论是科技文化领域，还是社会经济等领域，政治都要处于绝对的安全位置。我国的政治安全重点在于坚决跟随党的脚步，坚决维护习近平总书记党中央的核心、全党的核心地位，维护以习近平同志为核心的党中央权威和集中统一领导。

二、我国国家安全面临的国际国内环境

（一）国际政治压力仍然严峻，不确定因素逐渐增多

纵观全球，和平与发展仍然是时代主题，但是部分地区不安宁，使我国不稳定的政治安全问题之患时有发生。

1. 世界依旧存在强权政治和霸权主义

当前，部分国家运用人权问题粗暴干涉中国内政，并渗透宗教团体；对国内民族分裂势力给予大量的物质和精神援助，旨在使中国四分五裂。

2. 始终处于意识形态斗争的旋涡之中

西方国家因为和中国存在政治制度和意识形态的差异，长期以来将中国划归“另类”国家的行列，攻击中国的意识形态，一直尝试从文化领域来瓦解中国的民族精神和民族主义。

3. 全球经济活动日益政治化

在经济全球化发展态势下，国际政治利益逐渐趋向经济化，而国际经济也逐渐趋向政治化。国家之间因为社会制度的差异，开展经济贸易的前提往往是本国的政治利益以及政治战略，都呈现政治目的性，往往推动国家的经济问题逐步演变为政治问题。

4. 文化冲突中的文化霸权

部分西方国家以经济全球化和互联网技术发展为契机，大力传播和渗透它们的文化价值理念。以美国为典型代表的西方国家依靠科学技术和经济实力，在发展中国家中运用网络技术快速传播本国的价值理念、政治信仰和行为准则，企图将其演变成全球普遍遵循的价值标准，迫使其他国家遵循西方国家的价值理念。

（二）社会广泛深刻的变革使政治安全问题日趋突出

从国内环境看，现如今我国在社会体制、思想理念以及经济格局等多个领域都在开展广泛而深刻的变革，因此产生了一些新的社会问题，凸显了政治安全隐患。

1. 经济体制改革的矛盾对中国共产党的执政能力提出挑战

中国大刀阔斧地改革经济体制，必然会对我国经济体制中重要的领域产生冲击，比较典型的有我国的分配方式之间存在的关系以及主要市场调节手段之间存在的关系等。随着改革的持续深入推进可能会面临更多的挑战，这会对中国共产党治理社会和政府开展宏观调控带来严峻的考验。

2. 社会阶层分化影响政治安全的社会基础

现如今我国的政治安全受到了社会阶层的急剧分化和复杂矛盾的影响，这将会加剧我国各个阶层之间存在的矛盾问题，并严重危害我国社会长期以来构建形成的和谐稳定局面。

3. 社会利益分化影响政治安全的制度基础

我国社会的利益格局会在社会阶层的严重分化中展开调整，由于出现了多个利益集团和群体，导致我国利益主体具有多元化的特性，社会矛盾在多元利益主体的利益诉求下变得越来越激化，甚至会为我国现存的社会政治体系带来消极影响。

4. 多元化的价值观念引发社会认同危机

我国人民群众的思想观念在多元化的经济结构和利益分配关系的影响下呈现出多样化的特性。这在一定程度上会冲击中国主流意识形态的安全，引发政治认同危机。

三、新形势下维护国家安全存在的患险和挑战

目前，我国同时面临的危险与挑战因素主要包括国内国际因素以及非传统和传统安全的威胁之患，这些因素中涵盖了全局和局部因素以及人民内部和敌我矛盾因素等。就整体而言，导致我国面临患险和挑战较为显著的影响因素是人民内部矛盾、传统安全危险以及国内因素等。

（一）以美国为首的西方国家对我国的分化、西化战略是国家安全的最大外部之患

我国和美国在意识形态、国家利益、政治制度等方面具有巨大的差

异和分歧，导致美国始终秉持着遏制中国发展的政策，这种“两化”（分化、西化）战略潜在威胁中国的发展，并且此种威胁具有全方位和多领域的特性。

（二）国内影响社会稳定的因素急剧增多，使国家安全面临严峻挑战

1. 经济体制改革下更加凸显了社会民生问题

当前，因为损害人民群众利益而引发的社会矛盾成为影响社会和谐稳定发展的关键因素。我国大力开展的经济体制改革引发了国内城乡区域经济发展的不平衡现象，就业、医疗以及教育等民生问题也日益凸显。

2. 不可控因素增多，加大了我国管理社会的难度

第一，民间组织在分化的社会阶层中不断出现，导致我国管理社会的挑战变多。不断变革的社会结构也破除了严格控制私人空间的格局，从而为各种类型的非政府组织兴起提供了环境支持。第二，我国的利益群体和阶层组织直接受到了当前社会阶层分化的利益影响，一些群众逐渐降低了对中国共产党的执政地位和人民代表大会制度的认同感。数量越来越多的非制度化活动和政治参与主体挑战了现有的政治体制。第三，我国一些人民群众信仰主流意识形态的程度会在多元化价值理念的冲击下逐渐削弱。

3. 自发因素对我国的政治基础和环境带来影响

我国在转型期间会面临各种非传统安全因素，如经济信息安全问题、宗教与邪教问题、生态环境失衡等，这些非传统因素若处理不当，将会影响我国社会的稳定可持续发展。

四、国家安全领域的科学防患策略

科学合理地构建完善的国家安全战略，为国家安全提供强有力的保障，已经成为当下亟待解决的重大问题。具体体现在以下几个方面。

一是重新构建国家安全应对体制，为保障国家安全提供强有力的体制保障。虽然中国已经形成了较为完善的综合安全观，然而我们仍需要清晰地

认识到，此机制只是在全世界和区域性的非传统安全层面能够产生有效作用，主要包括生态环境、恐怖主义以及流行性疾病等领域，并不能有效地应对中国独有的非传统安全存在的威胁，此种协作互信机制也由此失去了它应有的效力。对此，我国为了在新时代下维护国家安全，必须加快进度重构更为科学完善的安全应对机制。重新建构的机制要通过整合全部国家安全资源，以此来突破条块分割的社会现状，从而做到凸显重点和统筹兼顾，这就要求我国要掌握长期有效的全面防控和精准打击的国家安全防患能力。另外，我国也可以设计具备专业性的研究防患科学的机构组织，旨在为指导和推动我国社会全方位、多领域的持续发展奠定深厚的防患理论根基。

二是维护国家安全的根本是为了增强综合国力。多重因素会影响一个国家的安全发展，然而最终的决定因素还是本国的综合国力，因为这是保护国家安全的根基。维护国家安全最终要依赖于本国的政治、经济、文化以及教育科技等多个领域构建形成的综合国力。基于此，要集中全国各地和人民的力量大力推进我国的现代化建设，全方位、多领域、全过程提升我国的综合国力。我国当前最为重要和根本的对策是坚持防患的固本强基，以此来维护国家安全。

（一）要加强对国家文化安全领域的科学防患工作

文化在国家发展中越来越凸显其重要性，主要原因在于全球各个国家和地区的文化交流和融合的频率越来越高，美国外交史学者弗兰克·A.宁柯维奇在《文化外交：1938—1959年美国的外交政策和对外文化关系》中谈到，美国外交政策的手段囊括了文化手段以及经济手段、政治手段、军事手段。在各个大国之间不能自由地运用军事手段的前提下，特别是现代国家不能保障自己不受到核战争的报复的历史环境中，美国经常运用文化手段来作为强大的渗透工具。软权力在“冷战”结束后越来越受到各个国家的关注，它是指对他人选择产生影响的能力，如有吸引力的文化、意识形态和制度。这种文化理念深远影响了美国的外交政策乃至国际社会。美国政府更是在外交政策中高度重视推广自己国家倡导的自由民主价值观。举个例子，以美国、德国和英国等为代表的西方国家常常用文化产品来挑战别国的主流核心价值观，具体表现为音乐作品以及影视作品等。美国在较长时间以来都秉持着“帮助构建民主自由”，以此为借口来开展自己的军事行动，通过对其他国家实施军事侵略来践踏这些国家的人权，从而破坏这些国家长期以来形成的稳定格局。美国的前任新闻署署长曾经谈到，全球电子网络……将会为文化融合和资料流通带来实质性的问题。这些网络通过高速化的线路把数量较多的资料流通于全世界各国，更为严重的是有些资料并不受传统形式的制约，对一个国家文化带来的影响远超过任何一个直播卫星系统。

当今世界的信息技术和信息流动的发展呈现出不协调性，世界上掌握先进技术的大国主要有美国、德国以及英国，这些西方国家通常向其他国家输送本国的意识形态和价值理念的方式是信息传播，以此来实现它们强加给他国自由民主价值观念和文化扩张的目的。目前，全球信息技术最为发达的美国基本上掌握了生产互联网核心技术，其能够基于自己国家发展的需求，对其他国家的网络信息进行有效处理和加工，再凭借本国先进的信息技术在全球各个国家散布的互联网用户传递加工处理之后的各种信息。美国在此网络信息传播过程中，能够较为轻易面向全世界传播自己国家主流价值理念和政治主张。例如，英语作为联合国和国际交流的主要语言，我们通过非英文的语言来面向美国传送电子邮件，那么远在美国接收的邮件大概率会出现乱码，更为严重的是无法辨别邮件的内容。因为美国这个国家极大可能并不具备非英语语言阅读的软件。换个角度思考，这也是美国为了维护自己国家的安全。基于此，我国必须加大力度改革创新网络宣传的形式。

（二）要加强对信息资源领域的科学防患工作

一个国家或地区重要的社会财富和生产要素是信息资源，一个国家掌握信息的程度也影响了国家的竞争力。网络信息不受国家界限的制约，引领资金和技术在全球范围内自由流动，以此推动着经济发展。但是网络技术同时具备优势和劣势。网络因其自身存在的普及性、广泛性以及迅速性等特征，容易受到各种各样、不同于平常的因素影响，这也影响了传统的国家经济安全领域。人们获取科学信息的能力常常受制于不完善的网络管理和部分网民的不文明上网行为，比较常态化的现象有传播谣言和泛滥的虚假信息，为经济发展带来了新问题，另外也给网络突发事件埋下隐患。

掌握信息技术主动权的国家或地区常常能够轻易地制约信息技术不如自己的国家或地区的经济运行，并通过相关的数据资料来全面了解它们在经济发展领域中最为关键的信息。一个国家或地区的经济安全也越发受到网络的影响，特别是网络突发事件对经济安全造成了非常严重的影响。通过全面分析美国权威机构发布的数据发现，以年为单位一个国家因为网络突发事件导致经济损失的数额就高达 75 亿美元。

美国的网络安全专家曾表示网络恐怖活动的危害极大，很大概率会导致美国的金融市场陷入瘫痪的状态，更有甚者会导致其民航管理局的网络不再运转。

以移动互联网为研究的着力点，2013 年 CNCERT 监测发现了移动互联网通过恶意的程序下载了高达 1207 万个链接，这些程序在人民群众之间的传播次数高达 1296 万次，其中出现的 IP 地址和域名的数额分别达到了 60976 个、15247 个。纵观世界，中国成为网络攻击的主要受害国，我国受到的网络攻击多数来自西方国家。基于此，我国必须加大力度科学合理地管理我国各种类型的网络信息，强化提升排查网络杀毒软件等各个类型网络系统中潜藏的安全隐患，尽可能将不必要的漏洞进行修复，加快速度建立全面完备的网络安全系统，以此增强我国信息安全的保障能力。

同时，国家不仅要高度重视警示网民要居安思危和不忘国耻，还要加大力度强化网络防范意识和责任意识，为本国经济安全始终拥有稳定的环境提供保障。

（三）要加强对国家科技安全领域的科学防患工作

长期以来，以美国为首的西方国家一直在拼命遏制中国科技事业的发展，他们不仅对中国设置种种技术障碍、技术壁垒、技术封锁，而且还在技术交流、人才培养、技术应用等诸多方面对中国围追堵截，从而使我国的科技事业屡屡蒙受重大损失。

面对这一切，我们首先要加强相关部门领导及工作人员对国家科技安全领域的科学防患教育，提高他们的科学防患意识，训练他们的科学防患手段，提升他们的科学防患能力。同时，国家要加强对重点科研机构、重点科技人才、重点科技项目的防患保护力度，以最大限度地保护我国科技事业的未来发展。

（四）要加强对互联网领域的科学防患工作

全球经济发展的关键特点是全球化和信息化，这也是中国大力发展科技产业的必经之路。全球化和信息化相互依赖、相互促进。如今，信息技术成为推动我国经济社会发展稳步前进的动力之一，信息化技术不仅推动了我国经济迈入全球化的进程，还逐渐演变为一个国家或地区生产力发展潜力和水平的重要衡量标准。互联网在新时代已经融入了人民群众的生产生活之中，在人民群众的日常生活之中扮演着非常重要的角色。中国在网络信息领域已经取得了非常大的成就。这推动中国成为网络大国。

世界上的各个国家为了科学处理网络安全带来的挑战，系统性地作出了科学的部署，并由此提出了发展目标、思路和任务，以此来获得国际竞争之中的话语主动权。比如，日本政府曾在公开场合明确表态要重新成为全球信息技术最发达的国家，争取早日在信息技术领域超越美国和欧盟。这一言论对于世界上的发展中国家特别是亚太地区的国家带来了严峻的挑战，并且严重威胁到这些国家的网络安全。因为，世界上的发展中国家的信息技术还是呈现出一种弱势水平，尤其是在核心技术领域还依赖于发达国家，在核心技术上受到发达国家的牵制，这种情况下必然会威胁到发展中国家的网络安全。基于此，发展中国家必须高度重视制定科学措施，以此增强自己国家的信息技术能力，同时提升自己国家应对网络挑战的能力和自身独立处置的能力。要达到这一目的，我国需要数量更多的网络技术高端人才，加大力度构建完备的信息安全保障制度和网络安全领域的法律法规，以此制度法律体系来保障良好的网络安全环境。

基于此，中国发展健康的互联网事业的重要前提是要做到网络安全的防患。我国相关的行政机关和行业协会要高度重视网络安全管理和对网民的教育工作。网站工作者要贯彻落实社会主义法治理念并且坚定政治立场，保持清醒的政治头脑，强化社会使命感，在网络服务中增强防患科学意识。只有做到这些，才可以不断提升处理网络舆论安全问题的能力和处理网络突发事件的能力。

（五）实施正确的国际战略，创造一个良好的、安全的国际环境

1. 坚持独立自主的和平外交政策

我国在同世界上的各个国家展开友好交往过程中始终遵循和平共处五项原则，与各个国家展开互利合作，平等地对待每个国家的互通往来，从而携手推动人类的发展进步。我国始终不遗余力地维系世界和平与发展，贡献大国力量。另外，我国要更加努力地贯彻落实我国提出的“一带一路”倡议，以更加积极主动的态度去塑造中国在国际中的形象。同全世界各国政府、人民群众以及外交家等展开友好交流，要提高国家之间、民族之间的交往水平，通过灵活的政策尽可能减少摩擦。

2. 要坚定立场来捍卫本国主权和安全

科学应对西方敌对势力对我国实施的分化和西化战略，构建完备的国家价值体系，增强我国人民群众对国家制度体系的认同感和信念感，为维护国家安全和社会稳定提供人民力量。

3. 为提升国际声誉和维护国家利益，要灵活地运用本国掌握的软实力资源

要充分发挥中国集中力量办大事的独特优势，在同世界交往过程中要始终展现我国的制度优势、民族精神以及国际影响力。充分运用中国掌握的软实力资源来处理国际事务，为处理国际上出现的重大矛盾贡献中国力量，

这可以有效纾解我国在国家安全领域面临的压力，还可以同时获得国家利益。

（六）维护国家安全，要练好内功，强化忧患、防患意识

我国要加大力度建设更加完备的政治和制度体系，推动着我国社会主义民主政治稳定有序向前发展，在尊重和保障人权的前提下扩大人民民主，加快速度构建更加完备的法律体系，为国家和社会的方方面面提供法律保障。全面贯彻落实习近平总书记提出的有关忧患和防患的系列重要指示和战略思想，不断提升中国共产党的执政能力。以科学完备的措施消除危害我国政治制度中隐藏的腐败和冗员问题，在我国人民群众心中树立廉洁高效的政府形象。运用合理的措施解决我国在战略机遇和社会转型时期面临的贫富差距和社会不公平等问题，最大限度地缩减可能危害国家安全的内部危害。

1. 强化防范化解重大患险的忧患意识

忧国、忧民和忧党意识是中国共产党人的忧患意识，这是中国共产党的责任和担当。中国共产党的成长历程遭遇了数之不尽的风险挑战。现如今中国的发展迎来了历史的最佳机遇期，奋斗历程时刻提醒着中国共产党要时刻持有居安思危的理念谨慎行事。绝不可以在新时代的发展历程中犯战略颠覆性错误，要制定对策防范发展中潜在的风险。

2. 深刻认识和防范化解重大患险

中国共产党在治国理政的历程中时刻秉持着居安思危的忧患意识。中国共产党带领中华儿女实现伟大梦想，要深刻分析新时代的历史特性开展伟大斗争，以此科学应对重大挑战和解决重大矛盾。

3. 明确防范化解重大患险的目标

当前，中国面临着国内的意识形态、经济和政治等多个层面的患险，除此之外还囊括了国际的政治和军事等方面的患险，最后还有自然界带来的患险挑战。基于此，解决上述患险的首要任务是维护我国的政治安全和执政安全。

4. 制定防范化解重大患险的策略

要坚持“稳定大局、统筹协调、分类施策、精确排患”。要重视防范“灰犀牛”和“黑天鹅”事件；要制定防范和化解风险挑战的科学对策；要积极主动开展防范和抵御患险的斗争；要在夯实基础的前提下补齐短板，从而真正做到化患险为机遇。

5. 研究防范化解重大患险的规律

我们国家防范和抵御患险的基本前提是科学性地预测它，而我国谋求患险防范战略的主动最为关键的措施是把握患险走向。国家要常态化审视患险发展形势和全局谋略，对其中潜藏的发展态势和患险挑战进行精准的洞察；深入领会各个领域患险演变态势和其相互之间存在的关系，以高度的敏锐感去合理把握传播和患险的基本规律；要时刻以高度的警惕感防止经济金融患险演变为政治社会患险，对外患险逐渐演变为国内安全患险，以此避免出现联动效应。

6. 普及防范化解重大患险的科学思维方法

深入学习和掌握马克思主义基本原理，学习和贯彻落实习近平新时代中国特色社会主义思想，并以先进的世界观和方法论来强化战略历史思维和辩证底线思维，可以在这些思维的指导下，于复杂多变的风险挑战中寻觅规律。要基于底线思维处理各种事件，以最坏情况作为处理问题的出发点，通过最艰难的准备去获取最为优质的结果，从而形成有备无患的历史底线和主动权。

7. 具备防范化解重大患险的斗争精神

要以勇敢的态度和充沛的斗争精神来科学防范化解重大患险，如果只是一味地逃避，那么将会让自己陷入困境。我们要始终持有不怕困难的斗争精神，要在中国发展的实践中强化斗争本领，永葆斗争的顽强意志，更好应对每一次出现的重大患险挑战。

8. 强化干部防范化解重大患险的能力素质

领导干部在我国事业发展中占据着极为重要的地位，他们有没有树立科学的防范患险意识，会对我国经济的发展带来较为直接的影响。基于此，要帮助领导干部树立科学合理的防患意识。首先，统筹组织我国防范患险领域的专家编撰专业系统的书籍，将其作为我国领导干部进行常态化学习的资料，与此同时还要做好监督和考核领导干部学习效果的制度安排。其次，领导干部所在的部门单位要在规律化的时间期限内举办防范化解患险的培训班，帮助领导干部理性认知防患科学意识。然后，我国各个级别学校的党校和行政学院要科学设立防范患险的相关教学课程，主要基于当前中国经济社会发展的基本情况，对进入学校学习的每位学员开展防范患险的教学和培养。最后，与之相关的各个部门要有规律地组织他们参加多元化的研讨会和经验交流会，推动我国领导干部在持续性学习和交流中增强防患科学意识的理论素养，从而以清醒的态度来指导所在地的社会可持续发展，为新时代中国的全面深入发展的方向提供了有力的保障。

9. 建立健全防范化解重大患险的机制

第一，构建内容完备科学的患险研判机制，在规定时间内全方位排查和深层次研判我国各个地区和领域潜在的患险危机，有针对性地规划好解决策略。第二，构建完备科学的评估患险的决策机制。以审慎的态度做好每一次的重大决策，高度重视进行科学合理的患险评估，为决策的最终施行奠定良好的基础。第三，构建完备科学的患险防控协调机制，能够确保在发生患险的第一时间内共享防患险的信息，争取各个部门和地方展开高效的协调配合，以高度的合力来共同应对各种患险。第四，构建完备科学的患险防控责任机制，贯彻落实每一个主体的责任，并督促各个级别的责任主体切实履行自己的职责，把推卸责任扼杀于摇篮之中。

习近平总书记强调，要坚持守土有责、守土尽责，把防范化解重大风险工作做实做细做好[①]。须将责任落实到各个基层地区单位，上层和下级都切实履行职责和落实工作方案，每个地区的党委和行政机关要高度重视贯彻落实

① 《习近平：提高防控能力着力防范化解重大风险 保持经济持续健康发展社会大局稳定》，新华网，2019 年 1 月 21 日。

工作和督查任务，为工作落实到位提供人力保障。

第二节　经济建设领域的防患策略

现如今，中国正处于优化经济结构和转变发展方式的攻坚克难的机遇期，同时也面临不断加重的经济下行压力。世界各国的经济增长速度持续放缓，世界大变局加速演变，出现了全世界的动荡患险点。基于此，我们要始终秉持着防患科学的理念和忧患意识，强化科学应对复杂局面的能力，推动着中国经济朝着更加健康可持续的方向发展。错综复杂的国际形势，会给我国的经济发展带来许多不确定性和挑战。我们必须按照防患科学的理念，增强忧患、防患意识。不断提高应对各种复杂局面的能力，才能确保我国经济稳定健康高质量发展。

一、增强经济发展防患科学意识，提高经济可持续发展

全面可持续的经济建设为发展高质量的经济奠定了深厚的物质基础。如果未能构建形成科学的经济发展格局，就不能实现我国各个领域的高质量发展。为实现我国的全方位、多领域的持续高质量发展，我国要持续强化自身的经济实力。

1. 推动我国经济增长模式渐渐地迈向高质量可持续发展的轨道

一方面，要尽量缩减我国经济发展受到短期行为的影响，把战略目标放到更长远的发展的视线之中，不再仅仅考虑短时间内的政绩；另一方面，要加大力度将经济发展模式由粗放型转为集约型，鼓励各行各业生产出具备高科技和高效益的优质产品。

2. 要持续增强经济发展的动力

一方面要牢固树立资源是宝贵的发展思想，在开采资源的过程中做到严格管理和控制，尽可能减少资源的浪费。另一方面要加大力度缩减能源消耗，尽可能地少排放废气废水。

3. 优化调整经济结构

基于经济全面可持续发展，调整我国国民收入的分配结构，缩小我国国民的收入差距；优化调整经济需求端的结构，最大化发挥消费拉动经济增长的效力；优化产业内部的结构，在不断培育新兴产业的过程中淘汰落后产能；优化三大产业结构，持续进行工业转型升级，加快速度构建现代化的产业制度；优化城乡经济结构，逐步构建协调稳定发展的城乡经济格局。

二、增强自然资源防患科学意识，推动生态环境可持续发展

自然资源不仅是生态环境的构成要素，也是我国经济高质量发展的坚实基础。我们国家的经济建设的目标是实现全面可持续发展，对此要强化保护自然资源的科学意识，科学开发和最大化运用自然资源。我们国家可以引入西方国家提出的“顺服”和“爱”的自然思想理念。其大力倡导人类要对自然持有尊重和热爱之情，要从心理和行为上“顺服”自然发展规律，以实现生态环境的持续全面发展目标。

维系自然界的生态平衡的措施。第一，要科学合理地管理自然资源，将经济竞争和管理体系引入自然资源的管理之中，逐步完善和严格落实保护自然资源的相关法律条文，绝对禁止没有规律地开发自然资源，要运用现代化的科技去高效开发运用自然资源。第二，要从根本上治理存在的环境污染困境。要高度重视禁止向大气和江河湖海中排放烟尘和污水，要科学合理地规划垃圾分类回收管理，对植树造林的自发行为给予精神和物质奖励，严厉惩戒破坏自然生态平衡的违法行为，基于此我们才可以保护人类自然生命共同体，推动经济社会的稳定持续向前发展。

三、增强安定团结防患科学意识，促进社会可持续发展

社会稳定和经济发展是彼此依存和联系的统一体。当经济发展奠定了丰富的物质基础，社会才可以维系稳定格局，反之亦然。基于此，经济稳定可

持续发展的强有力保障是稳定的社会环境。并且公平是维系平稳向前发展的最大基石，落实共同富裕的发展目标。我国经济发展要解决的关键任务是摆脱收入分配不公平的困境。

1. 缩小城乡和区域之间存在的收入差距

要实现这一目标要强化改革力度，加快进度实现我国农村和偏远地区的经济稳定发展。比如，要在全国范围内贯彻落实建设中原经济区和西部大开发战略等。除此之外还要国家加大投资力度，全力全方位地扶持我国农业和经济落后地区的经济建设。全面缩小行业之间存在分配不公平的问题，第一明确国有企业的产权职责，公有制有多种实现形式；第二通过引入竞争制度从根本上破除垄断经营的格局。运用税收手段解决个体与个体之间存在的收入差距问题，严格惩处我国个体出现的偷税漏税和严厉打击非法收入的行为。综上所述，我国要持续强化改革力度，坚持以人为本发展生产，实现我国收入分配的公平透明化。

2. 要加大力度解决我国存在的就业难的困境

首先，我国相关部门要科学制定鼓励就业的财政金融政策。要向自主创业、生态环境以及中小企业发展倾斜财政货币支持力度。其次，通过金融信贷大力支持劳动密集型企业的发展，以政府出资建立政府信用担保体系。最后，我国相关部门要构建以市场为主体、政府参与管理的就业体制，基于信息技术构建统一的劳动力市场，取消劳动者的就业户籍制约和强化就业培训。

3. 健全失业保险和特殊人群就业机制

要针对高校毕业生建立就业市场和运行体系，科学指导大学生走向基层，鼓励大学生开展自主创业。针对农民工要全面改革户籍制度，强化职业技能培训和优化子女的教育质量。优先扩大困难个体和家庭就业，构建形成内容完备的就业援助长效机制。

4. 基于尊重民意改革教育和医疗

在我国发展素质教育，满足人民群众对改革效果的期待。

5. 以防控物价上涨为着力点，科学严格控制人民币的发行数量，深度拓展体制改革，要严格控制成本带来的物价上涨的态势，要大力制止外资在后面的推波助澜，运用货币政策来全面调控房地产的价格。另外，要持续性地强化我国人民群众的政治和伦理道德教育，以此打击多元化形式的犯罪，构建科学完备的公检法体制，加大打击贪污腐败力度和食品安全监测力度，实现多种类型的刑事犯罪的第一时间精准打击。

综上所述，我国要让广大人民群众发自内心地感受到社会主义社会的公平正义，以此获得稳定的安全感，自发地为社会稳定和经济高效发展贡献自己的力量。我国的经济建设是全面可持续性发展的核心力量，目的是贯彻落实第二个百年奋斗目标；我国当前的目标包括了维护社会公平正义、维系社会稳健发展以及生态资源永续平衡开采和利用等。这反映出我国要实现政治、物质以及精神文明的协同平稳提升，基于全球科技革命积极主动参与经济全球化进程，合理吸纳和引入世界文明成果，持续推动全球发展，关键还要基于满足人民的利益持续优化其生活质量。对此，我国要坚定不移地坚持改革开放的总路线和社会主义发展方向，我国广大人民群众要始终秉持着高度的防患科学意识，一步一步地构建科学完善的社会全面稳健发展的多元化体制，在第一时间解决我国发展过程中面临的问题，最终实现我国社会的高质量发展目标，实现共同富裕，走在全球发展前列。

第三节　社会发展领域的防患策略

以习近平同志为核心的党中央自觉的十八大以来就特别关注我国社会的和谐稳定。习近平总书记强调平安是老百姓解决温饱后的第一需求，是极重要的民生，也是最基本的发展环境。[①] 我们要时刻保持着清醒头脑，铭记和谐稳定是根本大局。个人只有生活在稳定的社会环境中才能获得更好的生存。中

---

① 中共中央宣传部：《习近平总书记系列重要讲话读本》，学习出版社、人民出版社，2016。

华儿女要高度重视强化自身维系社会稳定和谐的能力，为社会稳健发展贡献自己的力量。但是，人类社会在高速发展中也面临着部分不可忽视的新问题和新挑战。

一、忧患于影响社会稳定的因素是复杂的，经济患险向社会领域传导，社会利益矛盾成为社会矛盾重点

高速发展的经济建设逐步推动经济患险传导到社会。只要经济患险没有在第一时间进行解决，那么就会在很大概率上对社会带来不良影响。我国经济患险可能传导的原因还包括不稳定的国际经济。然而，我国经济在运行过程中也面临着部分较为突出的矛盾，若是没能采取措施进行有效化解，经济患险也大概率会因此发生。常见的矛盾包括房地产泡沫和新兴金融风险等影响面广的经济患险，这紧密关联着我国民生和全社会的发展。虽然中国当前还不存在系统性经济患险，但是我们还是要对一些局部的经济患险保持高度警惕。

中国仍然处在社会转型的关键时期，我国现阶段社会矛盾的焦点问题为利益矛盾，主要原因是变动的社会结构和利益关系。全社会的利益关系在社会快速转型和变革下更具有复杂性。当今社会出现了诸如劳资矛盾、干群矛盾以及贫富矛盾等较为突出的社会矛盾。上述矛盾出现的主要原因是不合理的利益关系，并不是由于政治因素引发的。我国相关部门如果不对利益矛盾给予高度重视，那么就会很大概率引发群体和阶层矛盾，危害社会的和谐稳定。

二、现代社会越来越成为一个患险社会，诱发和助长社会矛盾

社会患险逐渐增多是当今社会的显著特征，全世界在逐步步入以患险为特征的新社会时代。我国是一个自然灾害频发的国家，最近这几年由于重大自然灾害引发的社会稳定患险呈现出逐年上涨的态势。除此之外，我国还时常发生诸如非法集资和传销的群体性事件。特别要关注因建设重大工程项目而引发的社会稳定患险，这常常会演变成为诱发群体性事件的因素。

我国自改革开放以来完成了从贫困、基本温饱到全面小康的历史性跨

越，中华儿女在改革发展历程中增加了获得感。但是我国社会还是存在着社会焦虑现象。第一，社会上还是存在相对较大的收入差距、不科学的户籍制度以及就业歧视等。第二，我国虽然在整体上提高了民众的生活质量，但是生活困难人口依然存在，住房教育等民生问题仍突出。第三，我国的中产阶级因为持续增加的房产生活成本，对未来的发展和收入持有焦虑不安感。这些不良的个人心态和弱化的公德意识会危害到我国社会的稳定和谐。

三、随着经济的发展，原来处于潜在状态的社会矛盾之患显性化

我国在经济高速发展的时代背景下，拥有了更为雄厚的物质基础，可以高效地处理危害社会稳定发展的各种类型的社会矛盾。然而，在我国经济发展历程中大部分潜藏的社会矛盾和问题变得显性化，主要有劳资矛盾及征地拆迁纠纷等。上述问题并不是新出现的社会现象，但是在社会经济不发达的时候被掩盖了。我国社会还是存在着一些犯罪分子和敌对势力对我国社会秩序造成破坏之患，这些都是不稳定的因素。与此同时我国还会发生一些重大的刑事案件，社会上依旧存在团伙犯罪，而信息时代催生的网络电信诈骗也屡禁不止。

社会矛盾在国际化和信息化的发展过程中被逐步放大。要对危害我国社会和谐稳定的因素给予高度的重视。互联网等新型媒体已经逐步演变为人们日常生活的重要工具。现实社会受到了虚拟社会的极大影响。我国在管理和维系社会稳定的过程中也面临着越来越多的新困境。我国部分社会矛盾在国际网络的推动下被无限放大，其影响范围和后果程度不断被深化，严重影响社会的稳定和谐。

四、维护社会稳定的科学防患必须综合施策

有效应对当前社会稳定面临的挑战，维护社会的和谐稳定，必须针对影响社会和谐稳定的主要因素，多措并举进行综合治理。

（一）维护社会稳定重点在基层，难点也在基层

中国最基层的是城市农村社区，要重点推进社会治理制度创新，维系社会稳定和谐，全面贯彻落实基层群众自治制度，优化治理城乡社区的现代化体系。现如今，在城乡之中最为突出的社会治安问题为“村改居社区”和“拆围墙社区”等。对此，要高度重视优化城乡社区安全防控和社会治理能力，为我国城乡基层社区稳定可持续发展提供保障。

（二）坚持防患重于治理的理念

我国要制定全面科学的措施来综合治理社会，以此高效处理社会稳定面临的困境，为维系社会的和谐稳定提供强有力的保障。

1. 基层是维护社会稳定中极具挑战的一部分，要想维护好社会的稳定，必须做好基层工作

在我国的社会结构中，基层社区构成了社会运转的基石。因此，推动社会治理模式的创新、保障社会的和谐稳定，其核心举措之一便是完善基层群众自治机制，以此强化城乡社区的治理效能。目前，社会面临“村改居社区”“短租房密集社区”以及“无围墙社区”等新型社区形态带来的社会治安新挑战。针对这些挑战，我们需要强化城乡社区的安全防范能力，提升社会治理的精细化与智能化水平，以确保基层社区的安全稳定，为社会的和谐发展奠定坚实基础。

2. 我们要秉持防患重于治理的理念

维护社会的和谐稳定，首要在于从源头上加强社会矛盾的治理，秉持“防患为先，治理为辅”的原则。为了有效应对并减少影响社会和谐稳定的社会矛盾，我们需制定一套综合的策略，包括源头的防患、过程中的疏导以及事后的妥善解决。在当前阶段要特别关注如下几项工作：首先，我们必须坚决维护、持续发展和全面实现人民群众的合法权益，这是社会稳定的基础。其次，我们需要建立健全评估重大决策社会稳定防患险的机制，确保每一项重大决策都符合人民群众的根本利益，避免决策失误引发的社会矛盾。再者，我们要切实做好矛盾纠纷的排查和疏解工作，及时发现问题、分析问题并解

决问题，防止矛盾激化。面对社会矛盾，我们不能采取被动应付的态度，而应当积极面对、主动作为。我们要积极预防矛盾的扩大、蔓延和激化，这就要求我们不仅要做好矛盾纠纷的排查和调处工作，还要注重从源头上预防和减少矛盾的产生。只有这样，我们才能确保社会的和谐稳定，为人民群众创造一个安定、有序、繁荣的生活环境。

（三）从各个不同的层面防范化解重大社会领域患险

1. 从政治层面防范化解重大社会领域患险

（1）建立健全政治制度，明确各项工作职责。我们应增强“四个意识”、坚定“四个自信”、做到“两个维护”，确保思想和行动与中央的重大决策部署保持高度一致。要以人民为中心，将人民对美好生活的向往作为我们的奋斗目标。同时，我们要全力以赴预防风险、维护稳定，努力增强人民群众的安全感。在此过程中，我们必须强化战略思维、创新思维、法治思维和底线思维，以卓越的思想理论水平洞察和把握时代的发展大势。

（2）强化各领导班子的责任防患意识。各级领导干部应不断深化忧患意识，加强政治敏锐性和政治鉴别力，对可能触发政治问题的敏感因素以及意识形态领域内的错误思潮保持高度警觉。同时，应提升防范化解患险的能力，及时截断患险转化的链条，防止患险问题升级扩大为政治患险，确保政治安全和社会稳定。

（3）明确各单位职责和责任。在维护公共安全的过程中，必须深刻认识到防范化解重大公共安全患险与坚持党的领导和全面从严治党之间的紧密联系。各级党组织和党员领导干部应当坚决承担公共安全的全面责任，确保各项安全防范措施得到有效落实。近年来，随着公共安全管理制度的不断完善，如中共中央 2019 年印发的《中国共产党政法工作条例》等文件，已明确了党政部门和领导干部在公共安全领域的职责。为了进一步确保这些制度规范的有效执行，我们必须坚决全面执行该条例。为了让各级领导干部更加清晰、准确地理解和执行公共安全责任制，未来可以考虑制定更为全面综合的党政领导干部公共安全责任制相关的制度规范。以此提供更为具体的指导，帮助领导干部在公共安全工作中更好地履行责任，确保社会和谐稳定。

（4）充分发挥广大党员的先锋模范作用。必须广泛教育和引导广大党员在公共安全事务中展现勇于担当的精神，时刻在人民群众中发挥先锋模范的带头作用。所有党员都应秉持对党的事业和对人民利益的高度责任感，积极参与重大公共安全患险的防范化解工作，切实履行自己的责任和义务。

2. 从战略层面防范化解重大社会领域患险

在战略层面上，防范重大患险意味着我们需要从方向性、全局性和长远性的角度出发，全面提升防范化解重大患险的能力，以确保社会的长期稳定。这要求我国在各个领域都要加强工作，包括但不限于就业、教育、医药卫生、食品安全、社会治安和住房市场调控等方面。只有通过坚持不懈的努力，从战略层面不断提升防范化解重大公共安全患险的能力，才能从根本上消除重大公共安全患险的滋生土壤，为人民群众营造一个安全、稳定、和谐的生活环境。

（1）制定和实施国家公共安全战略。应当以总体国家安全观为指导，深入贯彻以人民为中心的发展思想与安全发展理念，精心制定国家总体公共安全战略规划。这一战略规划应把公共安全患险治理视为推动国家发展的核心支撑，全面考量自然与生态、生产与技术、治安与网络等多元领域的安全患险防范。同时，战略规划需要将公共安全融入创新、协调、绿色、开放、共享的新发展理念之中，积极预防并有效应对人为、新型及非传统安全患险。基于这一战略规划，各相关部门和各级政府应制定并落实专门的公共安全规划，从而有序开展各项公共安全治理工作。

（2）全面深化公共安全领域改革。在全面深化改革的宏观背景下，迫切需要加强和完善对各种患险防控的协同机制以及责任体系。这要求加强各级政府部门间的紧密沟通与协作，促进纵向与横向的协同联动，进而不断完善和优化国家公共安全管理的体制。与此同时，必须重视并发挥社会力量的积极作用，深化政府与社会各界的广泛合作，积极培育市场机制，协同提升国家整体的公共安全应对能力，从而确保社会的和谐稳定与国家的长治久安。

（3）强化公共安全法律制度。为了强化公共安全的法治保障，我们迫切需要进一步完善公共安全的法律法规体系。具体而言，我们应加快步伐，制定《公共安全法》或修订现行的《中华人民共和国突发事件应对法》，以确保这些法律更加契合当前公共安全的实际需求，成为中华人民共和国公共安全管理的基本法律准则。同时，我们还应针对各主要领域，对相关的下位法律进行修订和完善，并结合各级政府规章的制定，共同构建一个结构完整、内容详尽的公共安全法治体系，为我们的公共安全管理工作提供坚实的法律支撑，确保社会的稳定与安宁。

（4）着力提升社会协同、公众参与的意识和能力。应当积极弘扬志愿服务的无私奉献精神，鼓励并扶持公共安全领域社会组织的成长，助力其提升专业化运作能力和规范化管理水平。同时，应切实加强公众安全意识，将公共安全教育融入课堂、社区及企事业单位的日常活动，全面加强公共安全知识的普及与宣传。

3. 从操作层面防范化解重大社会领域患险

在实际应对重大社会领域患险中，既要注重制定预防患险的严密措施，也要掌握应对和化解危机的灵活策略。需要预先做好防范和抵御患险的充分准备，同时也要善于利用战略主动性，将潜在的风险转化为发展的机遇。面对可能出现的各类公共安全挑战和具体的突发事件，必须采取坚决有力的措施进行防范和化解，努力避免患险升级为事件，并尽可能减少事件带来的负面影响。

不断巩固和强化日常防范措施，坚持从源头上进行治理和前端处理，确保潜在问题在初始阶段就被及时识别和有效控制。重视构建并完善健全的患险研判机制和决策患险评估体系，以便及时发现并应对可能对人民生命财产安全、经济社会稳定以及国家政治安全构成严重威胁的患险。

在患险研判机制建设方面，各级党委政府和相关职能部门应构建定期对各种患险隐患排查制度，运用科学的管理手段，并鼓励专业团队和民众积极参与，确保对潜在的重大公共安全患险隐患进行全面、深入的排查，不留任何盲区。

在构建决策患险评估机制上，各级党委政府应完善相关制度，对重大决策事项进行全面的社会稳定患险评估以及其他必要的患险评估。在评估过程中，应综合考量政治安全、经济稳定、社会和谐以及人民群众生命财产安全等多个维度，确保决策的全面性和科学性。

同时，必须高度关注人民对患险问题的关切和期待。要紧密围绕人民群众最为关心的问题，将公共安全面临的突出矛盾和问题置于重要位置，采取切实有效的措施，弥补存在的短板，堵塞安全漏洞，消除潜在隐患。集中资源和力量，针对重点、关键和薄弱环节的问题进行攻坚，确保公共安全的稳定和人民群众的安全感。

应急准备是预防潜在危险的关键措施，唯有充分准备，才能迅速应对潜在患险。因此，加强应急预案的修订和应急演练工作显得尤为重要。而提升基层应急能力和应急保障能力更是关键中的关键。首先，我们必须着重加强基层的应急准备工作。这意味着我们需要构建坚实的基层安全网络体系。其次，我们要不遗余力地提升防患应急救援与应急保障能力。政府应聚焦于提升应急队伍和救援装备的专业性，优化应急专业力量的结构和区域分布，确保在任何情况下都能迅速响应。同时，还需完善应急物资储备体系，提高物资的调运和配送效率，建立健全应急资源的共享和应急征用的补偿机制。此外，加强应急信息的发布和传播能力，推动公共安全科技创新，提高成果转化率，并深入挖掘应急产业的市场潜力，以科技的力量为应急保障提供有力支撑。

在应对突发性患险事件时，必须提升化解患险的能力。这需要我们深入洞察复杂现象的本质，精准抓住问题的要害，迅速找出原因和作出决策。需要我们善于引导和组织群众，整合各方资源，科学布局有效应对各种挑战。打好化险为夷、转危为机的战略主动仗，关键在于同时做好应急处置和善后工作。在应对重大突发性患险事件时，领导干部应亲临一线、靠前指挥，及时协调解决关键问题，积极回应社会关切。应坚持“救早、救小”的原则，及时掌握灾情信息，迅速研判，快速行动、科学施救。同时，要整合各方力量，有序组织并引导群众，防止小患演变为大灾，尽最大努力减少患灾害损失。此外，善后处置工作同样重要。我们需要因势利导，化危为机，既要深入调查原因，严肃处理责任，给人民一个满意的答复，也要举一反三，整改问题，确保相关责任主体受到深刻教育。

综上所述，科学运用防患策略，稳妥有效地处理社会安全、经济建设、社会稳定等重大问题，是保障人类社会健康稳定发展的核心战略性课题和任务。

第十章　防患科学的实际运用

人类社会已经进入信息时代，世界发展面临百年未有之大变局，发展面临重大挑战，气候变化加剧，单边主义抬头，新的能源危机产生，国际局势日趋复杂、动荡。各种自然性患灾、恐怖性突发患灾、突发性危机患灾多发、频发、聚发。加强对各种患灾处置方法的研究是当务之急，十分必要，正当其时。

第一节　防突发性危机事件之患的处置方法

处置各种突发危机事件应急行动是一个相对完整的过程。作为一个完整的过程，包括各个不同的阶段，情况也各不相同。1998 年抗洪救灾、2003 年抗击非典和 2008 年初抗击冰雪灾害、“5・12”汶川地震抗震救灾等表明，在处置各种突发危机事件行动中，要分阶段采取防、守、抢、抗等不同的防患处置方法。

一、各种突发性患灾害事件发生前，要广泛组织应急防患全社会力量全力“防”

各种突发性患灾害事件都有不同特点和规律，要因情制宜施法。有对自然灾害的防洪、防震、防旱、防冻、防火、防台风袭击等事件的“防”，也有对社会性突发的袭击、劫持人质、矿难等事件的“防”。这种“防”，既包括对可能引发各种突发事件的“防”，也有对应急防患处置行动自身的“防”，还包括对当地人民群众的防护。“防”是处置突发性危机事件初始阶段的主要任务形态，是减少损失的重要手段——只有有效地“防”，才能确保广大人民群众的生命财产安全，确保社会的稳定和发展。

防范为主，全面防护。就是要把防范作为遏制各类突发危机事件发生的基本思想，广泛动员全社会力量采取各种有效手段和措施，全面防范、遏制各种突发危机事件的发生与发展。具体而言，防患为主，就是高度重视分析和把握各种类型突发危机事件潜在的规律，提前制定科学应对突发危机事件的方案，从而掌握遏制突发事件的主动权。要把预防作为起点，制定多个可执行的措施，将各类突发性患灾危机事件扼杀在摇篮之中，以最低的成本获取最大的成效，或以少战而获全胜。预防的形式多种多样，包括加强对广大人民群众的法律宣传，提高群众的法律素质及患情观念，增强群众的防患安全意识，帮助群众克服恐慌心理，特别要提升广大群众与各种突发事件作斗争的技能；同时，还应为群众提供良好的安全保障与法律服务。以防为主、防患应急的处置工作概括起来主要有以下四点。

（一）及时、准确地了解和掌握突发性患灾事件的动态信息

及时准确地了解和掌握社会多个领域、多个层面可能发生的突发性患灾事件动态，特别是重点地区、重点范围应急管理（交通、电力、环保、水利、林业、民航、海运等）方面的突发性患灾事件信息。掌握引发患灾事件的原因，是处置突发性患灾害事件的前提。知己知彼，方能百战不殆。因此，必须强化信息工作，及时发现和掌握那些带有苗头性、倾向性和群体性的影响社会秩序的突发事件问题，牢牢掌握主动权，将还没有形成的各种患灾事件苗头扼杀在摇篮之中。

（二）加强对突发性患灾事件情况的预判和防范

基于相关经验和资料，科学预测和防范各种类型的突发性患灾事件。通过预测理论和方法等，有效预测可能引发突发事件的形式、发展趋势和影响，从而有针对性地制定应对策略。主要预测以下三个方面：首先是对全社会的政治经济、生态环境、人们的物质和精神状况及气象可能产生的突发性患灾危机事件，进行总体性的预测；其次是对一定社会范围内政治经济环境与气象环境可能引发的危机患灾性事件的趋势进行预测；再次是对社会治安环境的历史状况和现实状况进行预测。

（三）提高应急防患处突力量和社会力量的处置能力，发挥以实力为后盾的威慑作用

要加强各级各类应急防患处突力量对处置各种突发事件的技术、战术训练，全面提高其对各种防患危机事件的应急处置能力。各级各类应急防患处突力量应以强大的力量、精良的技术装备、熟练的业务素质、严密的组织指挥、敢打必胜的气势等作为战胜一切突发事件的实力后盾。

（四）精心准备，确保万无一失

有备才能无患，各种突发性患灾事件的产生是由气象变化、基础设施、社会生态和社会治安环境等因素造成的，多由小变大而生成，因此，处置各种突发性患灾事件必须从防大患事件处着眼，而从防小患事件着手。一是谋划并完善各种处置突发事件预案，对可能出现的情况要一情多案，小患当大患防，无患当有患防，做到防患于未然。二是“防”各种不同的突发事件的物资器材准备。对重点地域可能出现的突发事件，器材的准备要到位，计划方案要齐备。三是加强“防”的教育准备。使广大群众充分认识到“防”危机事件的重要性，做到人人参与“防”，个个都能“防”。

二、突发性患灾事件即将发生时，要组织“守”

突发性患灾事件即将发生时，应急防患处突力量往往已经进驻险区、险段，任务已经明确。此时，处置突发性患灾事件的力量往往以守为主，即守护自己所承担的目标、地段。如抗洪中的守堤、守坝、守路、守桥，防恐怖行动中的守电厂、电站、电台、电视台、指挥通信站等。“守”是防范和处置突发事件即将发生时的主要任务形态。此时，要组织各种力量“死”守。一是坚决要守住重点地段和目标。对那些事关全局的重要地段和目标，要采取坚决措施，动用全力“死”守。有些重要的险情地段和目标，事关整个抗患灾、抢患险、救患灾全局，要组织一切力量，采取一切可以采取的措施，坚决死“守”；有时为了确保主要患险段和目标的安全，可采取选段分洪的办法。总之，该守的险段和目标，要不惜一切代价“守”住，以确保应急防患处置行动的全局性。二是“守”住患险情地段和目标。对在防洪抢险救灾中有时出现的一些“涌洞”，或部分地段出现的大块“决口”等患险情，要立即组织各种力量排患险，防止因小而失大，以确保防患灾、抗患灾、减患灾的整体性。

三、突发性患灾害危机事件已经发生时，要组织“抢”

当突发性患灾害危机事件已发生，人民的生命财产已经受到严重损害时，所有应急防患处置力量的抢患险救护行动要以抢为主。此时主要在于“抢”和“控”，这是突发性危机事件应急处置行动的主要任务。

在“抢”的过程中，要区分轻重缓急，针对突发危机性患灾事件的不同性质，采取有效的方法和措施。首先要先抢人，后是抢物。在抢人的过程中，要先重后轻，先老（小）后青，对急重受伤者要先“抢”先“救”。其次是对物资财产的“抢”，要先“抢”关键的单位和物资，如指挥通信中心、电台、电视台、机场、车站、学校、医院和一些高技术产业的物资，后抢其他方面的物资等。最后要边“抢”边送。对已“抢”出来的人员、物资，要迅速组织力量转移到安全地区并妥善安置。对抢救出的各类人员，要采取就地就近组织救治，对垂危病人尽量安置到县级以上指定医院救治。对抢出的各类物资要按系统分类运送，对精密仪器要及时组织有关专业技术人员维修，尽量保护其技术性能，把损失降到最低。同时，要做好“控”，组织应急处突力量对事发现场实施管控，采取坚决果断的措施，防止事态扩大，切不可掉以轻心。

四、突发性患灾害危机事件恶化升级时，要组织“抗”

当突发性患灾危机事件发生后，经过全力“抢”、有效“控”，若是已经解救了部分人员的生命，保住了部分财产，减少了患灾所造成的损失，但患灾并未终止，而且会继续恶化、蔓延，随时可能转成更大的患灾，造成更大的损失，此时，防患的处置行动即转入以抗为主，即抗御患灾的恶化、升级和蔓延，如抗洪抢险中的堵决口、筑堤坝，灭火救灾中的扑火、开辟隔离带等。“抗”是指患灾恶化时的主要任务形态，是抢险救灾中最激烈、最残酷、最艰巨的阶段，也是人的本质力量得以最充分显现的阶段。

这个阶段是取得处置突发性患灾事件行动胜利的关键，必须组织全部力量坚决“抗”。一是组织机动力量重点“抗”。把机动力量用在最关键的地段和目标（地段）上，坚决“抗”住已出现的多种突发情况。二是组织属地力量全面“抗”。要组织属地力量，分兵堵口，运用一切手段“抗”住出现的灾情，最大限度减少因患灾造成的损失。三是组织社会力量配合“抗”。组织一切社会力量“抗”突发性患灾。一方面组织前后运送伤员、物资和器材，另一方面可组织后勤保障。

对不同的突发性患灾事件类型，应因地、因情制宜，采取防、守、抢、抗等具体形式。领导干部在组织和指挥处置救援行动中，应善于根据不同阶段的险情、灾情的不同特点，采取合适的处置救援行动，并针对不同阶段的处置救援行动样式和具体形态向另一阶段转化，确保防、守、抢、抗各阶段都能取得最佳效果。

处置各种突发性患灾事件，主要有以下方法：对社会性突发危机事件的应急处置方法；对信息网络及媒体突发危机事件的应急处置方法；对爆炸性突发危机事件的应急处置方法；对暴乱性突发危机事件的应急处置方法；对政治性突发危机事件的应急处置方法；对涉及民族、宗教性突发危机事件的应急处置方法；对械斗突发危机事件的应急处置方法；对冲击重要目标突发危机事件的应急处置方法；对带黑社会性质的犯罪团伙突发危机事件的应急处置方法；对边境地带突发危机事件的应急处置方法；对核生化突发危机事件的应急处置方法；对地质性突发危机事件的应急处置方法；对冰雪灾害突发危机事件的应急处置方法；对火灾突发危机事件的应急处置方法；对风灾突发危机事件的应急处置方法；对水（洪）灾突发危机事件的应急处置方法；对地震灾害突发危机事件的应急处置方法。

第二节　防恐怖性突发事件之患及处置方法

恐怖性突发事件，通常是指在社会上突然发生的带有恐怖性的事件，区别于一般性的犯罪。恐怖性突发事件多具有一定规模和较大影响，危害国家安全和社会稳定，破坏改革开放和经济建设，扰乱社会治安，危害人民生命财产安全。恐怖性突发事件通常是有预谋、有组织的，或者劫持人质，或者利用群众上访等，冲击国家重要区域，有时还利用信息网络、核生化技术手段等。其发展规律和特点主要有六个：一是突发性强，二是组织严密，三是情况复杂，四是波及面广，五是对抗激烈，六是危害极大。各级各类组织在恐怖性突发事件的处置中，应针对事件的特点，采取灵活多变的处置方法，及时有效地平息。

处置各种恐怖性突发事件的应急行动是一个相对完整的过程，内含各种不同的阶段，也要灵活采用防、守、抢、抗等不同方法。

一、恐怖性突发事件之患发生前，要组织力量“防”

与处置突发性患灾害危机事件一样，针对各种突发恐怖事件之患的特点和规律，各级各类组织应调动社会力量全力防，全面防范，防患于未然，确保广大人民群众的生命财产安全，维护社会的稳定和发展。防患的具体方法也可参见第一章第一节，及时准确地收集动态信息，做好预判和防范，提升防患的意识与能力，做到有备无患，全面动员，打造防患社会。

二、恐怖性突发事件之患即将发生时，要组织力量“守”

与处置突发性患灾害危机事件类似，恐怖性突发事件之患即将发生时，应急防患处突力量往往已经进驻险区、险段，任务已经明确——以守为主，守护好自己所负责的目标、地段，组织一切力量，采取一切可以采取的措施，确保防患处置的全局胜利。

三、恐怖性突发事件之患已经发生时，要组织一切力量“抢”

恐怖性突发患灾害事件已经发生，人民的生命财产可能已经受到严重损害，此时，各级各类应急防患、治患力量的行动应该以抢为主——先抢人后抢物，且分轻重缓急，做到有节奏、有计划、有重点。具体可参见本章第一节。

四、恐怖性突发事件恶化升级时，要组织力量“抗”

恐怖性突发事件发生后，经过之前的防、守和抢等，取得了阶段性成果，但事件并未终止，而且还有继续恶化、蔓延的风险，随时可能造成更大的伤害。此时，处置行动即转入之前已经提过的第四阶段——“抗”。具体方法也建议参考前面第一节，根据不同患险的特点与规律，有针对性地采取处置行动，确保取得最佳效果。

恐怖性突发事件的种类与处置方法主要有以下几种：对恐怖信息事件的处置方法，社会公民（个人）对恐怖性火灾的应急处置方法，对社会平民群众遭受恐怖性袭击事件的处置方法，社会家庭对恐怖性火灾的应急处置方法，对常见的恐怖性抢劫事件的处置方法，对社区恐怖性突发事件处置方法，对大型博览活动的恐怖性事件的处置方法，对公铁两用重要桥梁遭受恐怖性破坏的处置方法，对大型水电站恐怖性事件的处置方法，对恐怖性劫持人质事件的应急处置方法，对建筑物内恐怖劫持人质事件的处置方法，对恐怖性爆炸事件的应急处置方法，对恐怖性枪击暴力事件的应急处置方法，对恐怖性核生化事故的应急防护（处置）方法，对恐怖分子冲击重要目标行动的应急处置方法，对大型群体活动场馆恐怖性突发事件的应急处置方法，对大、中城市恐怖性事件的处置方法，对恐怖性突发公共事件的处置方法，对恐怖分子营地的处置方法，对爆炸性恐怖事件的处置方法，对暴力劫持人质恐怖事件的处置方法，对暴乱性恐怖事件的处置方法，对政治性恐怖事件的处置方法，对涉及民族、宗教性恐怖活动的处置方法，对多民族地区暴力性恐怖事件的处置方法，对利用群众闹事搞恐怖活动的处置方法，对冲击重要目标恐怖事件的处置方法，对带黑社会性质的恐怖性犯罪团伙突发事件的处置方法，对边境地带恐怖性突发事件的处置方法，对利用核生化手段搞恐怖性破坏活动的处置方法，对利用信息网络及媒体搞恐怖性破坏活动之患的处置方法。

第三节　自然性患灾的处置方法

自然性患灾的处置也是一个相对完整的过程，内含各种不同的阶段。不同阶段的患情、灾情迥异，因而处置方法也主要分为防、守、抢、抗等。

一、自然性患灾发生以前，要组织全社会力量全力“防”

各级各类组织要根据自然性患灾的变化规律，组织社会力量全力防“灾”，例如防汛、防震、防旱、防冻、防火、防台风袭击等。这种“防”，既包括对防患减灾力量自身的防护，也包括对当地人民群众的防护；“防”，是防患救灾初始阶段的主要任务形态；“防”是减灾的重要内容，只有有效的“防”，才能确保广大人民群众生命财产安全以及社会的稳定和发展。具体步骤和方法，请参见本章前面所讲防突发性危机事件的处置方法，以预防为主，全面防患灾。

二、自然性患灾即将发生时，要组织各种力量“守”

自然性患灾即将发生时，如抗洪中的守堤、守坝、守路、守桥，抗震中的守电厂、电站、电台、电视台、指挥通信站等，“守”是防患、救灾中的主要任务形态。此时，“守”也是有步骤和方法的，建议大家参照第一节中所讲的内容，有效组织，因患制宜，确保防患、抗灾、减灾的整体胜利。

三、自然性患灾已经发生时，要组织一切力量“抢”

如其他患灾一样，若自然性患灾已经发生，人民的生命财产容易造成损失，防患、救灾力量的抢险救灾行动要以“抢”为主，区分轻重缓急，采取有效的方法。步骤和方法也建议大家参考第一节，把因灾造成的损失降到最低。

四、自然性患灾恶化升级时，要组织全部力量“抗”

自然性患灾发生后，经过一个阶段的“抢”，应该已经解救了部分人员生命，保住了部分财产，减少了损失，但患灾也会继续蔓延，甚至恶化和升级，造成更大的损失。此时，与应对突发性危机事件之患一样，处置行动要转入以抗为主，如抗洪抢险中的堵决口、筑堤坝，灭火救灾中的扑火、开辟隔离带等。具体方法和步骤，也建议参考本章第一节。

患灾的类型不同，应因地、因患灾情制宜，采取防、守、抢、抗等形式及时应对，不能机械地划分和照搬。防患救灾的全过程由若干不同的阶段组成，防患救灾的具体形式也必然不同，应善于采取不同的防患行动方法，确保防、守、抢、抗各阶段都能取得最佳效果。

第四节　防金融领域危机事件之患

金融，作为国民经济发展的核心，在当今全球经济深度融合的时代背景下，金融领域的稳健发展对国内外经济稳定具有十分重要的意义。据国际货币基金组织（IMF）权威数据显示，2021 年中国 GDP 总量已达到 14.7 万亿美元，面对国际环境深刻而复杂的变化，国家安全面临的挑战增多。在国内外复杂多变的金融市场中，我们必须增强忧患意识，深刻认识到金融危机的可能性和其潜在的危害性。金融市场的蓬勃发展往往伴随着风险的如影随形。特别是在 2020 年疫情初期，全球金融市场经历了一场前所未有的动荡，中国也未能幸免，面临着流动性趋紧和外资撤离的双重压力。与此同时，金融诈骗、非法集资等犯罪活动也呈现出高发态势，必须忧患其对国家的经济安全构成的严重威胁。据原中国银行保险监督管理委员会披露，2020 年全国范围内查处的非法集资案件高达 7500 余起，处置存量案件逾 1.1 万起，涉案金额更是高达 3800 余亿元。因此，深化金融领域的风险防患工作已迫在眉睫。国内需加强金融监管，完善法规政策，提高金融机构监督力度和透明度，强化内部控制与风险管理。国际上，中国需与全球主要经济体合作，共同应对跨国金融风险，参与全球金融治理体系改革，推动监管标准统一。同时，科技发展带来的金融科技（FinTech）既是增长点也是患的风险点，加强对其监管，防控科技风险，亦是维稳金融市场的关键。总之，强化金融防患管理和国内外合作是维护经济稳定、促进全球经济健康发展的必要条件，有助于降低金融风险，保障经济的长远和谐发展。

随着全球化的深入发展，中国金融业在过去的几十年中取得了长足的进步，为国家的经济发展作出了巨大的贡献。然而，在快速发展的同时，我们也必须清醒地看到，中国金融业面临着诸多忧患和挑战。主要涉及以下几个方面：

一、忧患于金融风险累积与暴露：随着金融市场的不断发展和创新，各类金融产品和工具日益丰富，市场复杂性增加，风险点也相应增多。部分金融机构为了追求短期利益，盲目扩张业务，导致风险逐渐累积。在市场波动或突发事件的影响下，这些风险有可能迅速暴露，对金融体系的稳定构成威胁。

二、忧患金融监管体系不完善：虽然近年来金融监管力度有所加强，但监管体系仍存在不足。监管手段相对单一，难以适应金融市场快速发展的需求。同时，监管空白和漏洞仍然存在，给一些金融机构和个人提供了违法违规的空间，增加了市场的不稳定因素。

三、忧患金融结构失衡：中国金融体系长期以来过于依赖银行业，间接融资比重过高，直接融资比重偏低。这种结构性失衡不仅限制了金融市场的活力和效率，也增加了金融体系的脆弱性。在经济发展转型和结构调整的过程中，需要更加多元化的金融服务来支持实体经济的发展。

四、忧患房地产市场风险：房地产市场与金融体系紧密相连，一旦房地产市场出现波动或风险，很容易传导到金融体系。当前，部分地区的房地产市场存在库存积压、房价过高等问题，一旦市场调整或政策收紧，可能引发连锁反应，对金融体系造成冲击。

五、忧患地方政府债务风险：地方政府债务规模较大，部分地方政府存在过度依赖债务推动经济发展的现象。如果地方政府债务无法得到有效控制和管理，可能引发债务违约风险，对金融体系和宏观经济稳定造成负面影响。

六、忧患中小金融机构风险：中小金融机构在支持地方经济发展方面发挥着重要作用，但部分机构存在风险管理不到位、内部控制不健全等问题。在市场波动或突发事件的影响下，这些机构可能面临流动性紧张、信用风险等问题，对金融体系稳定构成潜在威胁。

七、忧患跨境金融风险：随着中国金融市场的开放程度不断提高，跨境金融活动日益频繁。然而，跨境金融风险也随之增加，包括跨境资本流动风险、跨境投融资风险等。这些风险一旦失控，可能对中国金融体系的稳定造成冲击。

综上所述，中国金融领域面临着多方面的忧患和挑战。为了维护金融体系的稳定和健康发展，需要采取切实有效的措施加强金融监管、优化金融结构、防范和化解各类金融风险。

金融领域防患是一个多层次、多维度的任务，涉及的风险类型多种多样，包括市场风险、信用风险、操作风险、流动性风险、法律风险等。为了有效防范这些风险，金融机构、监管部门和投资者都需要采取相应的措施。总之，金融领域的防患工作是一项长期而艰巨的任务，需要金融机构、监管部门和投资者共同努力。通过建立健全风险管理制度、加强监管力度和提高风险防范意识等措施，可以有效降低金融风险的发生概率和影响程度，保障金融市场的稳定和健康发展。

一、强化金融监管是防患未然的关键

在当今快速变化的全球经济环境中，中国金融领域的稳定与发展至关重要。为了防范金融风险并维护金融市场的健康运作，强化金融监管显得尤为必要。如何加强金融监管，以确保中国金融体系的安全和效率？

一是完善金融法律法规是加强金融监管的基础。中国政府应继续修订和完善现有的金融法规，使之与国际标准接轨，同时适应国内市场的实际情况。通过建立全面、严格的法律框架，可以为金融监管提供坚实的法律依据，确保监管措施的合法性和有效性。

二是加强对金融机构运营状况的监控是防范患险的关键。监管部门应利用现代信息技术，如大数据和人工智能，对金融机构的资产质量、资本充足率、流动性等关键指标进行实时监控。这不仅可以及时发现问题和风险，还能够有效预防金融危机的发生。

三是强化对患情的监测和预警系统以提高监管效能。监管机构应建立和完善风险评估模型，定期对金融市场进行压力测试，评估潜在的风险点。通过早期识别风险并采取预防措施，可以最大限度地减少金融风险对经济的冲击。

四是对新兴金融业态的监管不可忽视。随着科技的发展，新兴金融业态如网络银行、数字货币等迅速发展。监管部门应及时更新监管政策和技术手段，确保这些新业态在创新的同时，不会成为系统性风险的温床。此外，应加强消费者保护，确保公众的利益不受侵害。

五是国际合作也是强化金融监管的重要方面。在全球化的今天，金融市场的相互依存性日益增强。中国应加强与其他国家和国际金融组织的合作，共同应对跨国金融风险，提高全球金融监管的协调性和有效性。

总之，通过实施金融防患系统工程策略，我们能够有效强化金融监管，提升金融系统的稳定性与透明度，为中国经济的持续健康发展提供坚实的制度保障。

二、推动金融市场健康发展是防范金融风险的重要一环

在全球化浪潮的推动下，中国金融市场的健康发展对于国家经济的稳健增长至关重要。近年来，尽管我国金融市场取得了长足进步，但仍面临着市场波动加大和不确定性增多的挑战。为了推动金融市场的持续健康发展并有效防范金融风险，我们需要从以下六个方面着手。

一是完善市场基础设施。

构建坚实的市场基础设施是确保金融市场高效、稳定运行的基础。我们应优化交易系统，提升结算效率，并积极拥抱新技术，如区块链、大数据等，以增强市场的科技含量和运作效率。这不仅能够提高市场的整体运行效率，还能为投资者提供更加安全、便捷的交易环境。

二是提高市场透明度。

透明度是金融市场健康发展的重要保障。我们应加强对金融机构的监管力度，确保信息披露的完整性和准确性。同时，建立有效的市场监控机制，及时发现并公开异常交易行为，防止内幕交易和市场操纵等不法行为的发生。这将有助于提升投资者信心，维护市场的公平、公正。

三是增强市场公平性。

公平性是金融市场的核心价值所在。我们应制定严格的市场准入标准和公平交易规则，确保所有市场参与者在同一规则下公平竞争。对于违反市场规则的行为，应依法予以严厉打击，以维护市场的秩序和公正。

四是加强投资者保护。

投资者是金融市场的主体，保护其合法权益是金融市场的根本任务。我们应建立健全投资者保护机制，包括加强投资者教育、提高投资者风险意识、完善投诉处理机制等。同时，对于侵害投资者权益的行为，应依法追究责任，确保投资者得到及时、有效的救济。

五是促进市场多元化发展。

多元化是金融市场发展的重要趋势。我们应鼓励创新金融产品和服务的

开发，满足不同投资者的需求。同时，积极引进外资，扩大市场规模，提高市场的国际化水平。这将有助于分散风险、增强市场的韧性和活力。

六是强化国际合作与交流。

在全球化的背景下，加强与国际金融市场的合作与交流具有重要意义。我们应积极参与国际金融组织活动，学习借鉴国际先进经验和技术，提升我国金融市场的国际竞争力。同时，加强与其他国家的金融监管合作，共同应对跨国金融风险和挑战。

总之，通过完善市场基础设施、提高市场透明度、增强市场公平性、加强投资者保护、促进市场多元化发展以及强化国际合作与交流等措施的综合施策，我们可以有效推动中国金融市场的健康发展并防范金融风险。这将为我国经济的稳健增长提供有力支撑和保障。

三、加强国际合作也是防范金融风险的重要途径

在全球化的大背景下，金融市场的紧密互联使得金融领域防患具备了显著的跨国传播特性。因此，加强国际合作对于防范金融风险显得尤为重要。作为世界经济的重要支柱，中国应积极参与国际金融治理，携手国际货币基金组织（IMF）、各国央行及其他金融监管机构，共同应对全球金融挑战。以下是加强国际合作的五个关键方面。

一是深化政策沟通与协调。

中国需与其他国家保持密切的宏观经济政策和金融监管政策交流，通过定期的政策对话与磋商，增进相互理解与信任。这样不仅能减少政策的不确定性，还能形成合力，共同应对全球金融市场的重大变化和挑战，维护市场的稳定。

二是推动多边金融机构改革。

中国应继续在国际货币基金组织、世界银行等国际金融机构中发挥积极作用，推动其进行必要的改革，以更加公正、合理地反映国际经济格局的演变。同时，倡导增加对发展中国家的金融支持，推动全球经济的均衡、包容发展。

三是加强金融监管合作。

面对日益复杂的金融产品和交易方式，单一国家的监管力量已难以全面覆盖潜在的金融风险。因此，中国需与其他国家的监管机构建立更为紧密的合作关系，共享监管信息，协同开展跨境监管，共同防范和应对跨国金融风险。

四是共同打击金融犯罪。

随着金融市场的全球化，金融犯罪行为也日益呈现出跨国化的趋势。中国应与国际社会加强合作，共同完善法律法规体系，严厉打击洗钱、非法资金流动等金融犯罪行为，保护金融市场的安全与稳定。

五是促进金融科技交流与合作。

金融科技的发展为金融服务注入了新的活力，但也带来了新的监管挑战。中国应与其他国家共同研究和推广金融科技的最佳实践，利用科技创新提升金融服务的效率和包容性。同时，加强在保障消费者权益和数据安全方面的合作，共同推动金融科技的健康发展。

通过上述五个方面的国际合作，中国将能够在全球金融治理体系中发挥更加积极的引领作用，有效防范和应对跨国金融风险，推动国际金融市场的稳定与发展。这样的合作与努力，对于促进全球经济的持续健康发展具有重要意义。

四、提升金融机构的防患风险管理能力也是关键

在当今全球化和高度互联的经济环境中，金融机构的风险管理能力显得尤为重要。有效的风险管理不仅可以防范和减少金融危机的发生，还能增强金融机构的市场竞争力。以下是提升金融机构风险管理能力的五个关键方面：

一是建立和完善防患风险管理制度。金融机构应制定全面的风险管理政策和程序，明确风险管理的组织结构和责任。这包括设立专门的风险管理部门，配备专业的风险管理人员，并制定明确的风险评估、监控和报告流程。通过建立健全的制度，可以确保风险管理的连贯性和有效性。

二是加强内部防患控制机制。内部控制是防范金融风险的第一道防线。金融机构应加强对内部控制系统的审查和完善，确保其操作的合规性和安全性。此外，应定期进行内部审计，及时发现并纠正内部控制的缺陷和漏洞。

三是培养防患风险管理文化。风险管理文化应该贯穿于金融机构的所有层级和业务活动中。这要求机构不仅要在高层强化风险意识，还要将风险管理的理念和实践融入每个员工的日常工作中。通过教育和培训，增强员工的风险识别和风险防范能力，形成一种自上而下的风险管理氛围。

四是提高防患风险识别和评估能力。金融机构应使用先进的技术和方法来识别和评估各种金融风险。这包括市场风险、信用风险、操作风险等。通过对历史数据的分析以及模型的构建，可以更准确地预测和评估这些风险的可能性和影响。

五是加强培训和指导。金融机构应定期对员工进行防患风险管理相关的培训，提升他们的专业知识和技能。同时，也应邀请外部专家进行讲座和研讨，引入新的思想和方法。通过持续的学习和实践，提高员工的风险管理水平。

总之，提升金融机构的风险管理能力是一个系统工程，需要从制度建设、内部控制、文化培养、技术应用和人员培训等多个方面综合施策。只有这样，金融机构才能有效地识别、评估和应对风险，确保其长期稳定和健康发展。

五、提高公众金融素养也是防范金融风险的重要方面

在当前全球化和信息化迅速发展的背景下，金融市场的复杂性和不确定性日益增加。公众金融素养的提升不仅有助于个人财务安全，也是维护金融市场稳定、防范金融风险的重要措施。以下五个方面是提高公众金融素养的有效途径：

一是加强学校金融教育：金融教育应从娃娃抓起，将基础的金融知识和理财技能纳入中小学教育课程中。通过设置相关课程，让学生从小建立正确的金融观念和风险意识，为他们日后的金融活动打下坚实的基础。

二是开展公众金融知识普及活动：政府和金融机构应定期举办金融知识讲座、研讨会和咨询服务，向公众普及金融基础知识、最新金融政策和市场动态。通过这些活动，增强公众的金融意识和理解能力，使他们能够更加理性地参与金融市场。

三是利用媒体和网络平台进行教育：随着互联网技术的发展，线上平台成为金融教育的重要阵地。通过电视节目、在线课程、社交媒体和手机应用程序等多种渠道，提供易于理解和获取的金融教育资源，使更广泛的群体能够方便地接触到金融知识。

四是推广金融模拟软件和工具：通过金融模拟软件和工具，如股市模拟游戏、虚拟投资平台等，让公众在模拟环境中学习金融操作，了解市场运作机制。这种实践经验可以帮助公众在没有风险的情况下增强对金融市场的感知和操作能力。

五是强化法规和政策教育：提高公众对金融法规和政策的认知，是防范金融风险的关键。通过教育公众理解和遵守相关法律法规，可以有效地减少金融违规行为，保护投资者权益，维护金融市场的正常秩序。

总之，提高公众金融素养是一个系统工程，需要政府、教育机构、金融机构和媒体等多方面的共同努力。通过实施上述措施，不仅可以提升公众的金融知识和对风险的管理能力，还可以为整个金融市场的稳定和健康发展提供支撑。

应增强金融忧患意识，即对潜在金融风险的警觉和预防心态。在复杂多变的金融市场中，我们必须时刻保持高度警惕，深刻认识到金融危机的可能性和其潜在的危害性。只有具备这种意识，我们才能更好地规避风险，确保经济稳健发展。因此，提升金融忧患意识不仅是个人责任，更是全社会共同的任务。我们应通过普及金融知识，提高风险防范能力，共同构建一个更加安全、稳定的金融环境。

综上所述，金融领域的危机事件不仅影响着经济的稳定和发展，更直接关系到国家安全和民生福祉。因此，我们必须时刻保持警惕，加强金融监管，完善风险防控机制，提高金融体系的韧性和抗风险能力。同时，我们还应该加强金融知识普及和教育，提高公众对金融风险的认识和防范意识。只有这样，我们才能有效防范金融领域危机事件的发生，确保金融市场的稳健运行和经济的持续发展。

展望未来，随着金融科技的快速发展和全球经济格局的深刻变化，金融领域将面临更多新的挑战和机遇。我们将继续深化金融改革，加强国际金融监管合作，推动金融市场的开放和创新。同时，我们也将密切关注金融领域的新动态和新风险，及时采取有效措施加以应对，确保金融领域的稳定和健康发展。金融，作为国民经济的核心，其现代发展特征显著，包括机构种类繁多、经营规模庞大、产品结构复杂、交易频率高、跨境流动迅速以及风险传递快捷等特点。防范与化解金融风险，特别是系统性金融风险，是金融工作的重中之重。在错综复杂的金融市场中，深化金融忧患意识，保持警惕，清醒认识到金融危机的潜在危害，是有效规避风险、保障经济稳健前行的关键。因此，提升金融忧患意识不仅是个人之责，更是全社会的共同使命。我们应普及金融知识，增强风险防范能力，共同营造安全、稳定的金融环境。

面对国际环境深刻而复杂的变化，国家安全面临的挑战增多。我们必须居安思危，增强忧患意识、风险意识和责任意识，保持清醒头脑，未雨绸缪，着力解决金融领域的突出矛盾和问题，有效防范潜在风险，力争避免重大风险的发生，或在风险出现时能够稳妥应对，坚决维护国家安全，为全面建设社会主义现代化国家提供坚实的金融支撑。

第五节　防人生之患[①]

人生，是人类从出生至死亡所经历的过程。如何过好自己的一生，让自己的生命产生最大的价值，是每个人都在探索的问题。人生是一个逐步形成

① 戴凤秀：《防患论》，社会科学文献出版社，2016。

系统的世界观、人生观、价值观的过程，应结合个人实际和社会现实，深入思考“人的本质是什么”“人生是为了什么”“怎样的人生更有意义”等问题，厚重我们的人生。

未雨绸缪可以防患于未然。做什么事情都要有预见性，比出了患情再去补救更为重要。因此，我们必须做到居安思危，提高预见能力，努力掌握生存与发展的主动权。

患是由小到大累积而成的。想成为一个赢家，一定要做一个防患于未然的智者，最简单的品格就是本分自然地生活，踏踏实实地做事，诚诚实实地交友，心地坦荡地做人。无论是生活还是事业，都应该牢牢掌握防患于未然这把钥匙，把患灾和不幸挡在门外。

防患于未然并不复杂，从你的言谈举止开始注意就可以了。西汉史学家司马相如说：“祸固多藏于隐微而发于人之所忽者也。”意思是说，祸多藏匿在隐蔽和细微的地方，而在人们的忽视中产生。

防患于未然的关键在于是否注意到了细节。细节考虑得越全面，事情就越能办得安全和容易。更重要的是在事物尚处萌芽状态时及时发现其罅隙，并想出计策来堵塞它。

做到防患于未然，我们应对过去的自己提出疑问，主动探索未来的方向，顺应客观情况的变化来分析事物，挑战那些久被视为真理的结论。我们必须放弃落后的自己、陈旧的自己，把陈腐过时的观念踩在脚下，抛弃狭隘的人生观，相信真理，依靠科学。

在人生的路途中，最珍贵的理性就是要相信那些自己无法预见的困难，并对它们作出有效的防备。我们的人生都是自己书写的，防患于未然是一种难能可贵的品质，当面对流言蜚语、尔虞我诈时，应该保持一颗温和平静的心，不与人交恶，不仅能化敌为友，而且会成就自己的一番事业。

在当今这个世界上，不管你是才华横溢，还是平平无奇，平安是第一位的，要懂得最大限度地减少磕磕绊绊。坚持从正常的思维方式出发，用客观的态度去对待生活和事业，去超越和突破你原有对现实的理解，用心去把问题之患看清楚，经常提醒自己，因为每一件事情的发生，都有其原因和目的。自觉意识到客观环境的变化，及时修正认知和决定，因为即使世界上最出色的预言家也不是每一次都知道未来会发生什么。

防患于未然的基本要求是，面对利益、诱惑的复杂世界，做事万万不可抱有侥幸的想法，凡事应多思，决不能草率行事，要斗私防患一闪念。要坚持忧患在先，防“患”先行，防“虚”之患、“懒”之患、“松散”之患、“浮躁”之患、“奢”之患、“贪欲”之患等。在做任何行动之前，都要仔细思考可能出现的不利状况，提前想好患情解决方法，对可能出现的结果进行预测、预判，尽早了解并规避患险；同时，在实施的过程中也应不断总结经验教训，为下次行动提供借鉴。

《周易·既济》中说过：君子以思患而预防之。要想在危机四伏的人生海洋中乘风破浪，顺利到达胜利光明的彼岸，就必须忧患于心，防患于行，才能在危患突然降临时，不一败涂地。

一、防“虚”之患

“虚”字初指细碎松散的土壤，但随着时间的推移，其含义逐渐演变，被赋予“空洞”和“不实在”的寓意，如虚浮、虚妄、虚伪、虚华等词汇都源于此。在心态上，我们应保持谦逊；在行动中，我们要脚踏实地。我们不能在“细碎松散”的基础上奢望建造出宏伟的事业大厦。对于那种只追求表面华丽而无实际内涵的行为，古人曾形象地描述道，画中的西施虽美，却难以令人心生欢喜；精雕细琢的桃李虽栩栩如生，却无法满足口腹之欲。这一比喻深刻揭示了外在的华丽若缺乏内在的实质，那么它便不具备真正的价值。

在生活的实际场景中，“虚”学的问题越发凸显，即学而不用、学用脱节的现象屡见不鲜。有一所学校为了一项重要项目，倾全校之力，甚至背负债务，建设了一座科研大楼。然而，出于种种原因，这座大楼建成后并未能吸引足够的人才入驻，导致价值数千万元的建筑和设备闲置，最终只能另作他用。这种明显的理论与实践脱节，让人不禁思考：是否因为学校领导层对科学理论知识的理解和掌握有所欠缺？然而，当我查阅党委成员的读书笔记时，却发现他们每个人都有着丰富的阅读记录和深入的理论学习心得。但遗憾的是，这些学习成果似乎并未转化为实际的行动和力量，它们更多地被用作会议上的展示，而非指导实践的指南。这种现象警示我们，如果学习仅仅是为了装点门面，而非真正服务于社会实践，那么不仅无法对实际工作产生积极影响，反而可能成为事业发展的阻碍。

学习的真谛在于应用。我们学习知识的最终目的是将其运用到实际工作中，指导我们的实践，改造主观世界和客观世界。因此，我们应该坚持学习实践所需的理论知识，不断弥补自己的不足之处，有针对性地掌握工作所需的知识和技能。然而，现实中存在一部分人，他们开始学习时并未打算将所学运用于实践，更多是按上级的要求或强调去读书、写笔记。对于理论指导实践工作或用于解决问题，他们往往认为没有硬性任务和量化指标，多是应付了事。另一些人则错误地认为党的创新理论只与宏观层面相关，与个人、小单位或具体事务关系不大，因此学习理论时只停留在空洞的表态、喊口号和说教上。在实际生活中，还有一些干部不仅不解决问题，甚至不触及问题。这种功利主义、任务观念、短视行为和浮躁作风，都是导致学与用脱节的重要原因。真理无脚，不能自行。知识本身并不会自动转化为实践的力量，只有在我们深入理解的基础上，下功夫去实践、去持之以恒地运用，才能使所学的理论得以发挥其应有的价值，并推动思想作风和社会的发展。因此，我们必须警惕“虚”学的现象，让学习真正成为推动我们前进的力量。

由于信息的爆炸性传播，加上西方虚拟理论的影响，有关“虚”的意识、动作及物品备受青睐。

“虚学之患”指的是一种片面追求学习而忽视实践应用的倾向。这类“虚学者”往往满足于书本上的知识，缺乏将所学理论付诸实践的勇气，更不愿以理论知识为准则来判断是非，以真理的力量来纠正错误。如果以极端的个人主义、利益主义和投机心态去学习和运用科学理论，那么这些理论很难发挥其真正的价值和作用，甚至可能被曲解和误用。

“虚学之患”深藏于只知学习而不知实践，甚至将简单的照搬照抄视为“真学真用”，将一成不变当作坚定执行的标杆。然而，实践无数次告诉我们，即使是最卓越的理论，如果被机械、盲目地执行，也会损害其本身的价值和所承载的事业。这种作风不仅会害了自己，还会害了别人。真正的学问，需要我们在实践中不断探索、思考，并在比较与总结中寻求理论与实践的最佳契合点，从而熟练自如地运用，达到应有的高度。

“虚事之患”则表现为做事缺乏实质性的成果，追求表面光鲜而忽略实际成效。这类人往往注重形式，追求虚名，工作看似努力却缺乏真正的价值。他们常常以开会、发文件等形式化手段来追求表面的效果，却忽视了实际工作的深入和成果的积累。这种风气不仅会导致资源的浪费，更会影响组织的健康发展和事业的进步。

一是做事“虚”的弊端。主要表现为无法正确认识和解决实际工作中的问题，只追求表面上的华丽而不深入实际。这种做法导致许多社会问题不断积累和恶化，影响社会的稳定与发展。做事“虚”不仅无效，而且往往掩盖了潜在的风险，一旦问题暴露，可能造成严重后果。更为严重的是，为了追求利润，一些商家滥用添加剂，导致海产品、蔬菜等食品污染，危害公众健康。任何事业的成功都必须建立在坚实的基础之上，一旦基础不牢，整个结构都可能崩溃。正确面对和处理问题，勇于揭示存在的矛盾，是成熟思维的体现。当问题出现时，一些人可能会选择回避，不愿直面和解决问题，这种态度不利于组织的建设。我们应当增强对问题的认识和预防意识，从强化薄弱环节、解决难题、化解矛盾等方面着手，努力工作，预防问题的发生。一旦问题出现，应深入分析其根源，吸取教训，并进行全面的整改，以防止同类问题再次发生。工作如同登山，要一步一个脚印，确保每个环节都紧密相连。要设定清晰的目标，规划出切实可行的方案，并在执行过程中持续监督、评估和反思，确保取得最终的成功。同时，必须增强执行力，坚持以实际工作成果为核心，树立以成效为荣的价值观。

二是作风“虚”带来的危害。思想作风不仅反映了党性原则，也是个人素质的显现。要将工作焦点真正转移到促进科学发展、服务基层、提高治理能力上，必须首先解决干部的初衷、任务和行动问题。当前，一些干部表里不一，是伪君子。他们往往不愿意、不敢或不想说真话，这通常是因为他们的理想信念出现了偏差。新时代的年轻干部需要增强“四个意识”、坚定“四个自信”、做到“两个维护”，将对党和人民事业的忠诚深植于心，并通过实际行动展现这种忠诚。他们应该以人民的视角说真话，用真诚且接地气的语言来开展群众工作，真正做到聆听民意、缓解民忧、解决民事。

三是责任“虚”之弊。许多领导干部没有展现出对工作的热情和责任心。尽职尽责不仅是领导干部的职责，更是他们的义务。尽管领导干部任期有限，但他们肩负着重大的责任，应当全身心地投入工作中。然而，一些官员的精神并不高尚，精神状态也不积极向上，甚至追求的目标也不健康。我们必须努力克服诸如过度应酬、轻学习重娱乐、追求物质享受、怨天尤人、好胜心强、缺乏谦逊等消极态度。

四是检查指导“虚”的弊端。一些领导干部虽然深入基层进行考察，但未能深入了解基层实际情况，也未能听取基层真实反馈，结果是他们的评价往往流于表面，变成了一种走过场的形式。这样的监督检查，名为指导，实则未能触及问题核心，反而使得基层感到一种松懈。这种形式上的“虚”检查指导，实质上是形式主义的一种表现。

《瞭望》（周刊）曾经报道过，某些地方干部在执行“预设调研”时，常常导致对基层实况的误解。当领导干部在陪同下视察时，他们很难获得基层的真实情况或听到群众的真实想法。

领导干部的实地调研对于确保决策的科学性和减少错误至关重要，它是一种经过时间检验的有效治理实践。但在实际操作中，形式主义的调研活动屡见不鲜。这种做法使得本应正常的调研活动演变为一出戏剧，不仅加深了基层群众与领导干部之间的心理隔阂，也损害了政府的形象。调研的这种失真，极大地增加了决策失误的可能性。

基层干部对上级领导的真实情况和真相感到担忧，这背后的原因是多方面的。一些干部认为迎接领导的调研是接近领导、获得晋升机会的途径，因此他们更倾向于猜测领导的意图和取悦领导，而未履行坦诚汇报的职责。另外，由于基层是社会矛盾的集中地，情况本身就十分复杂，即便是领导展开调研，也难以掌握全貌。为了防止领导产生误会，他们选择了“排练”式的应对策略。

在社会转型期间，真实性是优化管理、激发活力和缓解矛盾的关键。政府必须基于对政治情况和民意的深刻理解积极转变职能。为了消减基层调研的表面化倾向，制度改革势在必行。一方面，上层领导应改进调研方式，更多采取主动探索而非被动接受的方法。另一方面，建立一个多元化且完备的信息收集与报告体系，以最大限度减少信息扭曲对决策的影响。

总的来说，为确保政策决策的透明度和民意反映的真实性，制度的作用不可或缺。上级领导有权利获得未经过滤的信息，而下层机构有义务提供这些信息。若基层官员试图控制信息流通，解决这种“表演式”行为的根本办法在于建立反对信息垄断的制度。通过分散信息控制权、扩大参与权，并降低基层干部和普通群众表达真实意见的门槛，我们可以确保信息流通不受单一力量控制。

五是“虚”的工作总结会产生隐患。在一些机构中存在一种现象，即每次会议都被宣布为完美成功，而采纳的措施似乎总是无懈可击。工作刚开始不久，就匆忙宣布了许多“成功经验”。这种过度夸大成绩的行为，往往与一些人追求政绩的心态有关。对于他们而言，工作的重点不是真正推动事业发展，而是更多地关注个人在仕途上的进步。某些成员的主要关注点是他们的工作能否得到上级的注意。若上级未能观察到他们的努力，他们便会采取措施以吸引注意；若上级的反馈未达预期，他们则会努力提升满意度。这种对上级承认的渴望可能导致虚假的表象和成果的产生。

当然，这也与某些上级领导好大喜功不无关系。当基层汇报的问题增多，他们可能会感到这是对他们长期工作的质疑；问题越多，指责他们工作不力的声音也越响。在众多会议和文档中，经常是那些自吹自擂的人获得赞扬，而自我批判的人则遭到更多的批评。在这种氛围中，一些人可能会采取不真实的做法，以赢得上级对其工作的肯定。历史充满了教训，其中不乏因虚妄自大而导致的失败。关羽失去荆州，常以“大意”来掩饰其自负。《三国志》作者陈寿描述他为：号称万人敌，被誉为世间猛将。然其刚愎自用。这种自高自大的态度，难免会招致灾难。清朝八旗军队的衰败，以及北洋水师的灭亡，都与他们的自大有着很大的关系。这些例子提醒我们，虚荣和自满是通往失败的道路。

历史给予我们宝贵的启示，而当前的挑战同样需要我们深刻反思。实事求是不仅是辩证唯物主义和历史唯物主义的核心精神，也是我们必须坚持的思想路线。我们一贯提倡和践行实事求是的原则。求真务实能够为组织和干部队伍注入活力，推动事业的发展；相反，若缺失这一精神，就可能导致失败。在当前我国改革发展的关键阶段，面临复杂多变的国际形势和重大的建设任务，我们必须积极推崇求真务实的精神，倡导这一优良传统。

“实”不仅代表着一种伦理、境界和责任感，还象征着勇气、能力和追求。在科学的发展道路上，任何虚假的成分都是不被允许的。为了根除浮夸的风气，我们必须首先深化对习近平新时代中国特色社会主义思想的理解，将其作为行动的准则，促进理论与实践的有机结合，坚守实事求是。其次，必须将实际行动作为衡量标准，坚持诚实地交流、真实地报告情况、实际地解决问题。只有经过实践检验并证明有效的做法，才能真正增强组织的效能。最后，应当以群众的评价为准绳，积极实施群众所赞同的措施；若群众视某些行为是走过场或表面文章，那么我们就应当停止这些行为。

如果始终恪守既定的准则，摒弃私欲与杂念，那么浮夸的气息就会逐渐消散，工作的质量和效率也会因此而提升。如此，社会的建设就能在优质和高速发展的道路上稳步前行。

二、防“懒”之患

常言道，一懒生百病，一勤生百巧。懒惰不仅阻碍个人的成长和单位的发展，还会降低生活质量。因此，自古以来懒惰就被人们所不齿。在现代社会，懒惰的负面影响更是显而易见。

懒惰往往是贪欲的前奏。首先，我们看到了“学习懒散”的问题。有人对学习缺乏热情，沉迷于社交和琐碎事务，以忙碌为借口逃避学习。他们的思想不集中，缺少专注力，对学习的热情低落，甚至把“学习不足”当作一种反复提及的“荣誉性缺陷”。还有些人虽然表面上似乎在学习，但其目的并非真正理解科学理论或掌握现代知识，只是做表面文章，应对检查。其次，“思维懒惰”也是一个问题。有人在思考上不愿意深入，总是满足于表面的认识。一些领导干部缺乏积极性，不深入了解基层情况，过分依赖他人，不愿意亲力亲为，思考不够深入。他们依靠秘书处理工作，连简短的讲话也需要别人准备稿子，有时甚至出现朗读错误。这样的领导干部不愿意动脑筋，不愿意吃苦，不愿意担责任。他们缺乏创新精神，只是模仿他人，对于基层的问题也只是一味相信，不进行深入的调查研究，缺乏自己的见解。在处理问题时，他们往往只凭借主观臆断和个人经验。再次，还存在“懒政”现象，一些干部在政绩上表现出懒惰。一些人缺乏积极主动性，满足于现状，不追求卓越，只是为了避免犯错。他们在遇到问题时会选择逃避责任，甚至对上级提供不实情况的报告。面对明显的错误或是非问题，他们选择保持沉默，以免引起争议，变成了避免问题的调解者。而在上级的指示下，尽管表面上采取了行动，实际上并不关心任务的完成度。最后是“懒作风”之弊。一些人存在一种不积极的态度，表现为行动迟缓，不愿意参与必要的活动或前往应当去的地方；有些人不愿意表达自己的观点或提出建议；还有些人不愿意亲力亲为，偏好让他人代替自己完成任务。即使他们参与了、发言了或者工作了，往往只是走过场，缺乏真正的投入和关注，是形式上的完成，而非实质性的贡献。

勤勉和敬业是我们长久以来的宝贵品质。古语有云：“位尊而无功，奉厚而无劳”，这是对权贵的不屑。很多领导之所以能够升至高位，是因为他们的勤学苦练和辛勤工作，从而获得了信任。懒惰的根源，在于一些人的思想和工作态度出现了偏差。

一些人缺乏持续学习的动力，原因在于他们未能意识到肩负的责任，对新知识的追求不够强烈，认为现有的知识水平已足够应对日常需求。然而，现实情况是，在这个知识迅速增长的时代，内外部环境正在快速变化，我国的改革正在加速进行，如果缺乏科学理论的指导，容易在错综复杂的局势中迷失方向；未能紧跟知识的前沿，将难以应对纷繁的问题；不接受先进技术的教育，将无法有效操作现代化的装备。一些同志不愿深思熟虑，认为思考是烦恼之源，缺少积极向上的精神。普通人追求舒适生活并无不妥，但领导干部应铭记，现有的舒适是基于先辈的深思和奋斗。更为关键的是，我们还有许多目标尚未达成，还有更伟大的目标需要我们去深思和探索以实现它们。面对新的挑战和责任，若缺乏思考的意愿，我们就难以有效地应用马克思主义的创新思想来指引我们的行动。同样，我们也会难以洞察错综复杂现象背后的逻辑关系，难以突破固有的思维定式，摆脱过时的限制，从而无法开辟工作的新天地。

懒惰似乎带来了无忧的闲适，但实际上，持续的懒散不仅会侵蚀决心，还会导致精神的衰败。历史上，那些取得巨大成就和对人类作出显著贡献的人物，无一例外都是勤学苦思、勤劳不懈的人。高尔基曾形容自己研读书籍的热情，如同饥民对面包的渴望；鲁迅则是将品味咖啡的时光转为笔耕不辍；马克思在撰写《资本论》期间，翻阅了逾 1500 本著作；毛泽东在战火纷飞中，亦未曾放下手中的书。中华民族的前进和成就，无不凝聚着先人们的勤勉与智慧。

在改革的关键时刻，面对层出不穷的新挑战、新议题和新对立，我们必须用全新视角拥抱变革，用创造性思维探索未知，用创新方法解决问题，这一切都需要思想上的不懈努力。

要根除懒惰，首先要从思想上做起。加强学习和教育，尤其是对于领导干部。他们必须认识到，不学习就无法成就自己，不思考就难以取得成功，懒政不仅对不起人民的信任，还会阻碍个人发展。我们应该不断增强责任感和使命感，追求终身学习和不断思考，以勤勉和敬业的态度全力以赴。此外，我们还需要在制度层面建立起防范懒惰的机制。我们必须严格贯彻落实各项工作制度，如述职、述学、考核和民主评议，以此对那些懒惰的人施加压力，让他们感到尴尬和不安。此外，改进工作环境也至关重要，它有助于扭转懒散的工作态度。我们应当坚持正确的人才选拔原则，确保那些勤勉、敬业、实干的人才能够担任领导职务。可以奖励勤奋、惩戒懒惰，并强化“不进则退、平庸即是错误”的责任观念。摆脱惰性的挑战并非易事，要求从小事做起，从个人做起。如果每个人都能够持续地学习、深入地思考、努力地工作，那么我们就能够为社会的繁荣进步贡献更多力量。

三、防“松散”之患

古往今来的成功人士都不是松散的、毫无目标的，他们往往跟那种生活态度松散、行为漫不经心的人呈现完全不相同的人生成长轨迹，因为他们知道如果任由自己“松散”，就很难获得真正意义上的成就。昙花一现般的快乐虽然让人享受，但放任不管的话，就是犯了人生大忌。这些结论，在史书中都能找到。

松懈不是一朝一夕形成的，多是从思想、作风、纪律、组织和工作等方面慢慢侵蚀一个人的。在思想上，特别是政治意识上，松懈会让人迷失，更严重的会导致人生方向偏离；在作风上，松懈会让人甘于现状、得过且过，甚至让人对待事务不严谨、避重就轻，从而导致走下坡路；在纪律上，松懈会让人行为随意、改变行为准则，更严重的会让人突破法律道德底线；在组织中，松懈会让矛盾内化，在家庭中则是正确观念被亲和力掩盖；在工作上，松懈会让人“身在曹营心在汉”，关注自身效益而不是工作本身，影响工作效率和工作质量。

思想作风、组织纪律、行政管理等在一些单位过于“松”，就会导致本单位出现班子成员不团结、消极怠工以及政治错位等不良现象。在管理组织之时，要严格区分以人为本和严格要求的界限，处理好两者的关系。坚决杜绝在工作中犯主观错误，要始终坚持科学观念，遵循组织原则。

从多个层面防治工作松散之患。第一要做到“严”，要贯彻落实习近平新时代中国特色社会主义思想，遵循法律法规开展管理工作，始终绷紧防治“松”之患的弦。第二要做到“实”，要全面深入地分析和解决问题，踏踏实实干实事，落实工作成效。重点落实思想和行政的工作，随时随地夯实工作。第三要做到“细”。基层要细化上级指示精神，贯彻落实于行政管理工作。上级指示精神往往具有宏观性，如果在具体执行时不加以细化，容易落实不到位。第四要做到“深”，要基于现象深究本质，言为心声，把思想之患解决了，外在作风自然就端正了。

四、防“浮躁”之患

浮与沉、静、稳相对，是一种飘忽不定的状态。浮可以组成许多词，如浮浅、浮夸、浮躁、轻浮、浮光掠影、浮皮潦草等。当代人浮躁之患主要可以归结为以下两点。

浮躁之患，患在急功近利。中国经济正在高质量发展，生活水平不断提高，人们的心态和处世态度本应沉稳，然而不少人似乎少了耐心，多了急躁；少了冷静，多了盲目；少了脚踏实地，多了急于求成。一部分人不能踏踏实实工作，总是心浮气躁和朝三暮四；一部分人心态不稳定，总是喜怒无常；一部分人缺乏专心致志，总是想要鱼与熊掌兼得；还有一部分人缺乏持之以恒的毅力，总是稍遇失败，就想要放弃。

浮躁之患，患在思想作风。当前，一部分人在思想和工作层面存在心浮气躁的隐患，要给予高度的重视。具体表现为：只关注眼前利益或者局部利益，并没有做到深谋远虑，常常做一些“面子工程”“形象工程”，在工作中贪图功名利禄；不在实际工作中进行积极创新，只为追求表面的新鲜奇丽；将未经过实践检验的工作，向上级报告工作战绩和成果；滥用自己手中的职权，随意地进行工作拍板和盲目决断；总是追求“轰动效应”，常常是制定多项措施，却只有寥寥几项落实到位。

五、防“奢”之患

1936年春，记者埃德加·斯诺访问延安，目睹了毛泽东、周恩来、彭德怀和林伯渠等中国共产党领导人的艰苦朴素的生活。毛泽东吃的是简单的小米饭，周恩来睡的是简陋的土炕，彭德怀身上穿的是用缴获的降落伞制成的粗糙的背心，而林伯渠更是戴着用绳子随意绑着的不知用了多久的破眼镜[①]，这一幕幕都让他印象深刻，难以忘怀。同时，斯诺也称赞这种节俭朴素的生活方式，认为这将会为中国带来一种“东方魔力”——一股强大的国家复兴的力量。这个预言也随着后来中国革命的成功而被证实。

伴随逐渐增强的综合国力以及日渐稳固的经济基础，我们也看到了太阳背后的阴影。人们似乎将“东方魔力”抛至脑后，一部分人贪图享乐，精神颓废，随意挥霍，甚至以此为荣，沉迷其中无法自拔。

内化于心才能外化于行，一个人的思维方式很大程度上决定了他的生活方式。当内心渴望自由和放纵时，这种渴望往往会转化为放纵，逐渐演变为对奢侈生活的无尽追求。对奢侈生活的追求可能会促使一个人渴望拥有豪华住宅、驾驶豪华汽车和享受奢华的社交活动。党的十八大以来的反腐败斗争中，一些领导干部过度追求“奢”，成了历史的罪人。反之，如果一个人的思想坚决反对奢侈，那么他的行为就会本能地避免任何形式的奢侈。因此，要想真正消除奢侈浪费的坏习惯，关键是要在思想上筑起防线，抵制奢侈浪费的诱惑。

六、防“贪欲”之患

为什么现在世界不和平？就因为一部分人的贪欲太大，从生到死，就是想钱，认为钱是万能的，有钱万事亨通，无钱寸步难行，金钱至上。

贪欲在富人身上的表现往往是贪得无厌，在穷人身上的表现往往是为金

---

① 韩宇:《艰苦奋斗、勤俭节约的思想永远不能丢》,《求是》2020年第16期。

钱忧虑，但两者在本质上是相同的。有人给贪欲下了一个定义：钱总要比现有的再多一点。就像有些父母对孩子的要求一样，很努力考到 80 分了，还说希望考得更好，而没有称赞他的尽力而为。对富人来说，他的钱已经够多了，可能一辈子也花不完，但还想再多一点。对穷人来说，他觉得现在所拥有的太少了，不安全，如果再多一点就安全了，所以就为金钱忧虑。

贪欲不仅不能给我们带来真正的财富，还会危害个人身心健康与家庭生活。贪欲是万恶之根，带来妒忌、愁苦、争执。贪欲会消灭内心的满足、平安和喜乐，而这些都比财富更宝贵，也不是金钱能买得到的。

我们去旅游时，会抓紧时间去参观名胜，至于住的、吃的、穿的，只要够用就行了，通常不会在旅馆里购置豪华的家具，购买过量的衣物和食品，因为都带不走。

同样的道理，我们活在这世上几十年，就像一个过客，能够有衣有食不就该知足了吗？干吗还要有贪欲呢？为何这样简单的道理，却难以明白呢？

人类在科学、技术、工具性知识上有进步，但是在目的和价值的知识上大大地退化了。我们只看重那些眼前的、暂时的和物质的东西，却忽略那些未来的、永恒的、灵性的价值。结果就变得不明智，被贪欲所束缚。

欲望和贪婪都是人之本性。由于欲望的存在，人类才有了发展的动力，才能有科技的不断发展和生活质量的不断提高。但是一旦欲望过度，发展成为贪欲，就会给社会带来极大的危害。甚至可以说一切对社会形成危害的行为，其背后的根源都是贪欲。

腐败的心理源头是贪欲。贪欲是一个人生存本能异化的产物，是过度占有需求之外的物质，是社会各个层面无限蔓延的“占有性个人主义”。具体表现为一个人强烈地占有金钱、权力等。贪欲会对个人的社会责任感和心理良知造成侵蚀，进而威胁人类社会的健康可持续发展。如今的各种社会问题多与人性贪婪有着密不可分的关系。权力的腐蚀性根源于人性的弱点和贪欲。腐败究其本质是人性的贪欲，利用自己掌握的公共权力谋取个人利益，导致权力被异化和滥用。

贪欲到底会给社会带来哪些危害呢?

其一，贪欲增加了社会成本的支出。就拿由于贪欲所引发的盗窃、抢劫、诈骗等犯罪来说，由于这些犯罪现象存在的广泛性和事发的随机性，政府必须保持相当数量的警力。且不说支付警察工资需要大量的金钱，能够加入警察队伍的人其能力一般不会太差，这类人员不能投身到更具建设性的行业本身就是浪费。另外，刑事犯罪一旦发生，就要进行侦破、追捕、羁押，这一系列的行为更要花费大量的人力、物力、财力。

其二，贪欲会损害社会公众的普遍利益。例如假冒伪劣商品、制售伪劣药品、滥用食品添加剂、利用有毒有害物质加工食品等，其背后的根源都是对利益的无止境追逐，都是贪欲。这类行为在不法商贩聚敛财富的同时，不仅使广大民众的财产受到损失，更重要的是给人的身体健康带来损害，甚至产生危险。

其三，贪欲滋生腐败。腐败的形式多种多样，总结起来无非权钱交易，就是对钱财的贪欲。腐败对社会的危害尤其巨大，因为腐败是一切社会不公和不和谐的根源。假设没有贪欲，还会有国有资产流失吗?假冒伪劣商品还能如此容易地流入市场吗?

其四，贪欲是人类的本性，每个人内心深处都有贪欲的种子。如果不能对贪欲进行有效遏制，使其能够生根发芽，进而成为社会的普遍现象，那么贪欲就会从损害绝大多数人的利益开始，以损害所有人的利益为终结。

其五，当贪婪腐蚀了灵魂，忠诚的堡垒就会崩塌，其毁灭性的力量就如同瘟疫一般，阴险、狡猾且具有传染性。贪婪的人，就像横冲直撞的野兽，毫无节制，永远不知满足，为了追求更大的利益，可以抛弃信仰，粉碎曾经坚定的忠诚。看看那些背叛了原本初心和使命的腐败分子，他们对组织的忠诚早已消失，开始拉帮结派并侵害人民的利益。贪婪是他们行动的唯一导向，个人利益凌驾于组织利益之上。打击腐败分子，我们必须加强政治监督，坚定不移地治理我们的政治环境。

更重要的是，以上由于贪欲而形成的社会危害，都会对政府的形象造成严重损害。而政府形象的受损累积到一定程度，可能会引发公众的不满，就容易导致社会的不稳定甚至动乱。

遏制贪婪是预防腐败的基石和支点。第一，要加强“三不”战略的实施，在意识形态和利益驱动的根源上设置制度障碍，有效降低公职人员特别是领导干部的腐败患险。这将引导他们对贪婪保持高度警惕，坚定不移地坚持自律的原则。第二，大力培育诚信文化，倡导高度的社会责任感和道德启蒙。我们要在全社会弘扬自强不息的精神，弘扬社会主义核心价值观。坚决遏制个人主义、利己主义、权力主义、专制主义、物质主义的滋生，防患于未然。这一共同努力将为国家的长治久安和繁荣发展奠定基础。

第十一章　把握规律，推动发展

21 世纪以来，我国经济迅速发展，人民生活水平空前提高，呈现一派祥和欢乐的景象。但与此同时，我们也必须时时刻刻常怀“防患”之念。和平年代，虽然提到“患”字似乎有点不合时宜，甚至为人们所忌讳，然而历史从来都是最公正的“裁决者”，它的“裁决结果”往往是在歌舞升平之时切不可淡化了忧患意识。和平年代，“患”字更需当头！同时必须把握住防患的规律，推动人类事业稳定健康发展。

第一节　人类最可怕的是对患情的漠视

我们要警醒的是，人类社会在和平与发展的道路上，也遇到了前所未有的灾患困祸、挫折，“公”与“私”、个人主义与集体主义、社会主义与资本主义的斗争不断，波及每个国家，国患、地区患、世界之患，可以说，各类阻碍发展的隐患、明患、小患、巨患、客观的患、主观的患乃至各类变形之患、无端之患……正日益形成不和谐的杂音、噪声，严重影响了人类和谐发展的进程。它们无所不在、无处不有，使人类社会存在着太多的动荡不安的患源，它们让整个人类乃至我们共同生活的地球时时处于不可知的动荡和恐慌之中。

一是局部战争不断。21 世纪以来，有规模的战争几乎年年不断，卷入战争并深受其害的人群高达数亿之多。二是恐怖主义泛滥。当前，以极端势力、民族分裂势力和跨国犯罪集团等为主的国际恐怖主义迅速发展，恐怖活动日益猖獗，危害性不断上升，已成为人类面临的最突出、最现实的威胁之患。三是各种社会矛盾多发、高发、聚发。比如，贫富差距有拉大趋势，古语云：不患寡而患不均。悬殊的财富分配像一把悬在人类头顶上的“达摩克利斯之剑”。四是金融危机导致政治动荡。2008 年金融危机以来，希腊出现了持续数年的骚乱，法国数百万工人走上街头举行罢工……让世界陷入了不安的政治动荡之中。五是气候变化致使人类大灾不断。气候变化引发的冲突和灾难，甚至迫使人类与各色物种远离原有的生长地，形成一场史无前例的大迁移！

相对于这些已经发生的灾难而言，更可怕的是对这些患情的漠视。人们通常对已经出现或者发生的各类问题比较重视，而对各种患情患灾都很陌生，实际上，用哲学的观点来看，各种矛盾和问题仅是患情患灾的一个表现，认识患情患灾才是解决问题的开始。对于已发患而言，识患、除患才是我们需要认识和解决的重大战略问题，与人类命运息息相关。

如果任由这些患灾发展的话，势必会造成“一蚁之穴，可溃千里之堤；一指之疖，能毁七尺之躯”的后果。

追物需寻根，只有找到造成这些动荡不安的“患”之源，制定出积极有效的防患治患的对策，才是解决问题的关键。这也是当代人义不容辞的责任，是确保人类社会防患和科学发展的关键所在。

第二节 防患科学是古今忧患思想的延续和发展

古时候，人类在日常生活中进行的占卜、祈雨和祭祀仪式，都是人类对潜在逆境的原始感知。在许多中国古代神话中，女娲补天也是忧患意识的体现。同样，在古文《尚书》中，许多篇目都深入地探讨了防患意识。春秋战国时期，老子作出了“反者道之动”的辩证法论述，深刻地阐明了忧患的辩证本质。孟子把这种观点提升到人生哲学的高度，更是留下了“生于忧患而死于安乐”的千古名言。学者们受这些杰出人物的启发，也表达了他们对忧患意识的独特看法。

忧患意识经千百年沉淀，已深深地印刻在中华优秀传统文化中。学习中华文化，可以筑牢防患科学的理论基石，让我们在越安逸的日子里，越要谨慎、越要增强忧患意识。正如人在崎岖不平的乱石滩上行走时，会格外小心以避免跌倒，而在平坦的道路上，反而可能因为疏忽被小石子绊倒。这个例子形象地说明无论条件多么优越，我们都不能掉以轻心，必须时刻保持清醒的头脑和坚定的步伐。

正是有了这些世代相传的宝贵理念渊源，防患科学的提出也并非无根之木、无源之水，它适时而生。

防患科学的核心思想在于：越是形势好和发展顺利之时，越要增强自身的忧患意识。“防患”和“发展”恰似人类发展链条上的一对并蒂莲：抓防患是谋发展的前提和保障，谋发展又是抓防患保防患的要求和目标。只有遵循两者之间的科学统一，才能实现真正“又好又快”的稳定发展！

忧患与防患是相辅相成、互为因果的，它们是科学发展不可或缺的重要组成部分，也是实现科学高质量发展的重要条件和保证。从做好“忧患、防患”到实现“防患发展”，不仅是思想内涵的扩展，更是思想观念上的进步。

第三节　科学构建防患科学的三大灵魂

一、常怀忧患事业兴，粉饰太平患害生——有防患之念是高质量健康发展的基石

毛泽东在《问题研究会章程》(1919年)中列举了144个当时中国需要研究的问题。本书中，忧患意识贯穿于书中的各个章节、各个段落，其最大的目的就在于提醒世人，要善于在工作中、生活中充满忧患意识，对各类的隐患时刻要防，甚至是未雨绸缪，未患先防。一旦我们真正做到防患工作始于防患于未然，捉矢于未发，各类患灾自然就有可能会被化于无形，无处藏身，无所遁形。

二、常识患业成吉安，总享平安患无边——有忧患、识患之智是谋求发展的关键

有问题和患情认识不到、看不到才是最大的问题和患情，有患险看不到是大之患，古人曾云："在可疑而不疑者，不曾学。"如果只盯着事情好的一面，眼中无患，心中无险，或者像鸵鸟那样只知把头埋在沙子里，就必然会错失把患情解决在萌芽时的大好时机。

患或有千种，但其规律并不是无迹可寻。万变不离其宗，抓住了它们共同的规律，它就无所遁形。

识患需探究患之源：患之源可谓多姿多彩，有心之源，有行之源，有意识形态之源，也有文化背景之源，有政治、经济、社会之源，亦有自然生态之源，我们都将给予一一剖析，以期取得庖丁解牛之效。

识患需了然患之形：患之形更是森罗万象，有形者体现在大自然的各种灾难，如风火雷电、地震海啸等，无形者则暗藏潜伏于道德危机、理念危机中，相对于有形的、易辨的隐患，这些更需要我们具备一双慧眼加以识别。

识患需洞察患之害：患的惨烈在于害，患的可怕在于害之广，人生、社会、宇宙的各个领域无不受其害、遭其殃，明白了这些患害始于心，防患在于行，防患科学才具有强大的动力。

我们坚信，有了识患之基，防患之势必也会水到渠成。

三、患灾前决策"防"为大之策，患灾后决策"防"为小之策——有避患防患之策

中国有句古话：明者防祸于未萌，智者图患于将来。从防患角度来说，至少有以下三种境界：上士治患于未萌，就是在隐患未出或刚出之际，消灭隐患于萌芽，不让其有发展扩大的机会。中士治患于初发，虽然没有止患于未然，但毕竟亡羊补牢，犹未为晚也。下士止患于暴发，就是等患灾已经发

展到不得不治、不得不管的程度，即使采取措施，也不过是“按下葫芦起来瓢”，此时只能达到修修补补甚至于事无补的效果。

对如何治患于未萌、治患于初发方面的论述是核心所在。此外，对于防患的具体内容，又分别从“本”“道”“策”“术”四个层面予以细化及剖析。

本立而道生，防患必先树其本。防患之本在于立公，在于立德，在于立法。此三者共立并存，缺一不可，只有这样，防患之本方能真正具有精气神，具有强大的生命力。道冲而用之或不盈，防患也须知其“道”。防患之道在于和谐。而和谐则是门大学问，大到国际关系的和谐、社会的和谐，小到家庭的和谐、人与人的和谐，都需要我们去用大智慧、大胸怀来构建。策是指引，防患急需定其策。这部分的内容包括患前的科学预测，患后的精准决策，以及具体解决隐患的对策。术是保障，防患必要有其术。

第四节　防患科学中确保防患发展的四大关键点

一、得在观念，失在观念——没有科学的防患理念，就没有防患科学的正确思路

（一）观念滞后的防患理念

一是防患与防患工作虽然影响中心，但毕竟不是中心。二是防患工作虽然影响全局，但毕竟不是全局。三是抓防患就难以保发展，抓发展就难以保防患。这些观念要么把防患边缘化，要么把防患和发展对立化，势必会产生一系列的恶性连锁反应和事故，极大地阻碍社会建设的可持续发展。

（二）抓防患促防患就是讲政治

发展需要良好的防患的环境，经济和社会建设发展势头较好时，如果发生重大患灾，不但社会民众士气会受到重创，前期的发展成果也会受到质疑，

而且既定的工作思路、决策、措施等都会被迫改变和动摇。

（三）立足防患就是保防患

经济建设和社会建设中我们既不能因噎废食，以牺牲生产力为代价消极保防患；也不能疏于防范，以发生事故案件为代价单纯赶进度、求发展。

二、兵无常势，水无常形——没有对内在规律的准确把握，就没有化解患险的前瞻之策

（一）防患的基本特性

一是客观性。所有隐患和问题都是客观存在的，只要有一双善于观察的慧眼，就必然会发现隐患的蛛丝马迹。二是动态性。古云：反者道之动、福兮祸所伏。越是取得成绩时，越是要谨防乐极生悲；越是发展势头好时，越是要注意避免盲目冒进。三是可控性。自然因素虽然不可抗拒，但通过严密防范，完全可以规避；人的主观行为虽然优劣不同，但通过防患教育，完全可以修正。

（二）化解患险的前瞻之策

一是机制先行。要建立防患和规避患险的教育机制，要建立患险的定期排查治理机制，要完善患险评估机制，要建立应急处置机制，要建立群防群控机制。二是关口前移。著名的海恩法则认为：一起重大患灾事故背后，必然会有 300 起左右的事故苗头，以及上千个事故隐患。因此，要将工作重点从“事后治患”转移到“事前预防患”和“事中监督排患”上。三是科技保障。特别是要以信息化建设为突破口，不断拓展应用领域，实现对人员、勤务、装备、经费、物资等的透明管控，把远的拉近、虚的管实、动的管住，最终真正掌握防患技术防范的重点和方法。

三、生于忧患，死于安乐——没有如履薄冰的忧患意识，就没有治患、除患的积极作为

（一）当前影响防患发展的主要忧患

社会形势的严峻复杂是患。主要体现在，我国面临的国际环境不稳

定性因素增多，西方敌对势力对我国挤压力度加大，国内社会浮躁现象凸显，有的地方浮夸现象突出，特别是当前我国经济发展遇到了百年未有之大变局最为严峻的外部环境之患的挑战，此外，由人民内部矛盾引发的群体性事件呈增多趋势。责任意识的淡化倾向是患。有些领导同志使命感缺失，事业心不强，缺乏忘我工作精神和不懈追求；有的同志认为讲责任太重，担责任太累，不愿承担责任。这些都直接影响着忧患意识的牢固树立。

（二）防患、治患、除患之要

防患、治患、除患必须深刻认识、抓住不放。管理学的墨菲定律对于排险除患有借鉴意义，其要义是只要有发生患情的可能，不管可能性有多小，这件患情肯定要发生；因此，要把无患当作有患抓，把小患当作大患抓，把苗头当作患灾防；不管何时、何地发现何种隐患，都必须露头就治、就地铲除。防患、治患、除患必须着眼于患变灾、变难的结果去防、去治。“鹳鸟迁巢”的典故对于防患、治患、除患有着启发作用，说的是一种鹳鸟预知天将下雨，就把巢穴稍稍迁高，后来雨下得出乎意料的大，但巢穴最终还是被淹没。这个典故启发我们，整治隐患必须立足最复杂、最危险、最糟糕的情况，采取最紧急、最有力、最放心的措施。排险除患必须软硬兼顾、全面施治。一起事故案件的发生，必定有其硬件和软件的双重原因，对此必须两者兼顾，全面施治，任何厚此薄彼的措施和行为，都可能引发新的灾患。

四、空谈空转，实干实效——没有求真务实的防患作风，就没有又好又快的高质量发展局面

（一）作风不实之患

一是搞形式。只会照抄照转或“穿鞋戴帽”，以不变应万变，层层作“决定”，搞文字游戏，这种形式主义，必然会加大对各种患情的防治难度。二是粗疏。有的干部既不了解情况，又不深入调查，蹲点调研走马观花，检

查指导浮光掠影，掌握情况若明若暗。三是拖拉。将致小患的苗头拖成大患而致灾成难，新问题变成老大难。四是欺瞒。导致一个患情变成多个患情，一般性“常见患”变成“危重患”。五是玩假。六是违规。比如，有的领导为“政绩”不惜一切地搞建设求发展，用严重的生态污染换取发展政绩，有的领导干部受贿腐败，还有的插手基层敏感事务，极大地伤害了广大群众的感情，败坏了社会风气。

（二）改进作风是防患之举

一是要端正指导思想，树立大防患观。所谓大防患观，其核心是以自身的防患稳定和职责使命的高效完成为中心，来促进、服务和保障社会和谐稳定大局的一种先进观念。二是要转变指导方式，推进工作落实。要把握抓防患保安全、促发展的关键，把不同领域、不同层次、不同工作的具体患情搞清楚。要坚持从实际出发，不追逐名利，不好大喜功，不搞花架子，摒弃一切形式主义；要不怕揭短亮丑、不怕得罪人、敢较真碰硬，盯住患情做工作。三是要抓住重点要害，坚持常思患、常查患、常纠患。保防患千日不足，出事故一夕有余。要定期分析形势，查找患情，拿出具体的防患措施和解决办法；要紧盯重点要害部位、重要时期和重点人员不放；要全程跟踪问题，多搞几次“回头看”、多杀几次“回马枪”，做到不解决患情不撤手，不见成效不撤兵；要常思患不忘、常讲患不烦、常防患不疏，常抓不懈，防止工作出现空当和盲区，确保社会防患科学的科学发展。

围绕以上这些核心理念，笔者作了试探性的探讨和延展，但亦深知防患科学是一项需要全民、全社会参与的系统性工程，是事关人类发展的大视野、大智慧、大宏图，我们的探讨也仅处于初步阶段，至多只是通往罗马大道的第一步，如能起到一点抛砖引玉之效，能引起更多的有识之士的共识，能引起更多的智者的共鸣，则笔者幸矣！民族幸矣！我们坚信，只要我们群策群力，众志成城，筑起防患科学的“长城”，中国特色社会主义建设发展的康庄大道的构建指日可待！

第五节　大力培育和弘扬防患科学精神

习近平总书记告诫全党，我们共产党人的忧患意识，就是忧党、忧国、忧民意识，这是一种责任，更是一种担当。[①]应将忧患意识内化于心、外化于行。在建设富强民主文明和谐美丽的社会主义现代化强国的道路上，防患科学是我们克服无知与盲目的重要工具，在机会与挑战并存的时代，把握好科学发展的重要武器是极为重要的。它不仅是我们推动社会进步的核心力量，更是培育全民科学精神、提高患险防控能力的关键所在。

当今社会，随着中国经济社会的快速发展，在全面普及科学忧患防患的思维方面还存在着许多不足。我们经常遇到违反科学防患思维基本原则的情况。例如，一些领导干部在处理经济社会问题时，未能全面深入地考虑防患问题，往往采取单一而非多元的调控措施。他们倾向于优先考虑短期收益，而忽视长期战略规划。此外，更有一些干部沉迷于封建迷信，寻求不科学的精神慰藉，如频繁的算命和盲目的佛教崇拜，这显然与防患科学的核心原则相悖。值得注意的是，封建迷信和伪科学思潮在一些群体中仍然存在，这凸显了在全社会强化科学防患精神教育的紧迫性。只有科学防患思想深入人心，坚持实事求是的原则，才能有效推动科技进步，正确应对时代的理论和实践挑战。

科技是第一生产力。坚持以马克思主义为指导，弘扬防患科学精神是推动历史的核心力量。在唯物史观的角度上，防患科学是社会意识形态之一，是人类的智慧结晶，是为满足社会生产需求而产生的。它不仅是人类用来认识和改造自然的工具，更是社会生产的直接产物和人的主观能动性的生动体现。

随着时代的变更发展，我们要同步变更弘扬防患科学精神的工作方法。

---

① 《习近平：坚持从严治党落实管党治党责任 把作风建设要求融入党的制度建设》，新华网，2014 年 6 月 30 日。

防患科学是一种文化，不但是文化和科学的结晶，也是社会生产力发展的重要动力。在开放系统中引领潮流和发展。西方国家走出了一条跨越两个世纪的“串联式”发展道路，有明确先后顺序发展工、城、农、信息等。相比之下，中国的现代化进程呈现出鲜明的“平行”特征，借助技术进步和创新走共同富裕道路。如今，新一轮科技革命和产业变革正在深入发展，迎来了新一轮历史性机遇，诞生了互联网+、共享经济、智能制造等新业态。在这种情况下，谁掌握了技术创新的缰绳，谁就能在激烈的竞争中抢占先机。

好的精神往往都蕴含着深厚的文化，为了培养防患科学精神，我们将其蕴含的内涵和本质与当代社会与时代的具体实践紧密结合，贴合我国经济社会发展现状需求。高度重视并激励创新思维，积极鼓励勇敢无畏地创新尝试和探索，在全社会范围内掀起一股创新的热潮，充分释放亿万人民的创新潜能和创造力。

开放包容的外在环境，是防患科学精神得以传承的必要条件。实践是防患科学这一理论的来源，但是它本身经过了时间的洗礼升华，浓缩了人类的智慧，已经远超实践。防患科学历程是一个曲折螺旋式上升的发展进程，所以，在面对发展防患科学过程中的问题时，需要秉持包容的态度，接纳各种学术观点和研究方法，集广思设妙想。

除此以外，在弘扬防患科学精神的过程中，我们还应注重推动科学与人文的交叉发展。科学精神和人文精神共同构建了多元的人类精神世界。单方面强调任何一方都可能导致失衡，即过度强调科学精神可能忽视人文精神的价值，过度强调人文可能缺乏科学的理性制约。所以，推广防患科学精神时，要积极推动科学与人文的相互交流。在全社会范围内，特别是在青少年、农村干部和企事业单位领导干部中，全面普及防患科学的相关理论基础和技术方法，让防患科学的理念深入人心，更能帮助人们理解其现实性、科学性、重要性，并为其应对未来的挑战提供科学的精神准备。

参考文献

［1］国外应对突发性传染病的机制（2）：应对疫情观他国机制［N］. 科技日报，2003-05-08.

［2］辞海［M］. 上海：上海辞书出版社，1999.

［3］付子堂. 非典危机与突发公共卫生事件应急法律制度［J］. 西南政法学报，2003（4）.

［4］陆亚龙，肖功建. 气象灾害及其防御［M］. 北京：气象出版社，2001.

［5］汤敏. 世界经济放缓与国际恐怖事件对中国经济的影响［J］. 经济纵横，2002（2）.

［6］伊恩·米特若夫，格斯·阿纳戈诺斯. 危机！！！防范与对策［M］. 燕清联合传媒管理咨询中心译，北京：电子工业出版社，2004.

［7］张祥龙. 先秦儒家哲学九讲［M］. 桂林：广西师范大学出版社，2010.

［8］周群. 充溢文苑的爱国精神［M］. 沈阳：辽海出版社，1998.

［9］W.Timothy Coombs. Ongoing Crisis Communication-Planning，Managing and Responding［M］. London：SAGE Publications，Inc.，1999.

后　记

为了认真贯彻习近平总书记关于忧患、防患意识的一系列重要指示，深入探讨人类社会发展中忧患、防患、治患的安全战略问题，在中国社会科学院王伟光院长的指导下，编著出版了《防患论》，回答了许多社会关注的重大问题，随后又编著出版了《国家国防动员与危机管理战略论》。该系列丛书出版后，在社会上引起了强烈反响。对此，2020 年 2 月海南省社会科学联合会批准成立了“海南睿智防患科学研究院”，2021 年 1 月 1 日在海南大学召开了“第一届中国防患科学与社会发展高峰论坛”，清华大学、北京大学、中央财经大学、中国传媒大学、同济大学、山东大学等许多知名高校学者参加论坛。1 月 2 日又专门召开了由各高校著名学者参加的“防患科学理论研讨会”，大家对防患科学的定位、基础理论、基本概念、形成路径和应用成果，都给予了高度认同，达成了高度共识。大家一致认为，习近平总书记关于增强忧患、防患意识的重要思想，为防患理论的实践指明了方向，只有科学识患、科学防患，才能在实践中不断完善防患科学理论体系。中国特色防患科学具有潜质性、普适性、规律性特点，服务于人民，有利于推动社会发展。这个学科具有强大的生命力和影响力，是其他学科不可替代的新兴学科。

根据大家的意见，编委会在 2019 年开始撰写的《防患科学概论》初稿的基础上，经过近 2 年的修改形成了终稿，王伟光院长对此高度重视，为该书作序，并亲自嘱托中国社会科学院评价研究院党委书记李传章组织有关人员进行评审。

21 世纪马克思主义研究院经济社会文化发展战略研究中心主任、研究员，中国社会科学院评价研究院党委书记李传章邀请相关同志对《防患科学概论》一书进行了审读、评议。他明确指出：近期以来，我们还翻阅了作者的《防患论》、《国家国防动员与危机管理战略论》(1—16册),并对“第一届中国防患科学与社会发展高峰论坛”等相关报道进行了浏览,参阅了当前我国在防患科学研究领域的新闻报道,包括相关新建智库及最新研究成果等。重点学习了习近平总书记关于防患科学的系列重要讲话精神、学习了党的十九大报告,还浏览学习了我国古代政治家关于防患科学的思想、国外防患科学的发展现状等。

我们对防患科学的认识、《防患科学概论》的评价及书稿修改建议包括以下4方面内容。

首先,研究防患科学具有重大的理论意义与实践意义。研究该学科是落实习近平总书记在2016年5月哲学社会科学工作座谈会上的重要讲话精神以及搭建哲学社会科学创新平台、全面推进哲学社会科学各领域创新的要求;也是落实“十四五”规划纲要及2035年基本实现社会主义现代化远景目标的要求;更是全面落实到本世纪中叶把我国建成富强民主文明和谐美丽的社会主义现代化强国的要求。

其次,对《防患科学概论》有了基本评价。该书具有重大的理论创新,本书在理论创新上有以下特点:一是理论体系创新。在我国社会科学领域第一次构建了防患科学的学科体系、学术体系、话语体系等,理论建设具有开创性。二是研究方法创新。本书按照马克思主义辩证唯物主义的分析方法,从简单到复杂、从特殊到普遍、从具体到抽象,构建了防患科学的若干概念、范畴及规律。这些都具有重要的理论创新意义。三是具有中国特色。本书着力构建中国特色防患科学,在指导思想、学科体系、学术体系、话语体系等方面充分体现了中国特色、中国风格、中国气派。四是体现了原创性、时代性特点。本书以我国防患实际为研究起点,提出了具有主体性、原创性的理论观点,构建了防患科学的学科体系、学术体系、话语体系,形成了防患科学自己的理论特色和优势。

该书具有重大的实践创新性,是作者在《防患论》、《国家国防动员与危机管理战略论》(1—16册)等创作基础上完成的。本书作者及本书形成的理论、观点、研究方法、研究路径、应用途径及各种成果形式对我国经济社会科技文化以及人才培养等必将带来有利和深远的影响。

再次，该书为推动教材体系建设与人才培养奠定了理论基础，作了知识储备。本书作者及本书形成的理论结构有利于在防患科学学科建设基础上推动教材体系建设。学科体系同教材体系密不可分。学科体系是教材体系建设的基础。本书作者已经形成了较严谨的防患科学学科体系，必将推动教育界防患科学教材体系的建设和推广。随之而来，也必将促进防患科学领域的人才培养。

最后，该书解决了为什么人的问题。为什么人的问题是哲学社会科学研究的根本性、原则性问题。该书坚持以马克思主义为指导，聚焦我国经济社会发展领域重大的理论问题与现实问题，运用辩证唯物主义和历史唯物主义的方法论进行分析研究，解决了防患科学核心要解决的问题：为什么人的问题，即为我国经济社会发展服务，为人民安居乐业服务，为中华民族伟大复兴服务。该书作者坚持以人民为中心的研究导向，其防患科学的研究成果也一定经得起实践、人民、历史的检验。

得益于各位领导对防患科学的高度认同和重视，各位专家的精心审改，海南睿智防患科学研究院执行院长张廷为同志的积极支持，《防患科学概论》才得以出版，在此对各位领导、专家学者的诚挚关心、帮助、支持表示由衷的感谢！

《防患科学概论》编委会

2024 年 5 月 20 日